面向隐私保护的社交网络推荐

Social Network Recommendations for Privacy Protection

郑孝遥 罗永龙 著

U0296638

科 学 出 版 社

北 京

内 容 简 介

以用户为中心的社交网络已成为当今世界最为流行的信息分享平台，但目前网络中的数据呈爆炸式增长，引起了信息过载和隐私泄露等问题。社交网络推荐以推送的方式给用户提供最佳的建议，是解决网络中信息爆炸式增长带来的信息过载问题的有效途径。本书围绕面向隐私保护的社交网络推荐展开论述，主要包括社交网络推荐算法、隐私保护推荐方法、联邦推荐隐私保护方法及跨域推荐方法。全书从社交网络推荐面临的问题出发，阐述了社交网络推荐的内涵、隐私保护的常用方法及缓解数据稀疏的跨域推荐，从三个维度系统地介绍了社交网络推荐的原理与方法。

本书可作为计算机相关专业高年级本科生、研究生以及推荐系统开发人员的参考书，也可作为数据安全领域广大科技工作者的参考书。

图书在版编目（CIP）数据

面向隐私保护的社交网络推荐 / 郑孝遥，罗永龙著. -- 北京：科学出版社，2024.12. -- ISBN 978-7-03-080341-2

Ⅰ. TP393.083

中国国家版本馆 CIP 数据核字第 2024HB2104 号

责任编辑：蒋　芳　李佳琴　赵晶雪　曾佳佳 / 责任校对：郝璐璐
责任印制：张　伟 / 封面设计：许　瑞

斜 学 出 版 社 出版
北京东黄城根北街 16 号
邮政编码：100717
http://www.sciencep.com

北京中石油彩色印刷有限责任公司印刷
科学出版社发行　各地新华书店经销
*
2024 年 12 月第 一 版　　开本：720 × 1000　1/16
2024 年 12 月第一次印刷　　印张：14 3/4
字数：300 000

定价：129.00 元
（如有印装质量问题，我社负责调换）

序　言

随着社交网络的飞速发展，社交网络的应用范围逐步扩展，用户规模不断扩大，信息更新速度不断加快，社交网络已成为互联网的一大发展趋势，不仅满足人们网上交流的需求，更成为人们分享、获取和传播信息的重要渠道。用户规模呈爆炸式增长，用户身边充斥着大量信息，为了对其提供精准化的服务，推荐系统得到了广泛应用。传统的推荐系统需要服务器集中用户原始数据产生推荐结果，在这一过程中用户的隐私易受到威胁。2016 年，欧盟发布了《通用数据保护条例》，禁止商业公司在未经相应用户许可的情况下收集、处理或交换用户数据。紧接着美国和中国也分别相继出台了类似的法律规定（《美国数据隐私和保护法》和《中华人民共和国个人信息保护法》）。推荐系统的研究对国家安全也具有重大意义，如社交网络中的个性化信息排序和推荐对社会舆情和热点事件监测起到积极的引导作用，以及通过对社交网络中的社交关系的预测和推荐可以提升反恐、网络诈骗的检测效率和准确率。随着推荐系统在社交网络中应用范围的拓展和用户参与度的不断增加，隐私保护成为一个日益敏感的问题。

本书对社交网络推荐算法及其隐私保护方法展开介绍，主要包括矩阵分解推荐算法、差分隐私保护推荐方法、联邦推荐隐私保护方法及跨域推荐方法四个方面，具体研究成果及主要结论如下：

（1）目前社交网络推荐注重模型和算法的研究，并没有有效地剖析社交网络结构。另外，矩阵因子分解法可解释性较差。针对上述问题，在第 2 章中提出了以超图拓扑结构来分析和描述推荐系统中的社交网络内在联系，然后在矩阵因子分解法的基础上，加入了上下文情境、用户和项目特征描述、用户评价等社交因素，构建混合推荐模型。针对矩阵分解等潜在因子推荐方法的可解释性差的问题，在第 3 章提出了一种基于核化网络的社交网络推荐模型，将显式的用户-项目评分矩阵以用户或项目（即行或列）为基准分解成向量，同时该模型通过关联规则算法挖掘用户社交网络的隐式信息，再进行核化处理，将自动编码层的编码映射到更高维的空间，提高用户和项目特征表达的准确性。将核化表征后的向量再经过多层感知器，将矩阵因子分解的线性模型转换成非线性模型，提高整个模型的可塑性和健壮性。大量实验验证了该模型可以有效提高社交网络推荐的准确性和可解释性。

（2）针对社交网络中用户评分、评论及位置等信息造成用户隐私泄露问题，在第 4~9 章分别提出基于奇异值分解的隐私保护推荐、基于多级随机扰动的隐私保护推荐、基于差分隐私的兴趣点推荐、基于分布式差分隐私的推荐、基于差分隐私的并行离线推荐和基于差分隐私的并行在线推荐。兴趣点推荐模型分别从用户标签中提取用户兴趣点和时序因素下的用户评分，计算用户兴趣偏移度，并以正则项的形式融入矩阵分解模型中，以提高推荐准确性，同时设计指数机制的隐私邻居选择方法，防范 k 近邻（k-nearest neighbor，KNN）攻击，同时采用拉普拉斯（Laplace）机制在模型的梯度下降过程中加上随机噪声，提升推荐模型的安全性。多样性隐私保护推荐算法将稀疏的用户项目评分填充后，随机加入服从高斯分布的噪声，防止攻击者识破特定分布，从而反解矩阵、恢复隐私信息。分布式用户隐私保护推荐框架利用差分隐私保护技术实现对用户偏好的保护，同时利用保序加密函数实现对用户位置的保护。另外，针对传统矩阵分解推荐算法在处理大规模数据集时会遇到模型训练速度慢、预测时间较长等问题，第 8 章和第 9 章在 Spark 平台上设计了一种基于差分隐私的并行离线推荐和并行在线推荐算法，在提高算法运行效率的同时，确保用户隐私的安全性。

（3）针对集中推荐面临数据孤岛问题，在第 10~12 章分别提出基于本地差分隐私的联邦推荐、基于秘密共享的联邦推荐和基于迁移学习的跨组织联邦矩阵分解推荐。基于本地差分隐私的联邦推荐用全局均分、项目均分、用户均分与矩阵分解线性加权的结果来预测用户评分，同时对所有的评级归一化设置并添加 Laplace 噪声后发送给数据聚合器，以降低全局敏感度，保护用户敏感信息的同时提升推荐准确性。基于秘密共享的联邦推荐首先在用户端对本地模型的梯度进行分解，使用秘密共享协议在用户间传输中间结果，然后引入了用户项目交互值，把分解后的值与虚假梯度一起共享给随机选择的用户，服务器收到用户发来的虚假信息聚合后得到真实的更新值，未降低推荐精度，并保护了用户值隐私、过程隐私、存在隐私。基于迁移学习的跨组织联邦矩阵分解推荐算法使用第 11 章算法预训练组织内用户潜在因子矩阵和项目潜在因子矩阵，将训练后的项目梯度加密发送至目标方，目标方将项目梯度的加密值进行解密操作，更新本地的项目矩阵，保证了组织间信息传输的安全性，并提高了全局推荐模型的准确度。

（4）迁移学习可以向数据稀疏的评分领域迁移已有的数据信息，缓解数据稀疏问题。本书在第 13 章和第 14 章使用迁移学习研究社交网络推荐数据稀疏的问题。在第 13 章提出单稀疏辅助域的跨域推荐算法，以矩阵分解和聚类为核心步骤，先将辅助域矩阵分解成用户潜在因子矩阵和项目潜在因子矩阵，然后通过聚类算法将这两个矩阵聚集成类簇级评级模式，并取二者的点积，得到辅助域类簇级评级模式。而后，通过将类簇级评级模式扩展到目标域，弥补目标域缺失数据。在第 14 章提出多稀疏辅助域的自适应跨域推荐算法。通过单稀疏辅助域的跨域推荐算法获取每个单稀疏辅助域推荐后的结果。然后通过抽取部分测试集测试目标域推荐的均方根误差，判断该辅助域和目标域之间的相关程度，并在权重与迁移约束条件下更新迭代直至收敛，即完成辅助域的自适应迁移。最后在多个公开数据集上的实验结果表明，跨域推荐可以有效缓解数据稀疏问题，提高推荐的性能。

本书由郑孝遥、罗永龙撰写和统稿，成稿过程中得到了许多专家和老师的指导和帮助，尤其是科学出版社的蒋芳老师给本书提出了许多宝贵意见。另外，研究生李兴旺、李浩楠、贾先敏同学在本书校稿过程中也多有协助，在此一并感谢。

由于作者水平有限，书中难免有不足之处，恳请读者批评指正。

郑孝遥　罗永龙

2024 年 2 月 1 日

目　　录

第1章 绪 论

1.1 社交网络推荐简介

个性化推荐研究直到 20 世纪 90 年代才被作为一个独立的概念提出来[1]，所谓个性化推荐服务是根据用户的兴趣特征及偏好和行为，向用户推荐用户感兴趣的信息或商品的服务模式[2-5]。Goldberg 等[6]最早在 1992 年提出了协同过滤（collaborative filtering，CF）的概念，并开发了第一个基于协同过滤的推荐系统 Tapestry，该系统主要对电子邮件进行分类过滤，解决施乐（Xerox）公司帕洛阿尔托（Palo Alto）研究中心资讯过载的问题。1994 年 Resnick 开发了基于协同过滤的自动推荐系统 GroupLens，该系统可以利用用户的评分信息自动搜索用户的最近邻居，然后根据最近邻居的评分信息向用户推荐其最感兴趣的新闻信息。Miller 等在 GroupLens 框架基础上，于 2003 年又开发了 MovieLens 在线电影推荐系统，该系统采用 B/S 架构，通过浏览器收集用户的评分信息并反馈推荐结果。面对稀疏性问题，2001 年 Sarwar 等[7]提出了基于项目的（item-based）协同过滤系统，引入了项目间的相似度和矩阵降维技术，并指出项目间的相似度要面临比用户间的相似度更低的稀疏性问题，而且更加稳定，项目间相似度的计算可以离线进行，可以提高系统的可扩展性。2003 年 Linden 等[8]在 Amazon 电子商务网站上设计了项目-项目（item-to-item）的协同过滤推荐系统，该系统也是 item-based 协同过滤系统，Amazon 后来将推荐系统应用到电子商务中，通过分析用户的购买、浏览行为来预测用户可能感兴趣的商品，并成功借助推荐系统将销售额提高了近 30%，效果远超预期。在协同过滤思想提出之前，个性化推荐早期的研究主要集中于基于内容的（content-based，CB）推荐，它的主要思想是依据用户已选择的项目资源的内容信息，为用户推荐与其过去喜欢的项目相似的资源[9-13]。基于内容的推荐主要利用信息检索领域的相关技术，如最常用的词频-逆文本频率（TF-IDF）算法[14]，从信息内容的角度来挖掘用户需求与项目之间的关系，并根据用户历史记录来判断用户的兴趣偏好。由于基于内容的推荐关键在于项目资源信息的获取与过滤，这种资源推荐方式特别适合应用于文本类的搜索中，如新闻[15]和电子书籍[16]等。在 2001 年，推荐系统研究领域的著名专家 Adomavicius 和 Tuzhilin 将个性化推荐分为两类[17]：第一类是传统的个性化推荐，这类推荐不关心用户的上下文信息（context），直接利用用户的历史数据进行推荐。第二类是具有上下文感知能力的个性化推荐技术，该类方法在传统的推荐技术中引入上下文信息，具有动态实时感知用户的情境，提供更加全面准确的推荐。随着社交网络技术的发展，尤其是自2006年Netflix举办推荐系统竞赛以来，推荐技术引起了全世界推荐研究团队的兴趣。2009年9月21日，来自全世界186个国家的4万多个参赛团队经过近三年的较量，一个由工程师和统计学家组成的七人团队夺得了百万美元大奖。通过竞赛，研究团队公认奇异值分解（SVD）和矩阵因子分解是两种比较有效的提高社交网络推荐精度的方法。Koren 等[18]提出的矩阵因子分解法可以融入更多的隐式的社交信息，实验表明，其相对传统的k近邻（KNN）算法推荐精度有了很大提高。Paterek[19]使用改进 SVD 方法相比 Netflix 自有的 Cinematch系统的推荐精度提高了7.04%。但是这两种方法都对线下测试数据精度的提高较显著，而对于 Netflix 线上的应用却不够理想。于是，世界研究团队又将关注点从传统的精度指标转向提升用户个性化体验的新领域。众多的国内外研究表明，利用社交关系中的显式或隐式数据对改善推荐精度、提高用户满意度、缓解冷启动等问题都有显著作用[20-23]。自此，基于社交网络环境的个性化推荐技术进入快速发展期。

　　目前根据推荐方式的不同，基于社交网络的个性化推荐主要可以分为基于内容的推荐（content-based recommendation）、基于协同过滤的推荐（collaborative filtering recommendation）、基于知识的推荐（knowledge-based recommendation）和混合推荐（hybrid recommendation）技术。随着推荐系统在社交网络中应用范围的拓展和用户参与度的不断提升，用户产生大量多源异构的历史数据，但传统的推荐系统没有有效融合用户历史数据和保护用户隐私信息。社交网络中多源信息越来越丰富，如项目属性信息、社交网络信息、地理位置信息和用户评论及评分信息等，如何融合这些多源异构信息为用户建立准确的用户偏好模型，成为提升推荐系统性能的一个重要研究问题。另外，企业为了自身的利益，不断地收集用户信息隐私和偏好隐私，更有甚者会将用户的这些数据卖给其他企业来获取利益，这对用户的隐私造成了巨大的威胁。即使有些企业去除了用户的姓名和账户信息，但是也可以通过链接攻击等攻击方法确定相应的用户信息，这种简单地去掉用户名的方法起不到保护用户隐私的作用。因此，用户担心自己的隐私信息泄露，宁愿不享受推荐所带来的个性化服务，也不愿提交自己的信息或者只提交错误的信息，导致了推荐系统的数据稀疏和精度低等问题。因此，面对社交网络中多源异构数据和隐私泄露风险，如何在实现精确推荐的同时对用户隐私进行保护是基于社交网络环境下的个性化推荐技术发展所面临的一个重要挑战。

1.2 社交网络推荐技术

1.2.1 社交网络推荐技术简介

推荐系统本质是建立用户与项目之间的二元关系，利用已有的选择过程或相似性关系挖掘每个用户潜在感兴趣的对象，进而进行个性化推荐。Adomavicius 和 Tuzhilin[24]给出了数学描述，其中设 U 表示用户集合，I 表示需要推荐给用户的项目集合，μ 是一个效用函数，则推荐系统就是要找到使效用函数 μ 最大的那些项目，即 $\forall u \in U, S' = \arg\max_{s \in S} \mu(u, s)$。若其延伸到社交网络环境下，则效用函数可以表示为 $\forall u \in U, S' = \arg\max_{s \in S} \mu(u, s | C)$，其中 C 表示社交网络的上下文情境。图 1-1 给出了目前社交网络环境下，个性化推荐涉及的四个关系：用户-项目关系、项目-项目关系、用户-用户关系和上下文-用户关系。在下面的章节中我们将结合这四个关系与推荐技术来阐述个性化推荐。

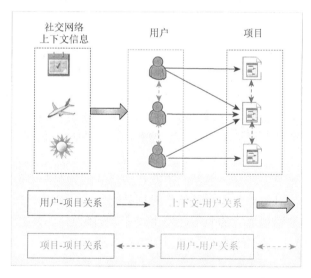

图 1-1 基于社交网络的个性化推荐示意图

1.2.2 基于内容的推荐

个性化推荐早期的研究集中于基于内容的推荐，其思想来源于信息检索和信息过滤，主要是根据用户已选的项目资源的内容信息，发现项目或内容之间的相关性，为用户推荐与其过去喜欢的项目相似且评分高的资源。例如，在电影推荐中，基于内容的推荐系统首先分析目标用户已经看过并且评分较高的电影的一些特征（演员、导演、类型、票房等），再向目标用户推荐与这些电影相似度高的其他电影。

基于内容的推荐系统的核心任务是计算推荐项目内容之间的相似度，并使用特征提取方法得到项目内容特征，其中最常见的方法是关键词提取，如利用 TF-IDF 来计算关键词的权重[25]。假设 e_i 是项目 s_j 的第 i 个关键词，w_{ij} 表示 e_i 在项目 s_j 上的权重，则项目 s_j 的内容可以用向量模型 $\text{content}(s_j) = (w_{1j}, w_{2j}, \cdots, w_{kj})$（其中 k 为项目的特征向量维度）进行描述。同时，也可以通过用户历史评价数据，利用贝叶斯分类算法[26, 27]、决策树[28]、神经网络[29]、聚类[30, 31]等方法建立用户偏好的向量模型 $\text{profile}(u_c) = (w_{c1}, w_{c2}, \cdots, w_{ck})$。结合项目特征模型和用户偏好模型向量，基于社交网络环境的推荐效用函数即可表示为

$$\mu(u, s \mid C) = \text{Score}(\text{content}(s), \text{profile}(u)) \tag{1-1}$$

效用函数 $\mu(u, s \mid C)$ 可以通过一些启发式计算方法来获得，如常用的余弦相似度函数，即

$$\mu(u, s \mid C) = \cos(\text{profile}(u), \text{content}(s)) = \frac{\sum_{i=1}^{k} w_{iu} w_{is}}{\sqrt{\sum_{i=1}^{k} w_{iu}^2} \sqrt{\sum_{i=1}^{k} w_{is}^2}} \tag{1-2}$$

最后通过效用函数计算得到的结果排序，将分值最高的前 N 个项目推荐给用户。分析基于内容的推荐，不难发现，其思想是利用社交网络中用户-项目的关系，以及项目-项目之间的关系，通过启发式计算方法，获得用户偏好和项目特征之间的效用值，从而向用户推荐分值排序靠前的项目。基于内容的推荐系统的关键在于准确表示项目的特征及用户偏好模型，随着社交网络的发展，用户在社交网络中的历史记录包含丰富的浏览、点击、评分、转发等信息，这些历史信息可以提升用户偏好建模的准确性。基于内容的推荐在解决数据稀疏和项目冷启动问题时，具有较强的优势，但是推荐精度依赖于对项目特征和用户偏好的表征，用户兴趣在社交网络中随时间和情境的变化而发生改变，因此如何适应用户兴趣的动态变化，提高推荐准确度是基于内容的推荐面临的挑战。

1.2.3 基于协同过滤的推荐

协同过滤技术是推荐系统中应用范围较广、效率较高的一种方法[32, 33]。将协同过滤技术应用于服务推荐过程，即根据目标用户（项目）的服务评价记录确定一组与之相似的推荐用户（项目），并以推荐用户（项目）对服务的评价作为目标用户（项目）的推荐值。其基本过程是基于用户-项目评分矩阵，计算出目标用户（或项目）之间的相似度；然后根据计算得到的相似度，搜寻目标用户（或项目）

的最近邻居集合；最后根据最近邻居集合中的用户（或项目）的评分情况来预测用户对推荐项目的评分值，并以此来产生对目标用户的推荐。根据个性化推荐算法实现策略的不同，基于协同过滤的推荐算法又可以分为基于启发式的协同过滤算法（heuristic-based collaborative filtering algorithm）和基于模型的协同过滤算法（model-based collaborative filtering algorithm）。

1. 基于启发式的协同过滤算法

基于启发式的协同过滤算法主要根据用户-项目评分矩阵获得用户或者项目之间的相似度，并采用一定的启发式方法对未知项目进行评分预测。按计算相似度的对象（用户或者项目）不同，其一般分为基于用户的协同过滤推荐和基于项目的协同过滤推荐两种方式，图 1-2 中给出了这两种协同过滤推荐算法的示意图。本书主要以基于用户的协同过滤推荐算法为例来阐述。因此，用户之间的相似度计算是寻找最佳近邻用户、提高推荐准确性的关键。目前计算用户间的评分相似度常用的方法有余弦相似度（cosine similarity，COS）、皮尔逊相关系数（Pearson correlation coefficient，PCC）、约束皮尔逊相关系数（constrained Pearson correlation coefficient，CPC）、斯皮尔曼等级相关（Spearman rank correlation，SRC）、杰卡德指数相似度（Jaccard index similarity，JIS）等，具体如表 1-1 所示。上述几种相似度计算方法在用户评分数据较少时，存在计算误差较大的问题，如用户 u_1 和 u_2 的共同项目集评分为（1，1，1）和（4，4，4），则 COS 计算的相似度结果为 1，PCC 无法计算出结果，一般默认为 0，CPC 计算的结果为 –1，SRC 计算的结果为 –5.75，JIS 的结果不好推算，要根据其各自的评价项目集来确定。因此，通过上述计算结果可以得出：在评分数据稀疏时，上述相似度计算结果差距较大，合理性较差。

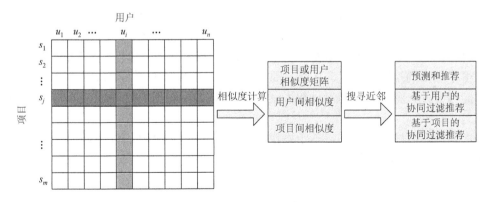

图 1-2 基于用户或项目的协同过滤推荐示意图

表 1-1　常见的协同过滤相似度计算方法

相似度度量	数学描述
余弦相似度（COS）	$\mathrm{sim}(u_x, u_y) = \dfrac{\sum_{i=1}^{k} r_{xi} r_{yi}}{\sqrt{\sum_{i=1}^{k} r_{xi}^2} \sqrt{\sum_{i=1}^{k} r_{yi}^2}}$，其中 r_{xi} 为用户 u_x 对项目 s_i 的评分；k 为用户 u_x 和 u_y 共同评价过的项目数量
皮尔逊相关系数（PCC）	$\mathrm{sim}(u_x, u_y) = \dfrac{\sum_{i=1}^{k} (r_{xi} - \bar{r}_x)(r_{yi} - \bar{r}_y)}{\sqrt{\sum_{i=1}^{k} (r_{xi} - \bar{r}_x)^2} \sqrt{\sum_{i=1}^{k} (r_{yi} - \bar{r}_y)^2}}$，其中 r_{xi} 为用户 u_x 对项目 s_i 的评分；k 为用户 u_x 和 u_y 共同评价过的项目数量；$\bar{r}_x$ 为用户 u_x 对其评价过的所有项目的评分均值
约束皮尔逊相关系数（CPC）	$\mathrm{sim}(u_x, u_y) = \dfrac{\sum_{i=1}^{k} (r_{xi} - \bar{r}_{\mathrm{med}})(r_{yi} - \bar{r}_{\mathrm{med}})}{\sqrt{\sum_{i=1}^{k} (r_{xi} - \bar{r}_{\mathrm{med}})^2} \sqrt{\sum_{i=1}^{k} (r_{yi} - \bar{r}_{\mathrm{med}})^2}}$，其中 r_{xi} 为用户 u_x 对项目 s_i 的评分；k 为用户 u_x 和 u_y 共同评价过的项目数量；$\bar{r}_{\mathrm{med}}$ 为评分等级的中位数，如评分等级[1, 5]的中位数是 3
斯皮尔曼等级相关（SRC）	$\mathrm{sim}(u_x, u_y) = 1 - \dfrac{6\sum_{i=1}^{k} d_i^2}{k(k^2 - 1)}$，其中 k 为用户 u_x 和 u_y 共同评价过的项目数量；d_i 为用户 u_x 和 u_y 对项目 s_i 的评分差
杰卡德指数相似度（JIS）	$\mathrm{sim}(u_x, u_y) = \dfrac{\left| C(u_x) \cap C(u_y) \right|}{\left| C(u_x) \cup C(u_y) \right|}$，其中 $C(u_x)$ 为用户 u_x 评价过的项目集合；$\left| C(u_x) \cap C(u_y) \right|$ 为用户 u_x 和 u_y 共同评价过的项目数量；$\left| C(u_x) \cup C(u_y) \right|$ 为用户 u_x 和 u_y 分别评价过的项目数量总和

为了改善评分数据稀疏时的相似度计算值，Ahn[34]提出了一种启发式相似度计算方法，即近邻影响流行度（proximity impact popularity，PIP），从而可以提高数据稀疏时相似度计算的合理性。Bobadilla 等[35]提出了一个基于神经网络的相似度计算方法，即平均杰卡德差异（mean Jaccard differences，MJD），在数据稀疏时获得了较高的推荐准确度。Bobadilla 等[36]、Choi 和 Suh[37]、Zenebe 和 Norcio[38]都通过设计一种新的相似度计算方法，来解决数据稀疏造成的推荐准确度不高的问题。

根据相似度计算结果，基于用户的协同过滤推荐系统根据目标用户 u_i 的近邻 N_{u_i} 对推荐项目的评分进行加权计算出预测评分，主要形式有

$$\mathrm{Score}(u_i, s_j) = \frac{\sum_{k \in N_{u_i}} \mathrm{sim}(u_i, u_k) \times r_{kj}}{\sum_{k \in N_{u_i}} \left| \mathrm{sim}(u_i, u_k) \right|} \tag{1-3}$$

$$\text{Score}(u_i, s_j) = \overline{r}_i + \frac{\sum_{k \in N_{u_i}} \text{sim}(u_i, u_k) \times (r_{kj} - \overline{r}_k)}{\sum_{k \in N_{u_i}} |\text{sim}(u_i, u_k)|} \tag{1-4}$$

式中，$\overline{r}_i$ 为用户 u_i 对所有项目的评分均值；r_{kj} 为用户 u_k 对项目 s_j 的评分；N_{u_i} 为用户 u_i 的近邻；$\overline{r}_k$ 为用户 u_k 对所有项目的评分均值。

目前，基于协同过滤的推荐技术在社交网络环境下得到了进一步发展，利用用户的社交信任关系进一步提高推荐的准确度和数据稀疏时的推荐质量[39, 40]。这样，式（1-3）和式（1-4）则进一步演化成

$$\text{Score}(u_i, s_j) = \frac{\sum_{k \in \text{Trus}(u_i)} T_{ik} \times r_{kj}}{\sum_{k \in \text{Trus}(u_i)} T_{ik}} \tag{1-5}$$

$$\text{Score}(u_i, s_j) = \overline{r}_i + \frac{\sum_{k \in \text{Trus}(u_i)} T_{ik} \times (r_{kj} - \overline{r}_k)}{\sum_{k \in \text{Trus}(u_i)} T_{ik}} \tag{1-6}$$

式中，T_{ik} 为用户 u_i 对用户 u_k 的信任度；$\text{Trus}(u_i)$ 为用户 u_i 信任的用户集合。

推荐效用函数在基于启发式的协同过滤算法中演化成 $\mu(u, s|C) = \max_{s_j \in S}(\text{Score}(u_i, s_j))$，即从被推荐项目中获取评分值最高的一个或多个推荐给目标用户，实现效用函数最大化目标。

2. 基于模型的协同过滤算法

基于模型的协同过滤算法是指从评分数据集中建立一个模型，然后每次推荐都是基于模型数据进行计算并推荐，这样就不用每次都调用整个数据库，提高了推荐效率与系统伸缩性。相对于基于启发式的协同过滤算法来说，其可以在离线模式下进行推荐并具有较高的推荐精度，然而该方法通常无法较好地解释所产生的推荐结果。基于模型的协同过滤算法采用的方法主要有聚类[41, 42]、潜在语义分析[43-45]、贝叶斯分类器[46, 47]、线性回归[7, 13]、最大熵模型[48, 49]等。目前利用矩阵因子分解技术获取用户和项目的潜在因子是基于模型的协同过滤算法的一个研究热点，在推荐准确度和扩展性上具有较大优势。如下给出一个最基本的矩阵因子分解推荐模型：

$$\Psi(R, P, Q) = \sum_{(u_i, s_j) \in T} (r_{ij} - \hat{r}_{ij})^2 + \lambda \left(\|p_i\|_F^2 + \|q_j\|_F^2 \right) \tag{1-7}$$

式中，R 为评分矩阵；P 为用户潜在因子矩阵；Q 为项目潜在因子矩阵；T 为用户 u_i 对项目 s_j 的评价集合的训练集；λ 为正则项系数；p_i 和 q_j 分别为用户和项目

的潜在因子向量；$\left\| p_i \right\|_F^2 = \sqrt{\sum_k p_{ik}^2}$，$p_{ik}$ 为用户 u_i 的潜在因子向量的第 k 个元素；

$\left\| q_j \right\|_F^2 = \sqrt{\sum_k q_{jk}^2}$，$q_{jk}$ 为项目 s_j 的潜在因子向量的第 k 个元素；$\hat{r}_{ij} = r + q_j^T p_i$，$\hat{r}_{ij}$ 为推荐系统预测的评价值，r 为偏移值，一般取训练集中用户评价的平均值；Ψ 为目标函数，可以通过随机梯度下降优化算法求得最优解。该基本模型仅考虑了用户和项目的潜在因子，没有充分考虑到用户选择项目时的情境（时间、地点、人物等）。Jiang 等[50]、Jamali 和 Ester[51]、Liu 和 Aberer[52]、Qian 等[53]都研究了用户间的社交关系，对基本模型进行正则化处理，较大地提高了推荐的准确度，因此社交网络中的社交关系及通过社交网络获取用户及项目的社交信息可以提升推荐系统的推荐质量。

模型建立的过程中需要对数据集进行离线训练，因此计算量相对较大，模型的推荐准确度与学习效率密切相关，但模型一旦成功建立，在线进行预测的速度很快，扩展性较好。

通过对协同过滤推荐技术的阐述可知，目前基于社交网络的协同过滤推荐技术在理论研究和实际应用中都取得了显著进展。该技术能够处理复杂的非结构化推荐对象，具有适合推荐各种类型产品的能力。然而，新用户和新项目的问题仍然存在，使得协同过滤推荐技术存在数据稀疏和冷启动问题。

1.2.4　基于知识的推荐

基于协同过滤的推荐和基于内容的推荐虽然应用广泛，但在社交网络中存在不能发挥其优点的情况。例如，在网购平台中，用户购买了一台手机后，下一次平台就不能为用户推荐同类产品。现实消费记录中通常包含大量的单次购买记录，因此协同过滤和内容过滤也存在严重的冷启动问题。基于知识的推荐主要是基于推理技术来实现推荐的，因此该推荐方法一般会结合常识性知识或领域知识制定一系列规则作为推荐的依据[54]。基于知识的推荐不依赖于用户评分数据，因此其不存在数据稀疏和冷启动问题，并且得到的推荐结果往往是根据用户需求和推荐资源的关联或者某些明确的领域规则所产生的，一旦规则匹配，推荐质量就相对较高。

本体技术是用来表示领域知识的常用方法，采用本体技术是典型的基于知识的推荐方法。Middleton 等[55]采用本体技术来建立用户对 Web 页面的兴趣模型，并基于此建立领域知识规则来完成 Web 页面推荐。同时 Middleton 等[56]又采用领域本体的方法对学术论文的主题进行描述，建立用户与研究主题间的联系规则，并完成向科研工作者推荐相关论文的任务。Blanco-Fernández 等[57]提出了建立用户偏好与项目的关联规则，并将其融入其他推荐系统来提高推荐质量。Carrer-Neto 等[58]建立了一个本体知识库，在推荐过程中利用知识库中的规则推理出用户喜爱的项目。

基于知识的推荐使用领域知识产生推荐，并不依赖于用户评分，因此不存在冷启动和数据稀疏的问题。然而，基于知识的推荐往往需要大量的领域知识，并且需要知识库来存放这些规则。因此，构建一个完备、高效的知识库成为基于知识的推荐的关键。

1.2.5 混合推荐

上述各种推荐方法在实际应用中都存在各自的缺陷，目前许多研究者开始采用上述几种推荐方法相结合的方式，即混合推荐技术来实现个性化推荐[59-63]。混合推荐的一个重要原则就是通过组合各种推荐技术，避免单一推荐技术的局限性，并弥补其不足，从而提高推荐质量。因此，如何组合不同的推荐技术实现混合推荐是一个关键研究点，不同的组合思路适用于不同的应用场景。目前，基于社交网络的混合推荐常用的组合方式有以下几种。

（1）加权。加权方式就是将几种不同推荐算法的推荐结果赋予一定的权重进行混合的方法。该方法的难点在于确定各种方法的权重比例，需根据不同的推荐项目进行大量的验证测试。

（2）切换。不同的推荐算法适应不同的推荐环境，切换方法主要根据不同的推荐场景选择不同的推荐算法。该方法的研究重点在于感应推荐场景的变化和选择相对应的推荐方法。

（3）混合。混合方法采用多种推荐算法，将每种推荐算法的结果都呈现给用户，由用户根据自己的需求选择所需的推荐项目。该方法的研究相对比较成熟，目前一些大型电子商务平台也开始采用该推荐方法。

（4）串联。串联方法一般将一种推荐算法的推荐结果作为另一种推荐算法的输入，从而得到更精确的推荐结果。这种方法需确定各种推荐算法的串联次序及推荐的输入输出数据格式。

社交网络环境和应用的变化，给推荐技术带来更多的挑战，单一的推荐技术很难适应不同社交网络场景中的个性化推荐需求，因此混合推荐技术在应对社交网络环境下的个性化推荐时具有一定的优势。

1.2.6 各种推荐技术的特点

根据对上述各种推荐技术的分析和探讨，本书对社交网络中各种个性化推荐技术进行对比，表 1-2 给出了各种方法的优缺点。

表 1-2　　各种个性化推荐技术比较

个性化推荐技术	输入数据	优点	缺点
基于内容的推荐	项目的属性特征；用户对项目的评价	推荐结果直观，容易理解	新用户问题；属性特征提取难；通用性差
基于协同过滤的推荐	用户对项目的评价；能够处理复杂的非结构化对象	发现新颖的项目	数据稀疏问题；新用户问题；新项目问题
基于知识的推荐	领域知识及推理规则	无冷启动问题；无数据稀疏问题；能发现新兴趣点	知识获取难；规则抽取耗时
混合推荐	根据使用的推荐技术来确定输入	推荐精度相对单一推荐更高	计算复杂度高

1.3　推荐系统评价指标

推荐系统性能的评测是推荐技术研究领域中一个重要的研究课题。目前根据推荐任务的不同，衡量个性化推荐算法性能的评价指标也多种多样[64,65]。本节将从准确度、多样性、新颖性、覆盖性等多个角度去介绍社交网络中的个性化推荐评价标准。

1.3.1　准确度

衡量个性化推荐算法性能最重要的指标是推荐的准确度。准确度指标是目前推荐系统使用最广泛的评价标准，主要评测方法就是计算预测的分数和真实的分数之间的误差有多大，也可以衡量推荐算法在多大程度上准确预测用户对推荐项目的喜欢程度。根据指标的具体定义，准确度指标又可进一步分为预测准确度和分类准确度。其中预测准确度的思路比较简单，就是计算预测评分和真实评分的差异，常用的指标有平均绝对误差（mean absolute error，MAE）和均方根误差（root mean square error，RMSE）。

$$\text{MAE} = \frac{\sum\limits_{(u_i, s_j) \in T_{\text{test}}} \left| r_{ij} - \hat{r}_{ij} \right|}{\left| T_{\text{test}} \right|} \tag{1-8}$$

$$\text{RMSE} = \sqrt{\frac{\sum\limits_{(u_i, s_j) \in T_{\text{test}}} \left(r_{ij} - \hat{r}_{ij} \right)^2}{\left| T_{\text{test}} \right|}} \tag{1-9}$$

式中，T_{test} 为测试数据集；r_{ij} 和 $\hat{r}_{ij}$ 分别为用户 u_i 对项目 s_j 的真实评分和预测评分。

分类准确度指标衡量的是推荐系统能够正确预测用户喜欢或不喜欢某个项目

的能力[66]。该指标比较适用于有明确二分喜好的用户系统，即喜欢和不喜欢的二元分类系统，但实际应用于离线数据时，分类准确度可能会受到数据稀疏性的影响，导致最终评价结果的偏差。分类准确度常用的指标有准确率（Pre）、召回率（Rec）和调和系数（F1）等。

$$\text{Pre} = \frac{N_{\text{RL}}}{N_{\text{R}}} \qquad (1\text{-}10)$$

$$\text{Rec} = \frac{N_{\text{RL}}}{N_{\text{L}}} \qquad (1\text{-}11)$$

$$F1 = \frac{2 \times \text{Pre} \times \text{Rec}}{\text{Pre} + \text{Rec}} \qquad (1\text{-}12)$$

式中，N_{RL} 为推荐项目集合中用户喜爱的项目数；N_{R} 为推荐系统向用户推荐的项目总数；N_{L} 为整个数据集中用户喜欢的项目数。一些评分推荐系统中也可以使用这三个指标，如在 5 分制评分数据集中，系统可以将评分区间[1, 2]定义为不喜欢，将评分区间[3, 5]定义为喜欢。

1.3.2　多样性

推荐系统准确度指标是衡量推荐系统性能的关键性指标，但是现实应用中也存在推荐系统的预测准确度较高，但是用户满意度不高的情况[65]。因为推荐系统习惯于推荐流行与热门的项目，这样可以获得很高的推荐准确度，但是用户可能早已从其他渠道得到这些信息或者项目，因此用户不会认为这样的推荐是有价值的[67]。为了更加全面地评价推荐系统，Zhou 等[68]、McNee 等[69]、Beel 等[70]提出了衡量推荐的多样性指标。多样性在推荐系统中可以表现为用户间的多样性（inter-user diversity）和用户内的多样性（intra-user diversity）两类。用户间的多样性主要衡量推荐系统向不同用户群推荐不同项目的能力；用户内的多样性用于衡量推荐系统向一个用户推荐项目的多样性。用户间的多样性具体定义如下：

$$H_{ij}(N_{\text{R}}) = 1 - \frac{Q_{ij}(N_{\text{R}})}{N_{\text{R}}} \qquad (1\text{-}13)$$

式中，N_{R} 为推荐列表的长度；$Q_{ij}(N_{\text{R}})$ 为推荐给用户 u_i 和 u_j 列表中相同项目的数量。如果两个推荐列表完全相同，则 $H_{ij}(N_{\text{R}}) = 0$；反之，若完全不同，则 $H_{ij}(N_{\text{R}}) = 1$。推荐系统 $H_{ij}(N_{\text{R}})$ 的值越大，则用户间的多样性越好。

设推荐系统向用户 u 推荐的项目集合为 $S_{\text{R}}^{u} = \{s_1, s_2, \cdots, s_{N_{\text{R}}}\}$，则用户内的多样性一般定义为

$$I_u(N_{\text{R}}) = \frac{1}{N_{\text{R}}(N_{\text{R}} - 1)} \sum_{i \neq j} \text{sim}(s_i, s_j) \qquad (1\text{-}14)$$

式中，$\mathrm{sim}(s_i, s_j)$ 为项目 s_i 和 s_j 的相似度。对于用户 u 来说，$I_u(N_R)$ 的值越小，表示用户内的多样性指标越优秀。

1.3.3　新颖性

新颖性也是影响用户体验的重要指标之一，该指标主要衡量向用户推荐非热门、非流行项目的能力，其主要解决的是推荐中涉及的长尾（long tail）问题。度量推荐新颖性的方法较多，常用的有推荐项目的平均度[71]、加权排序的新颖率[72]等。项目的平均度指标一般定义为

$$\mathrm{Novelty}(N_R) = \frac{1}{N_U N_R} \sum_u \sum_{\alpha \in S_R^u} k_\alpha \tag{1-15}$$

式中，N_U 为推荐系统用户数量；k_α 为项目 α 的度（指图中节点的出度和入度总和，简称度）。因此，推荐列表中项目的平均度越小，推荐系统的新颖性就越高。

加权排序的新颖率是由 Murakami 提出的一种度量推荐新颖性的指标，该指标的主要思路是假定容易被预测出来的项目对用户来说新颖性较差，而那些不易被预测出来的项目对用户的新颖性较高，具体定义如下：

$$\mathrm{UER}_u = \frac{1}{N_U} \sum \max(p(u,\alpha) - p_{\mathrm{PPM}}(u,\alpha), 0) \frac{\mathrm{rel}_{u\alpha}}{l_{u\alpha}} \tag{1-16}$$

式中，$p(u,\alpha)$ 为目标推荐系统推荐项目 α 被用户 u 喜欢的概率；$p_{\mathrm{PPM}}(u,\alpha)$ 为原始预测方法（primitive prediction method，PPM）预测用户 u 喜欢 α 的概率；$\mathrm{rel}_{u\alpha} \in \{0,1\}$，$\mathrm{rel}_{u\alpha} = 1$ 表示用户 u 确实喜欢被推荐的项目 α，$\mathrm{rel}_{u\alpha} = 0$ 则表示不喜欢；$l_{u\alpha}$ 为项目 α 在用户 u 的推荐列表中的排序值，新颖的项目越靠前，对系统的新颖性贡献越大。

1.3.4　覆盖性

覆盖性指标主要指推荐系统向用户推荐的项目占全部项目的比例，一般用覆盖率来衡量[65]。如果一个推荐系统的覆盖率比较低，那么这个系统很可能会由于其推荐范围的局限性而降低用户的满意度，因为低的覆盖率意味着用户可选择的项目很少[73]。覆盖率通常可分为预测覆盖率（prediction coverage）、推荐覆盖率（recommendation coverage）和种类覆盖率（catalog coverage）3 种。预测覆盖率表示推荐系统可以预测评分的项目占所有项目的比例，具体表示如下：

$$\mathrm{Cov}_P(N_R) = \frac{P(N_R)}{N_S} \tag{1-17}$$

式中， $P(N_R)$ 为系统可以预测评分的项目数量； N_S 为所有项目的数量。

推荐覆盖率表示推荐系统能够为用户推荐的项目占所有项目的比例，具体表示如下：

$$\mathrm{Cov}_R(N_R) = \frac{L(N_R)}{N_S} \qquad (1\text{-}18)$$

式中， $L(N_R)$ 为所有用户推荐列表中出现过的不相同的项目数量。推荐覆盖率越高，系统能给用户推荐的项目就越多。推荐覆盖率与新颖性和多样性指标也密切相关，覆盖率越高，表示推荐系统可能推荐给用户的项目新颖性越好，同时多样性也可能越大。

种类覆盖率表示推荐系统为用户推荐的项目种类占全部种类的比例，具体表示如下：

$$\mathrm{Cov}_C(N_R) = \frac{C(N_R)}{N_C} \qquad (1\text{-}19)$$

式中， $C(N_R)$ 为向用户推荐的列表中项目的种类； N_C 为项目数据集中项目种类总数。种类覆盖率越高，表明推荐系统向用户推荐项目的种类越多，性能也越好。但计算种类覆盖率前，需要对项目进行分类，因此，种类覆盖率相对前两种覆盖率在应用上相对较少。另外，仅用覆盖率来衡量推荐系统的性能是没有意义的，它需要和预测准确度联合起来使用。

1.4 社交网络推荐内涵及其挑战

1.4.1 社交网络推荐内涵

伴随 Web 2.0 技术的进步，以及各类社交网站的快速发展和规模壮大，用户由传统的信息消费者转向信息发布者和消费者的有机结合，从而极大地丰富了社交网络的信息，如博客、维基、微信和书签等。这种全民参与的信息分享和发布方式，导致了社交网络中的信息爆炸式增长，由此，社交网络变成了一个蕴含海量信息的复杂网络[74-76]。如何挖掘社交网络中蕴藏的知识来提高个性化推荐技术，并解决社交网络中的信息过载问题是近年来学术界和互联网业界的研究热点。

基于社交网络的个性化推荐，又称为社会化推荐或社会推荐（social recommendation）[50, 77]。从广义上来讲，其是指在各种社会化媒体上通过社会化的群体行为，对信息内容进行推荐或分享，它涉及信息科学、管理科学、心理学和社会学等多门学科，属于典型的跨学科交叉研究；从狭义上来讲，基于社交网络的个性化推荐指的是通过挖掘用户在社交网络中的信息，并根据用户的兴趣偏好，对目标用户进行推荐[59, 78, 79]。本书所指的基于社交网络的个性化推荐主要是从狭义角度出发，分析其研究特点。

社交网络中的每个用户作为单独的个体，其在社交网络中通过浏览新闻、发表博客、转发微博、关注好友、评价在线商品等一系列的社交活动，建立和维护与社交网络中其他用户的关系。通过这些隐式或显式的活动，在社交网络中构建了具有自身特色的兴趣、爱好，同时也为个性化推荐系统建立用户偏好模型提供了丰富的数据来源[43]。因此，基于社交网络的个性化推荐具有以下特点：

（1）完整的社交关系。社交网络中的用户既是信息的制造者，也是信息的传播者和消费者。信息在社交网络中的传播与扩散促进了用户与用户间社交关系的建立，从而为个性化推荐提供了较为全面的社交关系。

（2）丰富多样的推荐项目。社交网络中的推荐资源丰富多样，既包括传统推荐中的新闻、电影、音乐等，也包括社交网络中独有的博客、朋友社交圈等。

（3）复杂多元的用户数据。用户在社交网络中的活动，会产生项目评价（等级和文本评价数据）、浏览记录、转发记录、朋友通信数据、发表博客等，若是移动社交网络，还会产生相应的时空轨迹数据[80, 81]。这些数据包括数值、文本、图像、声音等多种形式。推荐系统有效挖掘这些隐藏在社交网络中的显式和隐式数据，对提高推荐系统准确性、改善推荐系统个性化服务都有着重要的作用。

综上所述，基于社交网络的个性化推荐由传统的个性化推荐演化而来，但是随着社交网络技术的发展，其呈现出更多的自身特点。因此，基于社交网络的个性化推荐也面临着新的问题与挑战。

1.4.2　社交网络推荐面临的挑战

社交网络的推荐服务在实际应用和理论研究方面都取得了一定的成果，但是随着基于社交网络推荐研究的不断深入，发现社交网络带来的数据量巨大、信息更新快、覆盖面广以及社交网络中用户结构的复杂化等新特征，给社交网络推荐技术带来了新的挑战[20, 44, 50, 63]。

（1）推荐准确性问题。推荐系统的首要问题即是向用户提供准确的项目推荐，无论是传统的个性化推荐，还是基于社交网络的个性化推荐都面临这一问题。用户的兴趣偏好受时间、空间、朋友等主客观因素的影响，会出现波动，推荐的准确性总会出现偏差，因此准确建立用户兴趣偏好模型，提高推荐准确性是推荐系统诞生以来一直存在的问题。

（2）数据稀疏性问题。在社交网络中，用户和项目的数量都是巨大的，每个用户能够关注的项目数，以及某个项目被用户关注的数量，相比于整个社交网络系统中用户和项目的数量都是极低的。虽然社交网络中每天都产生海量的数据，但是通过分析这些数据，却发现其存在极度稀疏的问题[7, 82-84]。因此在社交网络的个性化推荐研究中，数据稀疏性问题也是对研究者的严峻考验。

（3）冷启动问题。冷启动问题包括新用户冷启动问题和新项目冷启动问题[24, 85, 86]。新用户冷启动问题是指当一个新用户刚加入推荐系统时，新用户没有或者只有极少的评分数据，推荐系统很难获得其兴趣偏好，因此无法准确地向用户推荐其感兴趣的项目。新项目冷启动问题也是由于没有或者只有极少的用户评分数据，存在同样的问题。推荐系统面临新用户冷启动问题，可能导致新用户体验差，失去对推荐系统的信任。新项目冷启动问题由于没有用户评分数据，很难获得推荐系统的推荐，从而不能满足用户对新项目的追求，也不能有效提高网站效益。由于推荐技术自身的特点，冷启动问题主要存在于协同过滤推荐系统中。

（4）个性化问题。基于社交网络的个性化推荐由于推荐项目类型多、用户和项目数量巨大，社交网络中对项目的评分存在长尾问题[67, 87]。无论是电商的在线商品推荐，还是网络新闻推荐，都有着个性化推荐和热门推荐的取舍。如果商品热门或者新闻点击率高，推荐系统将热门的项目推荐给用户是具有合理性的，但是个性化推荐本质上是为了解决长尾问题，把那些不热门但符合特定用户兴趣偏好的项目挖掘出来并推荐给该用户。

（5）推荐实时性问题。社交网络中用户及项目数量的增大，一方面导致推荐算法的计算量不断增加，推荐系统的实时推荐性能下降[68, 88]；另一方面是随着时空情境的转变，社交网络中用户关注的热门内容也在变化，用户的兴趣也会发生改变[50, 89-91]。因此，建立基于社交网络的能够实时响应用户需求的推荐系统也是一个棘手的问题。

（6）隐私保护问题。随着推荐系统在社交网络中应用范围的拓展和用户参与度的不断增加，隐私保护成为一个日益敏感的问题[92-94]。社交网络中蕴含着大量用户的社交关系及兴趣爱好，这些隐私信息存在被其他恶意用户收集的风险，因此用户担心自己的隐私信息泄露，宁愿不享受推荐所带来的个性化服务，也不愿提交自己的信息或者只提交错误的信息，导致了推荐系统存在数据稀疏和精度低等问题。

第 2 章　基于超图拓扑结构的社交网络推荐

2.1　问　题　定　义

随着网络信息以指数级增长，如何提高信息利用效率，缓解信息过载问题，一直是一个重要的研究领域。其中推荐系统是解决上述问题的重要途径，目前推荐系统在电子商务、信息检索、电子旅游、网络广告、移动应用等领域有着重要作用，自 2006 年 Netflix 举办推荐系统竞赛以来，激起了很多科研工作者的兴趣，其中准确度成为各个推荐系统最重要的衡量指标。

目前随着在线社交网络的兴起，人们习惯于在社交网络中对购买过的商品或者看过的电影进行评价，并且与好友分享。人们通过这些评价，来评估这些项目的质量，以及根据自己的兴趣去挑选适合自己的商品或者感兴趣的电影。从社会学和心理学的角度来看，人们在选择一个商品前的决策受众多因素影响，以选择观看一部电影为例，这些因素可能包括自己以往的体验、该电影的内容、自己喜欢的电影类型或者是朋友们的强烈推荐，以及当时的心情和所处的环境等。为了提高推荐系统的准确度，在推荐模型中尽可能地考虑多种因素，从而全面地描述用户画像，提高推荐系统的性能。

推荐系统中另外一个突出的问题是新用户和新项目的问题，在线社交网络中新加入的用户由于没有对服务项目有过评价或评价数量太少，推荐系统很难计算出其偏好。同理，在社交网络中新增的项目也遇到同样的问题。目前，社交网络推荐的研究注重模型和算法的研究，并没有有效地剖析推荐系统中的社交网络结构。另外，目前的矩阵因子分解法在解决冷启动问题上效率较低。本章旨在通过构建一个基于超图拓扑结构的社交网络模型，并用数学定义对模型中用户之间、项目之间以及用户与项目之间的联系进行量化描述，剖析其中的内在关系，从而为建立一个完整的推荐模型奠定理论基础。另外，通过引用上下文情境的概念，提升用户选择项目或用户对项目评价的准确度。

2.2　社交网络拓扑结构分析

推荐系统本质是建立用户与项目之间的二元关系，利用已有的选择过程或相似性关系挖掘每个用户潜在感兴趣的对象，进而进行个性化推荐。因此，本章利用超图来表示社交网络中项目与用户的二元关系，其定义如下。

　　定义 2-1：假设某社交网络有 m 个项目，n 个用户，则该网络是一个以用户为中心的超图，该网络表示为 $H = (S, U)$，其中 $S = \{s_1, s_2, \cdots, s_m\}$ 代表项目节点集合，$U = \{u_1, u_2, \cdots, u_n\}$ 表示用户集合。图 2-1 是基于表 2-1 中的数据构建的以用户为中心的超图。

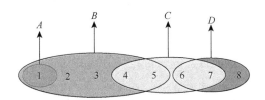

图 2-1　以用户为中心的超图

A、B、C、D 分别表示项目 s_1、s_2、s_3、s_4

表 2-1　用户对电影的评价表

项目	u_1	u_2	u_3	u_4	u_5	u_6	u_7	u_8
s_1	3							
s_2	4	5	4	5	5			
s_3				4	3	4	5	
s_4						5	5	2

　　定义 2-2：社交网络的超图 H 的对偶图定义为 $H^* = (U, S)$，该对偶图是一个以项目为中心的超图。显然有 $H = (H^*)^*$。图 2-2 是基于表 2-1 中的数据构建的以项目为中心的超图。

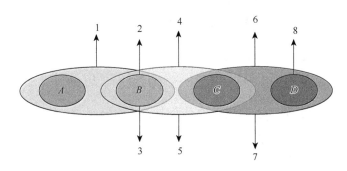

图 2-2　以项目为中心的超图

A、B、C、D 分别表示项目 s_1、s_2、s_3、s_4

假设某社交网络中有 4 个电影资源，即 $S = \{s_1, s_2, s_3, s_4\}$，有 8 个用户，即 $U = \{u_1, u_2, u_3, u_4, u_5, u_6, u_7, u_8\}$，假设用户对电影的评价如表 2-1 所示。

定义 2-3：项目特征描述集定义为向量 $FS = (fs_1, fs_2, \cdots, fs_l)$，其中 fs_i（l 为项目特征向量的维度）的取值采用 Perugini 和 Goncalves[3]提出的量化标准，则项目 s_j 的特征向量可以表示为 $\overrightarrow{fs_j} = (fs_{j1}, fs_{j2}, \cdots, fs_{jl})$。

定义 2-4：用户特征描述集定义为向量 $FU = \{fu_1, fu_2, \cdots, fu_i\}$，其中 fu_i（l 为用户特征向量的维度）的取值采用整数量化标准，则用户 u_i 的特征向量可以表示为 $\overrightarrow{fu_i} = (fu_{i1}, fu_{i2}, \cdots, fu_{il})$。

定义 2-5：用户 u_i 对项目 s_j 的评价定义为用户对项目提供的服务进行的等级评定，记为 $r_{ij} = Rank(u_i, s_j)$，其中 $r_{ij} \in R$，R 是评价的等级集合，记为 $R = \{1, 2, \cdots, K\}$。

定义 2-6：邻居节点。用户 u_i 和用户 u_v 共同评价过项目 s_j，则称用户 u_i 和用户 u_v 是在项目 s_j 上的邻居。

定义 2-7：邻接项目。若评价过项目 s_j 的用户集合记为 I_{s_j}，则集合 I_{s_j} 中用户评价过的所有项目称为项目 s_j 的邻接项目，记为 M_{s_j}。

定义 2-8：评价上下文语义集合，用户 u_i 选择项目 s_j 时的上下文的情境描述，本书用向量 $C = (c_1, c_2, \cdots, c_m)$ 表示，向量中的分量 $c_i(t = 1, 2, \cdots, n)$ 表示上下文的类型，如温度、时间或位置信息等。系统所采集的上下文信息都可以用这里定义的向量来表示。

定义 2-9：用户 u_i 对项目 s_j 的评价是正面影响还是负面影响，用积极度定义为

$$e_{ij} = Sig\left[Rank(u_i, s_j)\right] = \begin{cases} 1, & Rank(c_i, s_j) > r \\ 0, & Rank(c_i, s_j) \leqslant r \end{cases}$$

其中，$r \in R$，即当用户对项目的评价等级大于 r 时，评价是积极的；当评价等级小于或等于 r 时，评价是消极的。用 $E_{m \times n}$ 表示用户对项目的评价积极度矩阵。

定义 2-10：用户 u_i 对项目 s_j 的评价贡献定义为

$$d_{ij} = Contribution(u_i, s_j) = \frac{Rank(u_i, s_j)}{\sqrt{\sum_{i=1}^{m}\left(Rank(u_i, s_j)\right)^2}}$$

利用评价贡献函数可以构成以项目为中心的加权超图，用户对项目的评价贡献度矩阵用 $D_{m \times n}$ 表示。

定义 2-11：项目 s_j 对用户 u_i 的吸引力定义为

$$a_{ji} = Attract(s_j, u_i) = \frac{Sig\left[Rank(u_i, s_j)\right]}{\sqrt{\sum_{j=1}^{n}Sig\left[Rank(u_i, s_j)\right]}}$$

利用吸引力函数可以构成以用户为中心的加权超图，若 $\sum\limits_{j=1}^{n}\text{Sig}[\text{Rank}(u_i, s_j)] = 0$，则 $\text{Attract}(s_j, u_i) = 0$。项目对用户的评价吸引度矩阵用 $A_{n \times m}$ 表示。

定义 2-12：设用户 u_i 和用户 u_j 共同评价过的项目集合为 $I_s = \{s_1, s_2, \cdots, s_n\}$，则用户 u_i 和用户 u_j 的评价相似度定义为

$$(u_i, u_j) = \frac{\sum\limits_{k=1}^{n}(d_{ik} - \overline{d_i})(d_{jk} - \overline{d_j})}{\sqrt{\sum\limits_{k=1}^{n}\left(d_{ik} - \overline{d_i}\right)^2 \sum\limits_{k=1}^{n}\left(d_{jk} - \overline{d_j}\right)^2}}$$

$$\text{Sim\_C}(u_i, u_j) = \frac{\sum\limits_{k=1}^{n}\text{Attract}(u_i, s_k)\text{Attract}(u_j, s_k)}{\sqrt{\sum\limits_{k=1}^{n}\left(\text{Attract}(u_i, s_k)\right)^2 \sum\limits_{k=1}^{n}\left(\text{Attract}(u_j, s_k)\right)^2}}$$

其中，$\overline{d_i} = \left(1/|I_c|\right)\sum\limits_{s_j \in I_c} d_{ij}$，$I_c$ 为用户 u_i 评价过的项目集合。若 $I_c = \varnothing$，则将 $\overline{d_i}$ 赋值为 0。本书将 $\text{Sim\_C}(u_i, u_j)$ 简记为 SC_{ij}。

定义 2-13：项目 s_i 和项目 s_j 的特征相似度用特征向量的余弦相似度表示，即

$$\text{Sim\_S}(s_i, s_j) = \cos\left(\overrightarrow{\text{fs}_i}, \overrightarrow{\text{fs}_j}\right) = \frac{\overrightarrow{\text{fs}_i} \cdot \overrightarrow{\text{fs}_j}}{\left\|\overrightarrow{\text{fs}_i}\right\|_2 \cdot \left\|\overrightarrow{\text{fs}_j}\right\|_2} = \frac{\sum\limits_{k=1}^{l}\text{fs}_{ik}\text{fs}_{jk}}{\sqrt{\sum\limits_{k=1}^{l}\text{fs}_{ik}^2}\sqrt{\sum\limits_{k=1}^{l}\text{fs}_{jk}^2}}$$

本书将 $\text{Sim\_S}(s_i, s_j)$ 简记为 SS_{ij}。

定义 2-14：用户 u_i 和用户 u_j 的特征相似度用特征向量的余弦相似度表示，即

$$\text{Sim\_U}(u_i, u_j) = \cos\left(\overrightarrow{\text{fu}_i}, \overrightarrow{\text{fu}_j}\right) = \frac{\overrightarrow{\text{fu}_i} \cdot \overrightarrow{\text{fu}_j}}{\left\|\overrightarrow{\text{fu}_i}\right\|_2 \cdot \left\|\overrightarrow{\text{fu}_j}\right\|_2} = \frac{\sum\limits_{k=1}^{l}\text{fu}_{ik}\text{fu}_{jk}}{\sqrt{\sum\limits_{k=1}^{l}\text{fu}_{ik}^2}\sqrt{\sum\limits_{k=1}^{l}\text{fu}_{jk}^2}}$$

本书将 $\text{Sim\_U}(u_i, u_j)$ 简记为 SU_{ij}。

定义 2-15：项目的服务欢迎度（popularity）指的是项目受用户的欢迎程度。假设项目 s_j 向用户提供服务，其中该项目提供服务的用户集合记为 $U_c = \{u_1, u_2, \cdots, u_n\}$，则项目 s_j 的服务欢迎度定义为

$$\text{Popularity}(s_j) = \log_N(n+1)\frac{1}{n}\sum\limits_{i=1}^{n}\text{Rank}(u_i, s_j) = \log_N(n+1)\overline{\text{Rank}(s_j)}$$

其中，N 为常数，一般为项目总数量；n 为 U_c 集合中的用户数量；$\overline{\text{Rank}(s_j)}$ 为用户对项目评价的均值，项目的服务欢迎度由服务的用户数量和质量两部分构成。设常数 N 为 1000，若项目 s_j 和项目 s_i 的服务用户数量分别是 500 和 10，$\overline{\text{Rank}(s_j)} = 3.9$，$\overline{\text{Rank}(s_i)} = 4.8$，则 $\text{Popularity}(s_j) = 3.51$，$\text{Popularity}(s_i) = 1.60$，说明项目的服务欢迎度不仅代表了项目为用户服务的质量，也代表其服务的广泛度。

2.3 基于超图的推荐模型

本节主要利用 2.2 节分析的以项目为中心的超图和以用户为中心的对偶图来解决双向推荐问题，即向用户推荐项目以及向项目推荐潜在用户，并使之满意度最大化。本书使用矩阵因子分解，通过随机梯度下降（stochastic gradient descent，SGD）优化算法来获得用户和项目的最优隐藏特征。Adomavicius 和 Tuzhilin[2]使用的基本因子分解模型为

$$\Psi(R, P, Q) = \sum_{(u_i, s_j) \in T} (r_{ij} - \widehat{r_{ij}})^2 + \lambda \left(\|p_i\|_F^2 + \|q_j\|_F^2 \right) \tag{2-1}$$

式中，R 为评分矩阵；P 为用户潜在因子矩阵；Q 为项目潜在因子矩阵；T 为训练集中已知的用户对项目的评价集合；λ 为正则项系数；$\|q_j\|_F^2 = \sqrt{\sum_k q_{jk}^2}$；$\|p_i\|_F^2 = \sqrt{\sum_k p_{ik}^2}$；$\widehat{r_{ij}} = r + q_j^T p_i$，$r$ 为偏移值，一般取训练集中用户评价的平均值；Ψ 为目标函数，可以通过随机梯度下降优化算法求得最优解；q_j 为项目 s_j 的潜在因子向量；p_i 为用户 u_i 的潜在因子向量；q_{jk} 为项目 s_j 的潜在因子向量 q_j 的第 k 个元素；p_{ik} 为用户 u_i 的潜在因子向量 p_i 的第 k 个元素。该基本模型仅考虑了用户和项目的隐藏因素，没有充分考虑到用户选择项目时的情境（时间、地点、人物等）、项目与项目之间的联系以及用户与用户之间的内在联系。因此，在接下来的推荐模型中，本章将结合相关因素逐步优化推荐系统。

2.3.1 用户上下文聚类

在评价上下文语义集合的定义中，每个用户选择某个项目时都与一定的上下文相联系，为了简化上下文向量 $C = (c_1, c_2, \cdots, c_m)$，本章用二进制的 0 和 1 表示其值。例如，$c_1$ 表示周末，c_2 表示白天，c_3 表示独自一人，那么 Bob 周六晚 9 点和朋友一起去看电影《阿凡达》，则上下文可表示为 $(1, 0, 0)$。在本章中采用

对离散数据聚类有较好性能的 k-Modes 聚类算法，设用户 u_i 选择项目 s_j 时的上下文向量表示为 $C_{ij} = (c_{ij}^1, c_{ij}^2, \cdots, c_{ij}^m)$，用户 u_k 选择项目 s_l 时的上下文向量表示为 $C_{kl} = (c_{kl}^1, c_{kl}^2, \cdots, c_{kl}^m)$，则相异性度量用式（2-2）表示：

$$d(C_{ij}, C_{kl}) = \sum_{t=1}^m \delta\left(c_{ij}^t, c_{kl}^t\right), \quad \delta\left(c_{ij}^t, c_{kl}^t\right) = \begin{cases} 0, & c_{ij}^t = c_{kl}^t \\ 1, & c_{ij}^t \neq c_{kl}^t \end{cases} \tag{2-2}$$

本书为实现 k-Modes 聚类算法，定义目标函数为

$$F(W, C) = \sum_{s=1}^k \sum_{t=1}^m w_s \delta\left(c_{ij}^t, c_{kl}^t\right) \tag{2-3}$$

式中，w_s 为权衡系数，并满足 $\sum_{s=1}^k w_s = 1$，$0 \leqslant w_s \leqslant 1$；$k$ 为聚类的个数，推荐系统可以根据上下文中每种情境的统计比例设置相应的 w_s 值。为了使目标函数 $F(W, C)$ 在满足约束条件的情况下达到极小化，具体步骤如算法 2-1 所示。

算法 2-1　上下文聚类算法

输入：簇的个数 k 和上下文数据全集
输出：k 个簇，使得所有对象与其最近中心点的相异性度量总和最小
算法步骤：
Step 1：从数据集中随机选择 k 个对象作为初始簇中心。
Step 2：计算对象与簇中心之间的距离，并将每个对象划分到离它最近的簇中去。
Step 3：基于频率方法重新计算各簇的中心。
Step 4：重复 Step 2 和 Step 3，直到目标函数 F 不再发生变化。

式（2-1）是对整个用户评价的数据集进行优化分析，通过式（2-3）中的聚类目标函数将整个评价数据集分成 k 个簇，式（2-1）中的基本因子分解模型可以改进为

$$\Psi\left(R^{T_k}, P^{T_k}, Q^{T_k}\right) = \sum_{(u_i, s_j) \in T_k} (r_{ij}^{T_k} - \widehat{r_{ij}^{T_k}})^2 + \lambda\left(\left\|p_i^{T_k}\right\|_F^2 + \left\|q_j^{T_k}\right\|_F^2\right) \tag{2-4}$$

式中，T_k 为第 k 个簇评价集；$\widehat{r_{ij}^{T_k}} = r^{T_k} + \left(q_j^{T_k}\right)^T p_i^{T_k}$；$r_{ij}^{T_k}$ 为第 k 个簇评价集中的真实用户评价。

根据上下文情境的不同，把用户的评价集分成 k 个簇，然后用式（2-4）中的目标函数对用户和项目潜在因子进行迭代优化，这样做的优点有：首先是将关联度高的评价聚成了一个评价子矩阵，去除了不相关或关联度低的评价，能较好地提高推荐系统的预测准确度；其次是通过将用户的评价集分成 k 个簇，可以有效降低矩阵运算的复杂度，其中可以根据评价集的规模，选择一个适当大小的 k 来

降低运算复杂度。但是，也将存在如同 Perugini 和 Goncalves[3]提出的问题一样，经过聚类后，评价集被分成 k 个簇，那么每个簇的评价数据就会被割裂，导致部分用户或项目不存在评价数据，从而导致更多的冷启动问题。本书将在后文提出相应的解决办法，并在仿真实验中给出验证结果。

2.3.2 融入社交圈用户相似度及项目特征相似度

在现实社会中，很多用户都是通过朋友推荐去购买某个商品或者去看某部电影。因此，基于朋友社交圈的推荐可以提高推荐的准确度，并且解决基于内容推荐中推荐项目特征难以描述的问题。另外通过 Yang 等[46]的实验发现，基于社交圈的推荐在 RMSE 性能方面要高于基础的矩阵因子分解推荐模型（BaseMF）。由于在朋友社交圈中，朋友间的兴趣和喜好不尽相同，这也必然与用户的潜在因子相关。本书中抽取出在不同上下文情境下朋友间的评价相似度，利用定义 2-12 中的评价相似度来优化用户的潜在因子。本节在式（2-4）中加入一项朋友社交圈归一化后的评价相似度的约束条件来解决上述问题。

$$
\begin{aligned}
&\Psi\left(R^{T_k}, P^{T_k}, Q^{T_k}, \mathrm{SC}_{iv}^{T_k *}\right) \\
&= \sum_{(u_i, s_j) \in T_k}\left(r_{ij}^{T_k} - \widehat{r_{ij}^{T_k}}\right)^2 + \lambda\left(\left\|p_i^{T_k}\right\|_{\mathrm{F}}^2 + \left\|q_j^{T_k}\right\|_{\mathrm{F}}^2\right) \\
&\quad + \alpha \sum_{T_k}\left(\left(p_i^{T_k} - \sum_{u_v \in N_{u_i}^{T_k}} \mathrm{SC}_{iv}^{T_k *} p_v^{T_k}\right)\left(p_i^{T_k} - \sum_{u_v \in N_{u_i}^{T_k}} \mathrm{SC}_{iv}^{T_k *} p_v^{T_k}\right)^{\mathrm{T}}\right)
\end{aligned}
\tag{2-5}
$$

式中，$N_{u_i}^{T_k}$ 为第 k 个簇中用户 u_i 的邻居节点；α、λ 为正则项系数；$\mathrm{SC}_{iv}^{T_k *} = \mathrm{SC}_{iv}^{T_k} \Big/ \sum_{u_j \in N_{u_i}^{T_k}} \mathrm{SC}_{ij}^{T_k}$。

在社会学调查中，某类用户具有共同的爱好，如某一类用户喜欢看恐怖片等；另外，在某个时间段，某类项目比较受用户青睐。例如，感恩节要买火鸡；6 月 1 日儿童节，儿童电影比较受欢迎等。因此在上下文情境分类的情况下，在式（2-5）中增加具有共同属性的某类用户对用户潜在因子的影响或者是增加某类用户潜在因子之间的联系。同理，项目之间存在共同属性也约束着项目的潜在因子之间的联系。因此，增加用户特征和项目特征对其潜在因子的约束项，可以增强模型的实用性。

首先，我们增加用户兴趣偏好相似度对用户潜在因子的约束，来优化式（2-5）中的目标函数。

$$\Psi\left(R^{T_k}, P^{T_k}, Q^{T_k}, \mathrm{SC}_{iv}^{T_k*}, \mathrm{SU}_{iv}^{T_k*}\right)$$

$$= \sum_{(u_i, s_j) \in T_k} \left(r_{ij}^{T_k} - \widehat{r_{ij}^{T_k}}\right)^2 + \lambda\left(\left\|p_i^{T_k}\right\|_{\mathrm{F}}^2 + \left\|q_j^{T_k}\right\|_{\mathrm{F}}^2\right)$$

$$+ \alpha \sum_{T_k} \left(\left(p_i^{T_k} - \sum_{u_v \in N_{u_i}^{T_k}} \mathrm{SC}_{iv}^{T_k*} p_v^{T_k}\right)\left(p_i^{T_k} - \sum_{u_v \in N_{u_i}^{T_k}} \mathrm{SC}_{iv}^{T_k*} p_v^{T_k}\right)^{\mathrm{T}}\right) \qquad (2\text{-}6)$$

$$+ \beta \sum_{T_k} \left(\left(p_i^{T_k} - \sum_{u_v \in N_{u_i}^{T_k}} \mathrm{SU}_{iv}^{T_k*} p_v^{T_k}\right)\left(p_i^{T_k} - \sum_{u_v \in N_{u_i}^{T_k}} \mathrm{SU}_{iv}^{T_k*} p_v^{T_k}\right)^{\mathrm{T}}\right)$$

式中，$\mathrm{SU}_{iv}^{T_k*}$ 为在第 k 个簇中用户 u_i 和用户 u_v 归一化后的特征相似度，$\mathrm{SU}_{iv}^{T_k*} = \mathrm{SU}_{iv}^{T_k} / \sum_{u_j \in N_{u_i}^{T_k}} \mathrm{SU}_{ij}^{T_k}$；$\beta$ 为正则项系数。

其次，本书加入项目特征相似度对项目潜在因子的约束，用户评价过的项目集之间的相似度为

$$\Psi\left(R^{T_k}, P^{T_k}, Q^{T_k}, \mathrm{SC}_{iv}^{T_k*}, \mathrm{SU}_{iv}^{T_k*}, \mathrm{SS}_{iv}^{T_k*}\right)$$

$$= \sum_{(u_i, s_j) \in T_k} \left(r_{ij}^{T_k} - \widehat{r_{ij}^{T_k}}\right)^2 + \lambda\left(\left\|p_i^{T_k}\right\|_{\mathrm{F}}^2 + \left\|q_j^{T_k}\right\|_{\mathrm{F}}^2\right)$$

$$+ \alpha \sum_{T_k} \left(\left(p_i^{T_k} - \sum_{u_v \in N_{u_i}^{T_k}} \mathrm{SC}_{iv}^{T_k*} p_v^{T_k}\right)\left(p_i^{T_k} - \sum_{u_v \in N_{u_i}^{T_k}} \mathrm{SC}_{iv}^{T_k*} p_v^{T_k}\right)^{\mathrm{T}}\right) \qquad (2\text{-}7)$$

$$+ \beta \sum_{T_k} \left(\left(p_i^{T_k} - \sum_{u_v \in N_{u_i}^{T_k}} \mathrm{SU}_{iv}^{T_k*} p_v^{T_k}\right)\left(p_i^{T_k} - \sum_{u_v \in N_{u_i}^{T_k}} \mathrm{SU}_{iv}^{T_k*} p_v^{T_k}\right)^{\mathrm{T}}\right)$$

$$+ \gamma \sum_{T_k} \left(\left(q_j^{T_k} - \sum_{s_v \in M_{s_j}^{T_k}} \mathrm{SS}_{iv}^{T_k*} q_v^{T_k}\right)\left(q_j^{T_k} - \sum_{s_v \in M_{s_j}^{T_k}} \mathrm{SS}_{iv}^{T_k*} q_v^{T_k}\right)^{\mathrm{T}}\right)$$

式中，$M_{s_j}^{T_k}$ 为项目 s_j 在第 k 个簇中的邻接矩阵；$\mathrm{SS}_{iv}^{T_k*}$ 为归一化的项目特征相似度，$\mathrm{SS}_{iv}^{T_k*} = \mathrm{SS}_{iv}^{T_k} / \sum_{u_j \in N_{u_i}^{T_k}} \mathrm{SS}_{ij}^{T_k}$；$\gamma$ 为正则项系数。

2.3.3　推荐模型训练

本章首先根据数据集的上下文情境，对评价数据集执行 k-Modes 聚类算法，

将数据集分成 k 个簇，然后利用式（2-7）中的模型对各个簇中的 $p_i^{T_k}$ 和 $q_j^{T_k}$ 进行训练，通过算法 2-2 中的改进的变步长梯度下降算法（IVGDA）进行优化，把 $p_i^{T_k}$ 和 $q_j^{T_k}$ 作为变量来分别考虑，通过梯度优化，获得用户和项目的最优潜在因子。

$$
\begin{aligned}
\frac{\partial \Psi}{\partial p_i^{T_k}} = {} & 2 \sum_{(u_i,s_j)\in T_k} \left(\widehat{r_{ij}^{T_k}} - r_{ij}^{T_k} \right) q_j^{T_k} + 2\lambda p_i^{T_k} \\
& + 2\alpha \left(p_i^{T_k} - \sum_{u_v \in N_{u_i}^{T_k}} SC_{iv}^{T_k*} p_v^{T_k} \right) - 2\alpha \sum_{T_k} SC_{iv}^{T_k*} \left(p_i^{T_k} - \sum_{u_v \in N_{u_i}^{T_k}} SC_{iv}^{T_k*} p_v^{T_k} \right) \\
& + 2\beta \left(p_i^{T_k} - \sum_{u_v \in N_{u_i}^{T_k}} SU_{iv}^{T_k*} p_v^{T_k} \right) - 2\beta \sum_{T_k} SU_{iv}^{T_k*} \left(p_i^{T_k} - \sum_{u_v \in N_{u_i}^{T_k}} SU_{iv}^{T_k*} p_v^{T_k} \right)
\end{aligned}
\tag{2-8}
$$

$$
\begin{aligned}
\frac{\partial \Psi}{\partial q_j^{T_k}} = {} & 2 \sum_{(u_i,s_j)\in T_k} \left(\widehat{r_{ij}^{T_k}} - r_{ij}^{T_k} \right) p_i^{T_k} + 2\lambda q_j^{T_k} \\
& + 2\gamma \left(q_j^{T_k} - \sum_{s_v \in M_{s_j}^{T_k}} SS_{iv}^{T_k*} q_v^{T_k} \right) - 2\gamma \sum_{T_k} SS_{iv}^{T_k*} \left(q_j^{T_k} - \sum_{s_v \in M_{s_j}^{T_k}} SS_{iv}^{T_k*} q_v^{T_k} \right)
\end{aligned}
\tag{2-9}
$$

本章在执行梯度优化算法前，先将 $p_i^{T_k}$ 和 $q_j^{T_k}$ 的值设置为 0，然后通过式（2-10）和式（2-11）对用户和项目的潜在因子进行迭代更新。

$$
p_i^{T_k} = p_i^{T_k} - l \frac{\partial \Psi}{\partial p_i^{T_k}}
\tag{2-10}
$$

$$
q_j^{T_k} = q_j^{T_k} - l \frac{\partial \Psi}{\partial q_j^{T_k}}
\tag{2-11}
$$

式中，l 为学习率。本章采用一种改进的变步长梯度下降算法，提高了学习算法的效率。具体如算法 2-2 所示。

算法 2-2　改进的变步长梯度下降算法

输入：迭代次数 N，初始化 $p_i^{T_k}(0)$，$q_j^{T_k}(0)$，l_0，$t=0$，m，μ，ε
/* $0 < l_0 < 1$，m 是一个正整数，这里取值为 2；μ 表示混沌参数，取值为 $(0,1)$

输出：$p_i^{T_k}(*)$，$q_j^{T_k}(*)$ /* 输出最优的用户和项目潜在因子特征向量*/

算法步骤

Step 1：**if** $t < N$，**then** 转到 Step 2，**else** 转到 Step 7；

Step 2：计算 $\dfrac{\partial \Psi}{\partial p_i^{T_k}}(t)$，$\dfrac{\partial \Psi}{\partial q_j^{T_k}}(t)$；

Step 3：计算 $p_i^{T_k}(t+1) = p_i^{T_k}(t) - l_t \dfrac{\partial \Psi}{\partial p_i^{T_k}}(t)$，$q_j^{T_k}(t+1) = q_j^{T_k}(t) - l_t \dfrac{\partial \Psi}{\partial q_j^{T_k}}(t)$；

Step 4: **if** $\Psi(t+1) < \Psi(t)$, **then** $q_j^{T_s}(*) = q_j^{T_s}(t+1)$, $p_i^{T_s}(*) = p_i^{T_s}(t+1)$
　　　　　else 转到 Step 6;

Step 5: **if** $\Psi(t) < \varepsilon$, **then** 转到 Step 7;

Step 6: 计算 $\alpha_t = 1 - \left(\dfrac{t-1}{t}\right)^m$, $l_{t+1} = 4\alpha_t \mu(1-\mu)$, 转到 Step 1;

Step 7: 输出 $p_i^{T_s}(*)$, $q_j^{T_s}(*)$

注: l_0 为学习步长; t 为迭代循环变量。

2.3.4　冷启动方案

在推荐系统中，新用户和新项目由于没有评价记录，对用户来说，很难给出其准确的喜好推断；而对项目来说，由于没有用户评价，也很难向用户推广。由于篇幅限制，本章只从两个角度去考虑这个问题。

1）新用户问题

新用户的主要问题在于，如何向新注册的用户推荐其感兴趣的项目，并且使之满意。本章假定欢迎度大的，新用户感兴趣的程度高；其次是用户特征相似度高的用户间有着较一致的兴趣。结合上述两个假设，再根据上下文分类进行个性化推荐，可以有效提高新用户推荐的准确度。具体算法如下:

（1）计算项目集中的项目欢迎度 Popularity(s_k)。

（2）计算新用户 u_i 与其他用户 u_j 间的特征相似度 SU_{ij}。

（3）计算 Popularity(s_k) $\times d_{jk} \times \mathrm{SU}_{ij}$（$d_{jk}$ 为用户对项目的评价贡献度），并对其进行降序排序。

（4）推荐（3）中前面 k 个最大计算值的项目给用户 u_i。

通过图 2-3，我们可以看出，新用户的加入，可以通过注册时留下的特征信息，找到相似度较高的用户，再通过贡献度的传递，搜索欢迎度高的项目，从而形成一个关系链。

2）新项目问题

新项目的主要问题在于，如何向潜在感兴趣的用户推荐项目，并使之选择该项目，最终能给出满意的评价。本章也假设项目特征相似度高的项目对用户的吸引力较一致。具体操作如下:

（1）计算新项目 s_i 与其他项目 s_j 间的特征相似度 SS_{ij}。

（2）计算 $a_{kj} \times \mathrm{SS}_{ij}$（$a_{kj}$ 为项目对用户的吸引度），并对其进行降序排序。

（3）推荐（2）中非 0 值的用户给项目 s_i。

如图 2-4 所示，新加入的项目如果要向众多用户发布推荐信息，必须了解什么类型的用户对该项目有兴趣，或者是该新项目对哪些用户有吸引力。新项目通过项目间的特征相似度，查找到相似度高的项目，并通过这些项目再找到相应的用户。通过吸引力的定义可知，若用户对这类项目评价低，或者没有兴趣，则项目对用户的吸引力值为 0，从而不再向不感兴趣的用户推荐该项目。

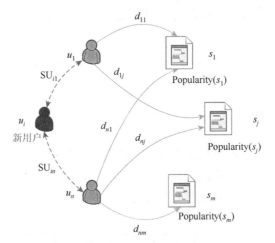

图 2-3　新用户推荐示意图

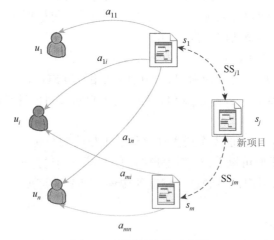

图 2-4　新项目推荐示意图

2.4　实　验　分　析

2.4.1　实验设置

1. 数据集

为了与本节对比模型中提到的几个经典推荐系统比较，本章选取三个常用的数据集来对 BaseMF、SocialMF 和 PRM 三个模型进行验证，分别是 MovieLens、Epinions 和 Douban。本章用到了用户和项目特征及上下文数据，所以选择 MovieLens 中 1M 数据集，该数据集中包含 3900 部电影和 6040 位用户的 1 000 209 条匿名评价。Epinions 是一个消费者评价网站，用户可以对如电影、书籍、软件、玩具、汽车等商品进行评价，评价等级分成 1~5，本章使用 Goldberg 等[6] 给出的数据集，该数据集包含 50 672 个用户对 249 327 个项目的 150 503 条评价。其中包含 25 个大类和 240 个小类，本章只选其中较典型的 5 个大类的数据集进行实验分析。Douban 是中国最流行的在线社交网络之一，它包含书籍、音乐、电影等，用户可以对自己喜欢并阅读过的书籍、听过的音乐、看过的电影进行 1~5 的评级，本章通过 Crawler 抓取了书籍、音乐、电影三个大类的数据，具体见表 2-2~表 2-4。

表 2-2　MovieLens 数据集

类别	用户总数	项目总数	评分总数	稀疏度	评分均值
电影	6040	3900	1 000 209	4.25×10^{-2}	3.571

表 2-3　Epinions 数据集

类别	用户总数	项目总数	评分总数	稀疏度	评分均值
书籍	14 176	226 022	40 231	1.256×10^{-5}	4.27
音乐	10 895	15 313	45 356	2.719×10^{-4}	4.28
玩具	6203	3547	27 119	1.233×10^{-3}	4.13
软件	8196	1434	18 989	1.612×10^{-3}	4.01
汽车	11 202	3011	18 808	5.576×10^{-4}	4.15

表 2-4　Douban 数据集

类别	用户总数	项目总数	评分总数	稀疏度	评分均值
书籍	7204	189 923	631 724	4.62×10^{-4}	4.25
音乐	19 782	150 436	173 269	5.82×10^{-5}	4.23
电影	4780	47 906	1 595 667	6.97×10^{-3}	3.766

2. 对比模型

为了评估混合矩阵因子分解（hybrid matrix factorization，HMF）模型的性能，本章使用以下几个经典的推荐系统模型作为比较对象。

（1）BaseMF：这个模型是最基本的矩阵因子分解模型，Mnih 和 Salakhutdinov[45] 给出了具体的推荐方法。

（2）SocialMF：Jamali 和 Ester[51]提出了在矩阵因子分解法中考虑社交网络中用户间的信任关系，对基本的矩阵因子分解模型做了较好的改进。

（3）PRM：Qian 等[53]提出了结合用户兴趣和社交圈因素的矩阵因子分解模型，该模型根据项目的类别，将评分数据集分成子类来提高评估模型的准确度。

（4）HMF：我们的模型采用超图拓扑结构来分析用户和项目之间的特征，并根据社会情境将评分数据集分成子类，并在子类中采用矩阵因子分解法，充分考虑用户特征和项目特征之间的相似度来提高预测的准确度。

3. 模型参数设置

本节介绍上述模型的几个参数以及与其他模型参数之间的关系。

（1）n 表示用户和项目潜在因子向量的维度大小。n 值的选取对模型的评价准确度有很大的影响，取值过大，会造成计算量急剧增加，也会使得用户和项目潜在因子表述得过细；取值过小，会导致用户和项目之间很难区分。Qian 等[53]给出了 n 的取值对系统性能的影响，在实际仿真实验中，每个模型考虑的因素不一样，n 的取值也相应有不同的变化。为了公平测试几个模型，本模型使用 $n=10$。

（2）l_u 表示用户特征向量的维度大小。由于收集的数据集的限制，每个数据集的特征向量的维度并不一样，MovieLens 设置的是 4，Epinions 设置的是 5，Douban 设置的是 8。

（3）l_s 表示项目特征向量的维度大小。针对每个不同的数据集，设置的维度值也不一样，默认值设置为 5。

（4）l_c 表示上下文情境向量的维度大小。本章只在 Epinions 和 Douban 数据集中使用了聚类，$l_c=4$。

（5）k 表示根据上下文情境向量进行聚类的簇的数量，本章默认值为 8。

（6）λ 表示正则项系数，本章默认设置为 0.1。

（7）α 是权衡系数，表示评价相似度对用户潜在因子的影响，默认值为 1。

（8）β 是权衡系数，表示用户特征相似度对用户潜在因子的影响，默认值为 1。

（9）γ 是权衡系数，表示项目特征相似度对项目潜在因子的影响，默认值为 1。

2.4.2　实验结果

1. 推荐准确度

在本节中，根据 RMSE 和 MAE 评估不同模型的推荐准确度。在上述的默认实验设置下，对 MovieLens、Epinions 和 Douban 进行了一系列实验。实验结果见表 2-5～表 2-7，每个单元格中的百分比是 HMF 模型相对于其他比较模型的改进。后续表格的实验结果描述方式都与表 2-5 相同。从结果可以看出，我们的模型精度优于 PRM，并且比 BaseMF 和 SocialMF 有更大的优势。更具体地说，如表 2-5 所示，我们的模型在 RMSE 方面较 BaseMF、SocialMF 和 PRM 提高了 17.2%、6.0% 和 3.2%，在 MAE 方面分别比 BaseMF、SocialMF 和 PRM 提高了 16.8%、2.2% 和 1.3%。如表 2-6 和表 2-7 所示，在处理 Epinions 和 Douban 数据集时，我们的模型获得了更好的准确度性能。这是因为我们的模型考虑了上下文信息，并且使用 k-Modes 聚类算法将训练数据集分成了 8 组。

表 2-5　MovieLens 数据集的性能比较

类别	BaseMF		SocialMF		PRM		HMF	
	RMSE	MAE	RMSE	MAE	RMSE	MAE	RMSE	MAE
电影	1.316 (17.2%)	1.120 (16.8%)	1.158 (6.0%)	0.953 (2.2%)	1.125 (3.2%)	0.944 (1.3%)	1.089	0.932

表 2-6　Epinions 数据集的性能比较

类别	BaseMF		SocialMF		PRM		HMF	
	RMSE	MAE	RMSE	MAE	RMSE	MAE	RMSE	MAE
书籍	1.437 (23.7%)	1.162 (18.8%)	1.203 (8.9%)	1.040 (9.3%)	1.136 (3.5%)	0.962 (2.0%)	1.096	0.943
音乐	1.392 (21.6%)	1.145 (19.2%)	1.185 (7.9%)	0.997 (7.2%)	1.114 (2.1%)	0.941 (1.7%)	1.091	0.925
玩具	1.377 (26.9%)	1.133 (21.4%)	1.175 (14.3%)	1.009 (11.7%)	1.088 (7.4%)	0.950 (6.2%)	1.007	0.891
软件	1.421 (27.4%)	1.190 (25.5%)	1.193 (13.5%)	1.064 (16.7%)	1.125 (8.3%)	0.980 (9.6%)	1.032	0.886
汽车	1.479 (26.4%)	1.267 (22.7%)	1.212 (10.1%)	1.112 (12.0%)	1.134 (4.0%)	1.007 (2.8%)	1.089	0.979

表 2-7　Douban 数据集的性能比较

类别	BaseMF		SocialMF		PRM		HMF	
	RMSE	MAE	RMSE	MAE	RMSE	MAE	RMSE	MAE
书籍	1.494 (27.7%)	1.204 (23.3%)	1.192 (9.4%)	1.083 (14.7%)	1.134 (4.8%)	0.977 (5.4%)	1.080	0.924
音乐	1.452 (28.7%)	1.193 (23.0%)	1.191 (13.1%)	1.015 (9.5%)	1.170 (11.5%)	1.005 (8.6%)	1.035	0.919
电影	1.470 (26.1%)	1.213 (25.4%)	1.186 (8.3%)	1.019 (11.2%)	1.116 (2.6%)	0.933 (3.0%)	1.087	0.905

2. 稀疏数据集上的性能

为了分析各种模型在处理稀疏数据集时的性能，从数据集中随机抽取一些评分数据，针对不同的数据稀疏性场景，评估每种模型在 RMSE 和 MAE 两个推荐准确度指标上的性能。为了确保实验的公平性，只使用不同模型的默认参数设置的 MovieLens 进行该实验。图 2-5（a）和（b）给出了不同模型在 7 种不同数据稀疏情况下的 MAE 和 RMSE 实验结果，我们选取了 7 种具有代表性的稀疏类型，即 1E-2、5E-3、1E-3、5E-4、1E-4、5E-5、1E-5，如 1E-2 表示 1×10^{-2}，X 坐标表示稀疏性，稀疏性定义为：$\text{sparsity} = \dfrac{N_r}{N_u \times N_s}$，其中，$N_r$ 表示评分数，N_u、N_s 分别表示用户数和项目数，而且可以看到，从 1E-2 到 1E-5，我们的模型更具优势。因为 HMF 模型使用了其余模型没有使用的用户特征和项目特征，它证明了用户特征和项目特征被有效地集成到我们的模型中。

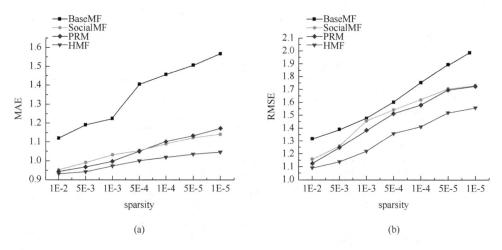

(a)　　　　　　　　　　　　　　　(b)

图 2-5　稀疏数据集（MovieLens）的 MAE 和 RMSE 结果

3. 敏感度分析

本小节进行了相关实验来测试 HMF 模型对各种参数的敏感度，以了解参数对该模型推荐准确度的影响。

1）迭代次数的影响

在 HMF 模型中，使用改进的 IVGDA 进行实验，以获得最佳的用户和项目潜在因子向量。因为 PRM 使用的是 MovieLens 数据集，为了与其他算法进行公平的比较，在这个实验中使用 MovieLens 数据集，在算法 2-2 中设置 $m = 2$，$\mu = 0.5$，$\varepsilon = 0.001$。我们比较了 IVGDA 和 PRM 模型[53]使用的梯度下降算法（GDA）的性能。从图 2-6（a）和（b）中可以看出，当两种算法的迭代次数增加时，MAE 和 RMSE 都稳定下降，但 IVGDA 的收敛明显优于 GDA。

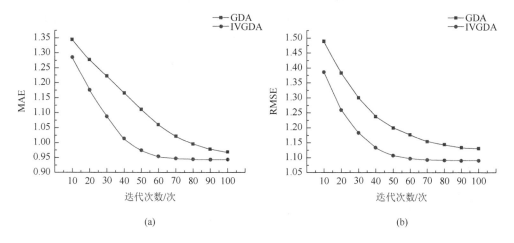

图 2-6　迭代次数的影响

2）聚类数（k）对推荐准确度的影响

为了评估聚类数对推荐准确度的影响，在 Epinions 和 Douban 数据集上进行了实验，因为这两个数据集都有上下文信息，而 MovieLens 没有。我们将聚类数的值设置为 1～32，并将其他参数设置为它们各自的默认值。由于这些数据集的规模不同，对模型准确度的影响也不同。Epinions 数据集上聚类数的 MAE 和 RMSE 如图 2-7 所

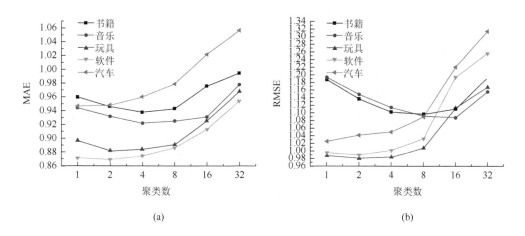

图 2-7　Epinions 数据集上聚类数的 MAE 和 RMSE

示，当聚类数设置为相对较小值时，软件、玩具和汽车类别的预测误差较低，当聚类数大于 8 时，MAE 和 RMSE 的值增长迅速。Douban 数据集上聚类数的 MAE 和 RMSE 如图 2-8 所示，当聚类数接近 16 时，预测误差达到比较优的值。实际上 Douban 的评分数是 Epinions 的 10 倍，所以我们可以得出结论，当数据集的评分数较高时，聚类数一般设置为较大的值。然而，当聚类数大于阈值时，预测准确度会降低。可以得出，当聚类数为 8 或 16 时，HMF 在我们的实验数据集中具有更好的推荐准确度。

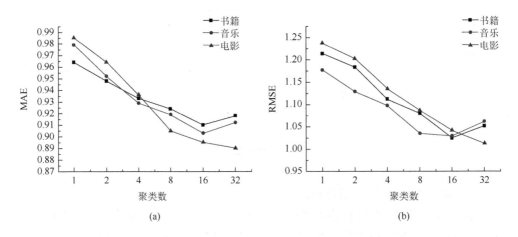

图 2-8　Douban 数据集上聚类数的 MAE 和 RMSE

3）模型中权重系数的影响

针对这一部分，我们在 Douban 数据集上进行了一系列实验，以测试 HMF 模型中使用的不同权重系数对其预测误差的影响。具体来说，是评估参数 λ、α、β 和 γ 的影响。参数 α、β、γ 分别控制用户评分相似度、用户特征相似度和项目特征相似度对预测误差的影响，λ 作为正则项系数，在调整目标函数方程 [式（2-7）] 中不同项的强度方面起作用。式（2-7）中，目标函数的权重系数的值越大，表明各个因素对用户和项目潜在特征的影响越大。为了单独分析每个参数，每次只改变目标参数的值，而保持其他参数的值不变。

在图 2-9 中，将 λ 设置为 0.01～20，其他参数设置为默认值。如图 2-9（a）和图 2-9（b）所示，当 λ 在 0.05～1 时，HMF 模型在 Douban 上获得了更好的性能，当 λ 设置得太小或太大时，预测误差将增加。

如图 2-10（a）～（f）所示，当 $\alpha = 5$，β 为 0.5～2，γ 为 1～5 时，HMF 模型的推荐准确度在 Douban 数据集上达到了最高水平，这为实际设置它们的值提供了很好的指导。

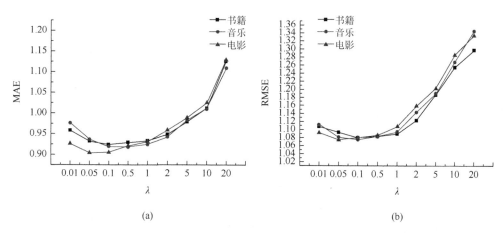

(a)

(b)

图 2-9　基于 Douban 数据集的 λ 值对预测误差的影响

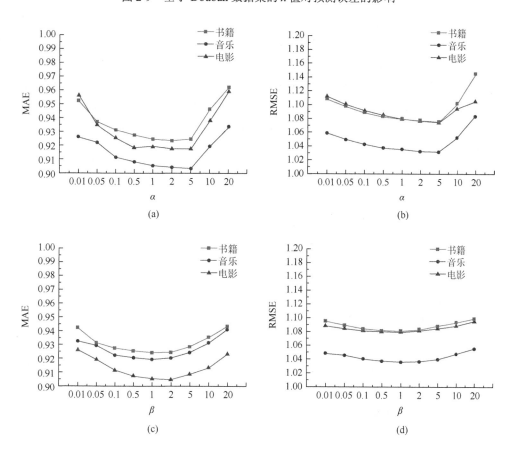

(a)

(b)

(c)

(d)

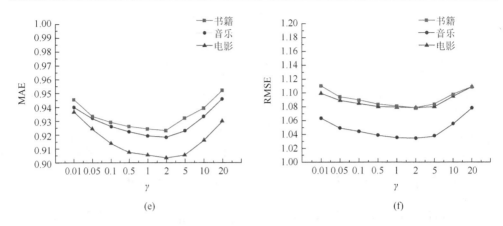

(e)　　　　　　　　　　　　　　　(f)

图 2-10　基于 Douban 数据集的正则项系数值对预测误差的影响

　　前面的实验中分别评估了各权重系数对推荐模型的影响。本实验通过对不同二元组合的研究，探讨不同的因素组合（用户评分相似度、用户特征相似度和项目特征相似度）对模型性能的影响。如图 2-11 所示，NULL 表示 α、β 和 γ 值为零的模型（即模型本身被简化为 BaseMF）。UF 表示仅使用用户特征相似度的模型（$\alpha=0$，$\beta=1$，$\gamma=0$），IF 表示仅使用项目特征相似度的模型（$\alpha=0$，$\beta=0$，$\gamma=1$），UI 表示仅使用用户评分相似度的模型（$\alpha=1$，$\beta=0$，$\gamma=0$）。UF + IF、UF + UI、IF + UI 对应的是使用两个合适因素组合的情况，ALL 是三个因素都考虑的情况。图 2-11 清楚地展示了使用三个不同因素的好处，它们的组合显然有助于提高模型的推荐准确度。

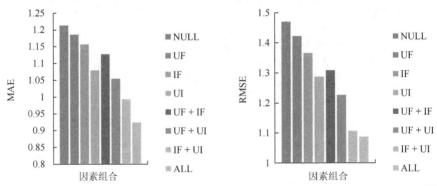

图 2-11　不同因素组合对 MAE 和 RMSE 的影响

扫码查看彩图

4. 冷启动问题的性能

社交网络中的一些用户提供了大量的评级，但大多数用户提供的评级数量非常有限。本章将提供不超过 5 个评级的用户定义为冷启动用户，并将它们进一步分为两类：第 1 类包含提供了 1～5 个评级的冷启动用户，第 2 类包含没有提供任何评级的冷启动用户。

首先，使用算法 2-2，基于 Douban 数据集对第 1 类冷启动用户进行了实验，不同模型的比较结果如表 2-8 所示。HMF 模型综合考虑了用户特征和项目特征，在 RMSE 上的推荐误差分别比 BaseMF、SocialMF 和 PRM 降低了 30%、10%、6%以上，在 MAE 上的推荐误差分别比 BaseMF、SocialMF 和 PRM 降低了 30%、8%、2%以上。

表 2-8　Douban 数据集第 1 类冷启动性能比较

数据集	BaseMF		SocialMF		PRM		HMF	
	RMSE	MAE	RMSE	MAE	RMSE	MAE	RMSE	MAE
书籍	2.015 （34.1%）	1.67 （33.9%）	1.521 （12.7%）	1.206 （8.5%）	1.413 （6.0%）	1.131 （2.4%）	1.328	1.104
音乐	2.128 （38.1%）	1.730 （36.4%）	1.505 （12.5%）	1.214 （9.4%）	1.412 （6.7%）	1.155 （4.8%）	1.317	1.100
电影	1.924 （32.3%）	1.652 （33.5%）	1.498 （13.0%）	1.197 （8.3%）	1.398 （6.8%）	1.150 （4.5%）	1.303	1.098

对于 Douban 数据集中的第 2 类冷启动用户，采用 2.3.4 节中冷启动方案的新用户算法来解决新用户问题。实验结果如图 2-12 所示，横轴表示推荐项目数，纵轴表示这些推荐项目的用户评分平均值。图 2-12 显示，与其他模型相比，HMF 模型可以产生更高质量的推荐，这从用户提供的总体高评级可以看出。

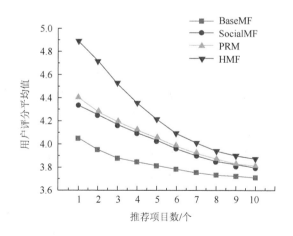

图 2-12　Douban 数据集中冷启动用户的推荐表现

在一些在线社交网络中，推荐系统也需要处理新项目，并试图向潜在客户推荐它们。没有来自用户的用户评级的新项目使得推荐变得困难。为了解决新项目问题，在模型中使用了 2.3.4 节中冷启动方案的新项目算法。HMF 模型的推荐准确度如图 2-13 所示，横轴代表推荐用户数，纵轴代表接受新项目的用户比例。在本章中，随机选择一个项目，并删除该项目的所有评分，从而使该项目成为新项目。然后，将它推荐给用户。如果用户在刚刚删除的数据集中，我们认为用户接受了该项目。例如，坐标点（10，70%）意味着使用本书提出的新项目推荐方法向新项目推荐 10 个用户，70%的用户会接受它。我们只在没有用户评分的新项目上展示 HMF 模型的性能。用户对本实验中推荐的新项目的接受度很高，这有力地证明了推荐系统能够很好地模拟支持用户选择项目的重要内在关系。

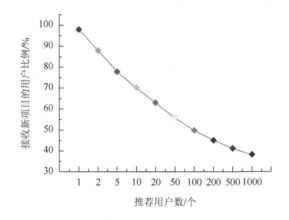

图 2-13　HMF 模型的推荐准确度

2.5　本 章 小 结

随着在线社交网络的出现，利用隐藏在社交网络中的信息来预测用户的行为变得非常有价值。推荐系统已经成为从社交网络中挖掘知识以提高推荐准确度的非常有用的工具。本章提出了一种基于超图拓扑结构的社交网络混合推荐系统，并在推荐模型中考虑了用户-项目关系、项目-项目关系、用户-用户关系和上下文-用户关系四种类型的关系，提高了推荐的准确度。我们还在三个较大的实际数据集进行了大量的实验，实验结果表明，HMF 模型比现有的主要推荐模型具有更高的推荐准确度。

未来我们的工作从以下几个有趣的方向进行探索。首先，希望扩展该模型以处理跨多个社交网络的推荐，因为许多用户在几个不同的社交网络中注册并不少见。其次，由于用户特征和上下文信息将被使用和开发，应该考虑和进一步研究推荐中的隐私保护问题。

第3章　基于核化网络的社交网络推荐

3.1　问 题 定 义

随着物理世界数字化进程的不断加速，以网络为中心的线上世界蕴藏着海量的信息资源。随着信息呈现爆炸式增长，用户无法有效地获取自己感兴趣的信息，导致信息过载问题的产生；另外，在海量数据中，一些有重要价值的数据尚未得到充分挖掘利用。个性化推荐系统通过建立用户与项目之间的二元关系，向用户推荐其潜在感兴趣的对象，实现信息利用效用最大化的目标，该系统已成为理解用户的核心智能技术之一，并广泛应用于电子商务、智慧旅游、新闻推荐等领域。

传统的推荐方法主要分为四种：基于内容的推荐、基于协同过滤的推荐、基于知识的推荐和混合推荐。其中矩阵因子分解是协同过滤方法中最为成功的一种，它在实验数据集上具有较高的推荐准确度。矩阵因子分解通过将用户和项目的评分矩阵映射到相同维度的潜在语义空间，得到用户和项目的潜在语义特征向量，并通过内积的形式计算出用户和目标项目之间的评分，从而预测出用户和目标项目之间的关系。为了进一步提高矩阵因子分解法的性能，许多研究者通过整合信任关系、时间、上下文等信息，完善矩阵因子分解法。

然而，在实际应用中，应用矩阵因子分解法的推荐系统的效果仍然不是很好。通过分析矩阵因子分解的原理，可以得到以下两个方面的原因：一方面是数据稀疏问题，线上用户和项目的数量巨大，每个用户能够关注的项目，以及某个项目被用户消费的数量，相比于整个网络系统中用户和项目的数量都是极低的，因此数据稀疏导致推荐系统的准确度较低。另一方面，矩阵因子分解采用点积这种线性预测方法，并且将用户和项目的潜在因子向量采用相同维度，这些严苛的条件导致矩阵分解（MF）的约束较多，很难适应现实推荐中不同种类的用户和项目的语义解释，这也是进一步限制推荐系统性能提升的重要因素。近年来，深度学习得到了广泛的应用，如在自然语言处理、机器视觉以及自动驾驶等领域都取得了很好的成果。然而，将深度学习与推荐相结合的研究却不多。有些学者也在此领域做了一些尝试和努力。另外，数据集规模庞大和数据稀疏也会导致学习效率低下，最终造成推荐准确度不高。

基于上述挑战，本章提出了一种用于矩阵分解的核化深度神经网络（kernelized deep neural network for matrix factorization，K-DNNMF）方法，以发挥深度学习、核函数和矩阵分解的优势。该方法通过核化网络将用户和项目映射到不同维度的潜在空间，利用关联规则将用户与项目之间的潜在关系挖掘为隐式数据，并与用户项目评分矩阵的显式数据进行连接；然后，设计多层感知网络，训练隐式和显式数据进行预测。

3.2　深度学习矩阵因子分解模型

本节我们首先提出一个基于核化网络的通用深度学习框架，将用户-项目评分和关联规则挖掘的用户-项目隐式信息作为输入，通过自动编码器和核化网络生成基于用户和项目的潜在因子向量，并将其作为多层感知器（multiple layer perception，MLP）的输入，通过 MLP 学习用户和项目的交互函数，从而通过隐含层输入用户对项目的评分。

3.2.1　基于核化网络的通用深度学习推荐框架

在本章中，结合自动编码器、核化网络和 MLP 等方法，构建一个基于核化网络的通用深度学习推荐框架（图 3-1），以期为深度学习架构下提高推荐性能提供一种可选择的解决方向。该框架主要由四部分组成，第一层是自动编码层，负责将用户-项目评分矩阵以用户或项目（即行或列）为基准分解成向量。自动编码层根据

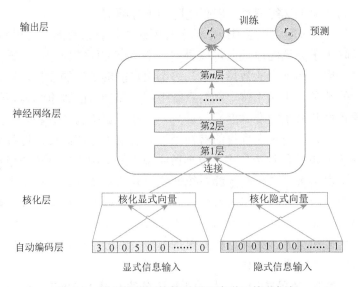

图 3-1　基于核化网络的通用深度学习推荐框架

r'_{u_i} 表示用户 u 对项目 i 的预测评分；r_{u_i} 表示用户 u 对项目 i 的真实评分

评分等级将评分向量进行重构，导致稀疏性成倍增加。因此在第二层我们设置了核化层，将自动编码层的编码映射到更加紧密的空间，提高用户和项目特征表达的准确性，降低数据稀疏带来的影响。第三层将核化后的评分向量经过 MLP，将矩阵因子分解的线性模型转换成非线性模型，提高整个模型的可塑性和健壮性。最后一层是输出层，通过激活函数，将隐含层的用户和项目潜在因子向量进行点积运算后输出预测评分。

3.2.2　核化网络处理步骤

核化网络是一个通用的框架，可以根据不同的推荐任务进行不同的组合。基于这种结构，整个推荐过程可以分为四个步骤，如图 3-2 所示。

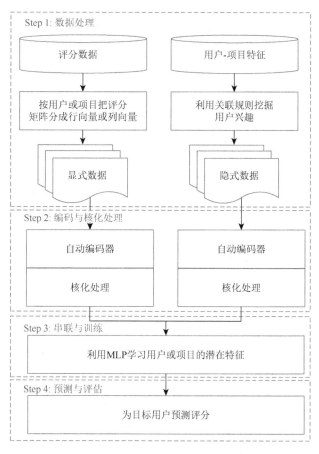

图 3-2　基于核化网络的推荐过程

（1）数据处理：第一步是根据原始数据集将评分矩阵分解为行向量或列向量，即显式数据。此外，基于用户和项目特征数据，挖掘项目和用户之间的关系，生成隐式数据。

（2）编码与核化处理：第二步是通过自动编码器对显式数据和隐式数据进行编码。然后，利用核函数将这两个信息映射到高维向量空间，完成用户和项目数据的特征表示。

（3）串联与训练：第三步是通过 MLP 利用非线性模型训练用户与项目之间潜在因子向量的交互函数。它避免了显式数据和隐式数据的简单线性加权和，可以有效地模拟用户与项目的交互。

（4）预测与评估：第四步是根据训练好的用户-项目交互函数，预测目标用户对项目的评分，实现项目推荐。

3.3 基于显式信息的深度学习矩阵分解推荐方法

3.3.1 核化网络

自动编码器一般由三层网络组成，其中输入层的神经元数和输出层的神经元数是相同的，中间层的神经元数小于输入层和输出层。在网络训练过程中，对于每个训练样本，尽量使输出信号和输入信号相似，并用重构误差来表示。自动编码器可以通过逐层堆叠和逐层训练形成一个深层结构。

假设推荐系统中的用户集合为 $U = \{u_1, u_2, \cdots, u_m\}$，项目集合为 $I = \{i_1, i_2, \cdots, i_m\}$，则评分矩阵记为 $R = \{r_{ij}\}^{m \times n}$，每个项目可以看成一个列向量，即 $r^{(i)} = \{r_{1i}, r_{2i}, \cdots, r_{mi}\}$。则评分矩阵可以表示成 n 个 m 维的一维向量，即 $R = \{r^{(1)}, r^{(2)}, \cdots, r^{(n)}\}$。同理，每个用户可以表示成横向量，本章以项目列向量为例进行描述。因此，自动编码器的目标函数可以表达成以下形式：

$$\mathcal{L} = \arg\min_{\theta} \sum_{r^{(i)} \in R} \left\| r_i - h(r_i; \theta) \right\|_{\mathcal{O}}^2 + \frac{\lambda}{2} \left(\left\| W \right\|_{\mathrm{F}}^2 + \left\| V \right\|_{\mathrm{F}}^2 \right) \tag{3-1}$$

式中，$h(r_i; \theta) = f\left(W \cdot g(Vr^{(i)} + \mu) + b\right)$，$f(\cdot)$ 和 $g(\cdot)$ 为激活函数，$\theta = \{W, V, \mu, b\}$，$r^{(i)}$ 为项目评分向量；λ 为正则项系数；W、V 为神经元参数。通过对训练集中观察到的评分数据进行训练，目标函数 $\mathcal{L}$ 可以通过 L-BFGS（limited-memory Broyden Fletcher Goldfarb Shanno）算法优化得到。

由于自动编码器增加了数据稀疏性，降低了数据之间的联系。本章尝试通过核函数把自动编码器输出的信息映射到高维向量空间，增强数据的可表达性。其本质也可以看成增强数据间的联系。

本章在自动编码器的基础上，利用核函数对自动编码器中的 W 和 V 进行重新参数化，具体定义如下：

$$V_{ij} = \alpha^{(l)} K(v_i^{(l)}, v_j^{(l)}) \tag{3-2}$$

$$W_{ij} = \beta^{(l)} K(w_i^{(l)}, w_j^{(l)}) \tag{3-3}$$

式中，$K(\cdot, \cdot)$ 是一个核函数 u'，它能够通过内积的形式将 d 维空间向量映射到 $\hat{d}$ 维，即 $K(u, v) = \langle \psi(u), \psi(v) \rangle = \langle \hat{u}, \hat{v} \rangle$。$\psi$ 是一种将 d 维空间向量映射到 $\hat{d}$ 维的嵌入函数。通过上述重新参数化，重新定义一个 k 维的核化神经网络作为输入层网络，本章称为 KernelNet，如图 3-3 所示。具体的数学形式如下：

$$h\left(r_i^{(l)}; \theta\right) = f\left(\beta^{(l)} \sum_{i,j} K\left(w_i^{(l)}, w_j^{(l)}\right) \cdot g\left(\sum_{i,j} \alpha^{(l)} K\left(v_i^{(l)}, v_j^{(l)}\right) r_i^{(l-1)} + \mu_i^{(l)}\right) + b_i^{(l)}\right) \tag{3-4}$$

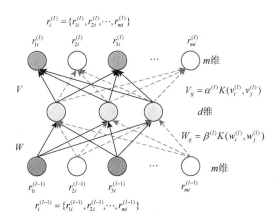

图 3-3　核化神经网络示意图

KernelNet 中的核化向量维度 d 是由嵌入函数 $K(\cdot, \cdot)$ 或 ψ 决定的。因此，核函数对核化神经网络的性能有比较大的影响，根据核函数搜寻方法，本章选择了高斯核（Gaussian kernel）、拉普拉斯核（Laplacian kernel）、广义 t 学生氏核（generalized t-Student kernel）和对数核（log kernel）四种径向基函数（radial basis function，RBF）为候选核函数。因为 RBF 可以将样本映射到一个更高维的空间，能处理非线性的样本数据的特征表达。同时，通过实验选择最优的一个核函数作为 KernelNet 的核函数，具体实验在 3.4 节详细介绍。下文给出四个核函数的具体定义。

Gaussian Kernel 定义见式（3-5）：

$$K(u, v) = \exp\left(-\gamma \|u - v\|^2\right) \tag{3-5}$$

Laplacian kernel 定义见式（3-6）：

$$K(u,v) = \exp\left(-\frac{\|u-v\|}{\sigma}\right) \tag{3-6}$$

generalized t-Student kernel 定义见式（3-7）：

$$K(u,v) = \frac{1}{1+\|u-v\|^d} \tag{3-7}$$

log kernel 定义见式（3-8）：

$$K(u,v) = -\log\left(\|u-v\|^d + 1\right) \tag{3-8}$$

上述核函数都可以抽象成 RBF 的数学描述 $K(u,v) = \alpha\psi(D(u,v))$，其中 $D(\cdot,\cdot)$ 是一个距离函数，$\alpha \in R$。其本质就是将 u、v 向量的 d 维空间映射到 ψ 函数的 $\hat{d}$ 维空间上，实现高维空间的非线性表达。确定核函数后，根据式（3-4），重新参数化后得到参数 $\theta = \left\{K\left(w_i^{(l)}, w_j^{(l)}\right), K\left(v_i^{(l)}, v_j^{(l)}\right), \alpha^{(l)}, \beta^{(l)}, \mu^{(l)}, b^{(l)}\right\}$。因此目标函数根据嵌入的核化网络就变成

$$\mathcal{L} = \arg\min_{\theta} \sum_{r^{(\omega)} \in R} \| r_i - h(r_i;\theta)\|_{\mathcal{O}}^2 \\ + \lambda_1(\|\alpha\|_F^2 + \|\beta\|_F^2) + \lambda_2(\|K(w_i,w_j)\|_F^2 + \|K(v_i,v_j)\|_F^2) \tag{3-9}$$

该目标函数可以通过 L-BFGS 算法和弹性反向传播（Rprop）优化器实现。

3.3.2　隐式信息挖掘

1. 利用关联规则算法挖掘用户和项目之间的关系

数据稀疏是推荐系统最棘手的挑战之一。通过增加用户和项目之间的隐式信息可以提高推荐系统性能。本章主要利用关联规则算法挖掘用户与项目之间的关系，并基于上述规则构建一个隐式的用户-项目关系矩阵，并与显式的评分数据融合，增强推荐准确度。

假设用户特征属性集为 F_U，项目特征属性集为 F_I。首先，评分矩阵 R 中存在评分数据，将评分等级大于中位数的评分的用户和项目的特征属性值添加到待挖掘数据集 $D = \{F_U, F_I\}$。例如，用户 u_i 对项目 j 的评分是 4，评分等级是 $1\sim5$，那么中位数就是 3，本章就将用户 u_i 和项目 j 的项目特征加入 D 中。下文针对待挖掘数据集 D，给出用户潜在感兴趣项目特征规则，具体定义如式（3-10）所示：

$$\text{Support}(F_U, F_I) = P(F_U F_I) = \frac{\text{Freq}(F_U F_I)}{\text{Freq}(\text{all}(\text{samples}))} \tag{3-10}$$

式中，$\text{Freq}(\text{all}(\text{samples}))$ 为给定的所有用户和项目特征出现频率。

同时，给出用户潜在感兴趣项目特征规则的置信度定义，具体如式（3-11）所示：

$$\text{Confidence}(F_{\text{I}} \Rightarrow F_{\text{U}}) = P(F_{\text{U}} \mid F_{\text{I}}) = \frac{P(F_{\text{U}}F_{\text{I}})}{P(F_{\text{I}})} \tag{3-11}$$

通过挖掘 D 得到用户潜在感兴趣项目特征规则后，若用户 u_i 的特征和项目 j 的特征满足挖掘的关联规则，则设定 $s_{ij}=1$。通过遍历用户和项目数据集，得到项目和用户的隐式关系矩阵 $S = \{s_{ij}\}_{m \times n}$。我们使用和显式数据一样的处理方法，对得到的隐式数据 S 使用自动编码器和核化处理，得到 $h(s_i;\theta_s) = f(W_s \cdot g(V_s s_i + \mu_s) + b_s)$，其中 $\theta_s = \{W_s, V_s, \mu_s, b_s\}$。

本章挖掘的隐式数据与传统的将用户和项目特征数据直接作为隐式数据不一样，我们重点通过特征数据挖掘并发现用户和项目之间的潜在联系，从而生成隐式数据，使得隐式数据间具有更强的内在联系和可塑性。

2. 通过 MLP 融合显式和隐式数据

许多现有的推荐模型本质上都是线性方法。MLP 可以改变现有的推荐方法，将其转换为更加符合实际的非线性方法，并将其解释为神经扩展。本节主要阐述通过 MLP 将显式评分数据和隐式辅助数据融合，并以此来实现目标项目的评分预测。然而，简单的向量连接不能解释显式数据和隐式数据之间的任何交互。为了解决这个问题，在连接的矢量上添加隐含层，使用一个标准的 MLP 来学习显式数据和隐式数据之间的交互。具体的 MLP 融合模型定义如下：

$$
\begin{aligned}
z_1 &= \phi_1\big(h(r_i,\theta), h(s_i,\theta_s)\big) = \begin{bmatrix} h(r_i,\theta) \\ h(s_i,\theta_s) \end{bmatrix} \\
z_2 &= \phi_2(z_1) = \phi_2(Q_2 z_1 + c_2) \\
&\vdots \\
z_n &= \phi_n(z_{n-1}) = \phi_n(Q_n z_{n-1} + c_n) \\
\hat{r}_{ij} &= \sigma(H \phi_n(z_{n-1}))
\end{aligned}
\tag{3-12}
$$

式中，z_n 为第 n 层的网络输出；H 为输出层的权重；$\hat{r}_{ij}$ 为预测评分；Q_n 为 MLP 第 n 层的权重矩阵；c_n 为第 n 层的偏置向量；ϕ_n 为第 n 层的激活函数，对于激活函数 ϕ_n，根据推荐任务不同可以选择 sigmod、tanh、ReLU，或者其他激活函数；σ 为输出层的 sigmod 激活函数。由于 ReLU 本身为非线性函数，它可以拟合非线性映射，同时能减少过拟合。因此，本章选择 ReLU 函数作为激活函数。

由于初始化对深度学习模型的收敛性和性能起着重要的作用，本章提出的 K-DNNMF 模型由显式数据和隐式数据经过自动编码器、核化网络及 MLP 三种网络组成，我们提出了两段式训练来实现 K-DNNMF 模型的初始化。首先，训练自动编码器和核化网络直到其收敛。其次，用它们的参数作为 K-DNNMF 模型的初始化参数，在此基础上对 MLP 网络进行训练。采用适应性矩估计（adaptive moment estimation，Adam）优化算法，因为它是一种计算每个参数的自适应学习率的方法，具有较快的收敛速度。另外，通常用户选择项目时关注项目的特征数量不会过多，所以数据被认为可以用较低维的模型来解释，这使其非常适合用于 KernelNet 的设置，同时也有利于 K-DNNMF 模型的训练。

3.4 实验结果及分析

为了验证本章提出的单方和多方跨组织联邦矩阵分解推荐算法的有效性，将在 3 个公开数据集上进行实验。

3.4.1 实验设置

1. 数据集及相关设置

为了更好地开展模型性能测试和对比实验，本章选取了四个不尽相同的评分等级和稀疏度的公开数据集进行验证，包括 MovieLens、Douban、Flixster 和 Yahoo Music。数据集的具体情况如表 3-1 所示。首先这四个数据集的稀疏性不一样，其中 MovieLens 的数据密度最高，Yahoo Music 的最稀疏。另外，四个数据集的评分等级和规模也不尽相同，如 Yahoo Music 是百分制的。这些问题都对算法的普适性提出了挑战。

表 3-1　数据集详细信息

数据集	用户数/个	项目数/个	评分数量/个	稀疏度	评分等级
MovieLens	6040	3706	1 000 209	0.9553	$1, 2, \cdots, 5$
Douban	3000	3000	136 891	0.9848	$1, 2, \cdots, 5$
Flixster	3000	3000	26 173	0.9971	$0.5, 1, \cdots, 5$
Yahoo Music	3000	3000	5335	0.9994	$1, 2, \cdots, 100$

2. 评价指标

衡量准确度指标为 MAE 和 RMSE，具体计算方法如式（1-8）和式（1-9）所示。

3. 对比模型

以下推荐模型参与了实验评价，以进行性能比较研究。本章采用以下矩阵分解模型和深度学习推荐方法对 K-DNNMF 进行了基准测试，具体介绍如下。

（1）概率矩阵分解（PMF）模型[45]：该模型使用基本的矩阵分解技术，不考虑任何社交因素，是一种著名的带有高斯观测噪声的概率线性模型。概率矩阵分解模型是最常用的矩阵分解推荐方法之一。

（2）整合显隐反馈的奇异值分解（SVD ++ ）模型[43]：该模型在奇异值分解模型的基础上，同时考虑用户项目评分的显式和隐式影响生成预测，预测准确度更高。然而，其本质仍然是一个线性预测模型。

（3）基于归纳图的矩阵补全（IGMC）模型[95]：该模型是一个基于归纳图的矩阵补全模型，它基于评分矩阵生成<用户，项目>对，并构建用户-项目二部图，并以该图的 1 跳子图作为输入训练一个深度图神经网络，并将这些子图映射到它们相应的评分。

（4）基于用户的协同过滤神经网络（U-CFN）[96]：该方法是一种基于扩展自动编码器的深度学习方法。U-CFN 模型利用面向用户的向量对评分矩阵进行因式分解。U-CFN 不仅采用了去噪技术，也使用了用户配置文件和项目描述等辅助信息，提升了模型的鲁棒性，减轻了数据稀疏和冷启动带来的影响。

（5）基于项目的协同过滤神经网络（I-CFN）[96]：该模型与 U-CFN 模型一致，除了输入是一个面向项目的评分向量。

（6）基于深度图神经网络的社交推荐模型（GNN-SoR）[97]：GNN-SoR 模型使用两个深度图神经网络来表示用户和项目的特征，并将编码后的用户和项目空间嵌入矩阵分解的两个隐含因子中，完成缺失评分值。

（7）矩阵分解方法的核化深度神经网络：这是本章提出的模型，基于自动编码器建立一个名为 KernelNet 的核化网络，然后构建一个 MLP 网络来实现评分预测。本章的输入数据分为两种形式。如果只使用评分矩阵等显式数据作为输入，我们称之为 K-DNNMF（EX）；如果通过关联规则算法挖掘项目和用户之间的隐式信息，并将其与显式数据一起用作输入，则称之为 K-DNNMF（EI）。

4. 实验环境及参数设置

基于 TensorFlow 2.1 和 Python 3.7 实现了本章提出的 K-DNNMF 模型。为了确定 K-DNNMF 模型的超参数，从数据集中随机抽取 10%的数据作为验证数据，并对其超参数进行调优。采用两阶段优化：在第一阶段，根据式（3-9）和式（3-12）训练自动编码器和 KernelNet 的超参数 θ 和 θ_s 学习；在第二阶段，对于从零开始训练的 MLP 网络，使用高斯分布初始化模型参数，并使用 Adam 优化器优化模型。我们将批处理大小设置为 512，学习率设置为 0.001，作为 MLP 中的默认设置。同时，将架构 MLP 层数设置为 3。由于 MLP 的最后一个隐含层决定了模型的能力，我们将其称为预测因子，并对 32 个因子进行了评估。对于 KernelNet，我们使用的因子向量维数为 32，所有隐含层的大小为 512。核函数中的参数默认设置

为 $\gamma=1$，$\sigma=1$ 和 $d=2$。对于核函数的优化，本章的实验重点是不同类型的核函数对推荐性能的影响。由于篇幅所限，核函数参数的设置不在本章讨论范围之内。

3.4.2　实验结果

1. 性能比较

本节主要分析本章提出的模型与其他六个模型在四个数据集上的推荐准确度。从表 3-2～表 3-5 可以看出，本章提出的融合显式和隐式信息的 K-DNNMF（EI）模型在 RMSE 和 MAE 两个指标上都具有最佳的性能。与本章对比的推荐模型中，U-CFN、I-CFN、GNN-SoR 和本章提出的 K-DNNMF（EI）模型的输入数据都是显式的评分数据和隐式信息。PMF、SVD ++ 和 IGMC 模型仅用了显式的评分矩阵作为输入数据。从上述对比实验结果可以看出，如果从输入数据角度看，那么本章提出的 K-DNNMF（EX）与其他仅用显式评分矩阵的模型相比，推荐准确度基本提高了 5% 以上，具有最优的推荐性能。同理，在同时使用显式数据和隐式数据的模型中，本章提出的 K-DNNMF（EI）模型显示出更加优越的推荐准确度，其准确度基本提高了 3% 以上，尤其在数据集更加稀疏的情况下，本章提出的方法优势更加明显。总体来看：①使用深度学习的推荐模型相较传统的 PMF 和 SVD ++ 更具有竞争性；②添加隐式信息或隐式数据可以提高推荐性能；③无论从输入数据的角度看，还是推荐的理论方法看，本章提出的核化后的方法具有更好的推荐性能。另外，本章提出的 K-DNNMF（EX）和 K-DNNMF（EI）这两个模型并不是隔离的，如果推荐系统可以提供隐式信息，则可以自动变成 K-DNNMF（EI）模型，如果没有，则系统仍然可以通过 K-DNNMF（EX）进行训练运行，不需要人为调整干预，具有很好的适应性。

表 3-2　在 MovieLens 数据集上的推荐准确度比较

指标	PMF	SVD ++	U-CFN	I-CFN	IGMC	GNN-SoR	K-DNNMF（EX）	K-DNNMF（EI）
RMSE	0.883	0.875	0.857	0.832	0.855	0.847	0.849	0.830
MAE	0.697	0.689	0.677	0.634	0.676	0.660	0.662	0.633

表 3-3　在 Douban 数据集上的推荐准确度比较

指标	PMF	SVD ++	U-CFN	I-CFN	IGMC	GNN-SoR	K-DNNMF（EX）	K-DNNMF（EI）
RMSE	0.815	0.809	0.705	0.691	0.721	0.712	0.704	0.679
MAE	0.617	0.614	0.497	0.466	0.51	0.502	0.494	0.462

表 3-4　在 Flixster 数据集上的推荐准确度比较

指标	PMF	SVD ++	U-CFN	I-CFN	IGMC	GNN-SoR	K-DNNMF（EX）	K-DNNMF（EI）
RMSE	0.901	0.889	0.835	0.811	0.872	0.851	0.824	0.807
MAE	0.712	0.689	0.574	0.539	0.679	0.663	0.566	0.538

表 3-5　在 Yahoo Music 数据集上的推荐准确度比较

指标	PMF	SVD ++	U-CFN	I-CFN	IGMC	GNN-SoR	K-DNNMF（EX）	K-DNNMF（EI）
RMSE	39.567	35.776	19.436	18.258	19.1	18.725	18.491	17.891
MAE	26.598	24.935	13.033	12.419	13.391	12.557	12.632	11.78

2. 收敛性比较

本节是五个对比模型在四个数据集上的收敛速度对比，如图 3-4 所示。在 Douban、Flixster 和 Yahoo Music 三个较稀疏的数据集上的收敛速度实验显示，本章提出的 K-DNNMF（EI）模型具有更快的收敛速度。当数据较稀疏时，收敛速

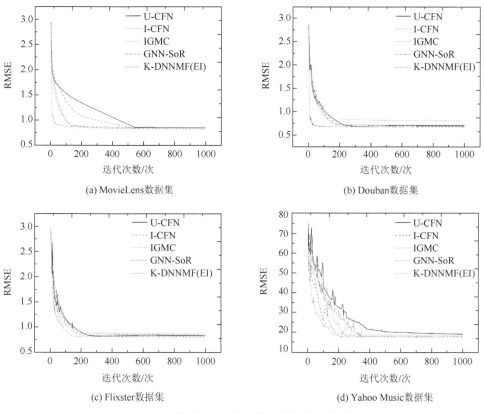

(a) MovieLens数据集　　　　(b) Douban数据集

(c) Flixster数据集　　　　(d) Yahoo Music数据集

图 3-4　各模型在四个数据集上的收敛速度对比

扫码查看彩图

度增快。但这几个模型在收敛过程中同时出现震荡的现象。本章提出的核化网络能将输入的列向量映射到更高维的空间，将非线性问题转换成高维的线性问题解决，效率更高。因此，本章提出的 K-DNNMF（EI）与其他四个深度学习推荐模型相比，具有更快的收敛速度，训练过程中波动相对较少，更加稳定。

3. 数据稀疏性下性能对比

数据稀疏是推荐系统面临的严重挑战，因此针对不同稀疏性数据的推荐模型的推荐性能测试，可以有效区分出各种方法的优劣。因此，本节采用了随机抽取数据模拟各种稀疏情况下各对比模型的适应能力。由于 Flixster 和 Yahoo Music 数据集已经很稀疏，因此我们只在 MovieLens 和 Douban 这两个数据集上进行模拟实验。

图 3-5 中的实验结果显示了从数据集 MovieLens 和 Douban 中随机抽取 1%～80% 的 MAE 和 RMSE 的变化趋势。从实验结果可以得出，本章提出的 K-DNNMF（EI）模型在不同数据稀疏情况下都具有最优的推荐准确度。此外，随着数据集中的数据稀疏性增强，推荐准确度逐渐降低。尤其是数据集中抽取 50% 数据后，各

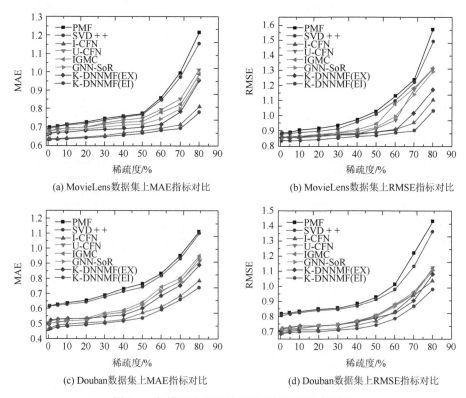

(a) MovieLens数据集上MAE指标对比　　　　　(b) MovieLens数据集上RMSE指标对比

(c) Douban数据集上MAE指标对比　　　　　(d) Douban数据集上RMSE指标对比

图 3-5　各模型在不同数据稀疏性下的性能对比

个对比模型的性能迅速降低。另外，从本实验中也可以得出，隐式信息可以有效缓解数据稀疏。究其原因，主要有以下几点：①IGMC 通过构建用户或项目的子图来确定近邻关系，因此当数据稀疏度增强时，数据关联性迅速减弱，导致 IGMC 方法推荐性能下降较快；②IGMC 和 GNN-SoR 方法采用图神经网络方法构建用户或项目的子图，网络规模随着用户和项目的规模呈指数级增长，优化效率较低；③I-CFN 和 U-CFN 方法在网络的每一层增加辅助信息（项目或用户特征），导致训练时间增加。总体而言，与其他四种深度学习推荐模型相比，本章提出的 K-DNNMF（EI）方法收敛速度更快，波动现象相对较少。

4. 超参数敏感分析

1）核函数选择

本节主要关注不同类型的核函数对本章提出模型的推荐性能的影响。本章测试了四个数据集上不同核函数对推荐性能的影响，具体如图 3-6 所示。实验结果

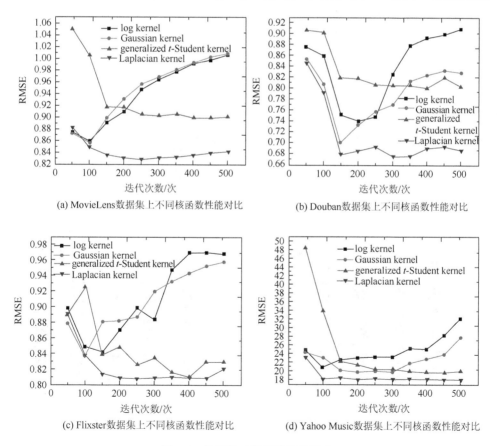

图 3-6　核函数对推荐性能的影响

表明，如果核化网络选择 Laplacian kernel，则整个推荐模型具有更加稳定和最优的推荐准确度；而 log kernel、Gaussian kernel 和 generalized t-Student kernel 波动较大。本实验结果表明，核函数的选择对模型推荐准确度影响较大，因此在实际应用中推荐系统可以通过训练提前选择最优核函数。

2）网络层数及正则项系数

本节主要分析正则项系数 λ 对推荐性能的影响，也对 KernelNet 和 MLP 网络的层数进行设置。为了简化系数设置，本章将式（3-9）中 λ_1 和 λ_2 设置成相同的值，因此在本实验中，用 λ 统一表示。正则项系数 λ 的具体实验结果见图 3-7（a），图中显示正则项系数在 0.01～500 的 8 种不同取值对推荐模型的影响。实验结果表明，过大或过小的正则项系数对推荐性能影响较大，当 λ 为 10 时，具有最优的推荐准确度。从图 3-7（a）中也可以看出存在过拟合的问题，但当 λ 为 100 时，过拟合

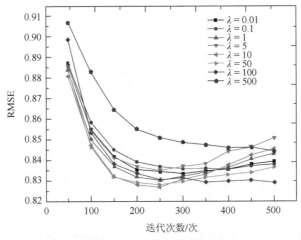

(a) 正则项系数对推荐性能的影响

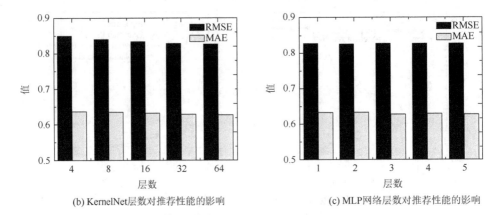

(b) KernelNet层数对推荐性能的影响　　　　　(c) MLP网络层数对推荐性能的影响

图 3-7　超参数对模型推荐性能的影响

现象较好。图 3-7（b）显示 KernelNet 层数对推荐性能有一定的影响，但整体影响不大。图 3-7（c）显示 MLP 网络层数对推荐性能也有一定的影响，当 MLP 网络层数增大时，推荐模型性能有较小的提升，但不是很明显。

3.5　本 章 小 结

最近几年，深度学习应用于推荐系统取得了一些进展，受到了越来越多学者的关注。本章提出了一种基于核化的自动编码器，称为 KernelNet。该模型先对显式的评分矩阵和用关联规则挖掘的隐式信息进行核化处理，然后通过 MLP 网络进行融合，最后完成评分预测。在四个公开数据集上的大量实验表明，本章提出的 K-DNNMF 模型相对于目前一些经典的深度学习推荐方法更有前途。从实验结果我们可以得出，通过核化网络可以将用户或项目的潜在因子向量映射到更高维的向量空间，从而可以很好地在高维模拟非线性的用户和项目的交互；另外，添加隐式信息可以有效提高推荐准确度，尤其是在数据稀疏情况下对推荐性能提升作用很大。最后通过 MLP 网络可以很好地融合显式信息和隐式信息。

第4章 基于奇异值分解的隐私保护推荐

4.1 问 题 定 义

协同过滤（CF）技术在为用户提供推荐服务时需要收集并存储大量用户的个人信息（如用户对项目的评分数据、用户浏览并收藏项目的数据等），如果收集到的信息被攻击者截获利用，以此推测用户的兴趣偏好等敏感信息，将对用户产生不利的影响。在此基础上，大量对隐私安全要求严格的用户为了防止自己的隐私信息泄露，拒绝提交个人的隐私数据或只提交虚假数据，导致推荐数据稀疏，最终产生推荐效率不高的问题。因此，在提供推荐服务的同时保护用户隐私，是解决这一恶性循环问题的最好办法，同时也能最小化保护隐私数据对推荐效率的影响。隐私保护推荐已成为推荐领域的研究热点。

传统的基于随机化扰动的协同过滤算法能在一定程度上保护用户的隐私信息，但是对推荐精度影响较大，而且无法满足不同用户的不同隐私需求。针对隐私保护推荐中推荐效果不佳问题，本章将奇异值分解（SVD）法和时间权值思想引入协同过滤推荐服务中，提出一种基于奇异值分解的隐私保护推荐算法。该算法一方面将稀疏的用户项目评分填充后，随机加入服从高斯分布的噪声，这样可以防止攻击者识破特定分布，反解矩阵，从干扰后的数据中恢复部分隐私信息；另一方面，考虑时间权值对推荐精度的影响，提高推荐精度，以此来保证用户在不泄露隐私的情况下享受高质量的推荐服务。

4.2 随机扰动简介

4.2.1 随机扰动在推荐中的应用

随机扰动（random perturbation，RP）是一种常见的隐私保护推荐技术，在协同过滤推荐中的应用主要存在两个问题：一是如何权衡用户信息的扰动强度与推荐精度之间的问题；二是协同过滤推荐中关键的一步是进行用户或项目的相似度计算，主要用到用户项目评分中两个向量之间的和与两个向量之间的内积运算，在加入扰动数据后，是否能得到与原始数据一致或相似的预测评分数据。

针对加入扰动数据后，能否在推荐系统中得到与原始数据相似的推荐问题，本章探讨加入扰动数据对相似度计算中向量内积与向量加运算的影响。假设现有一组原始数据 $A = (a_1, a_2, \cdots, a_n)$ 和 $B = (b_1, b_2, \cdots, b_n)$，为了隐藏原始数据，本章选择随机数 $R_a = (r_1, r_2, \cdots, r_n)$ 和 $R_b = (l_1, l_2, \cdots, l_n)$，将随机数与原始数据进行求和，得到扰动后的数据 $A' = A + R_a$、$B' = B + R_b$，并将其发布。其他用户就只能看到发布出去的不真实数据。进行向量内积运算时，如式（4-1）所示：

$$A' \cdot B' = \sum_{i=1}^{n} (a_i + r_i)(b_i + l_i) = \sum_{i=1}^{n} (a_i b_i + a_i l_i + r_i b_i + r_i l_i) \quad （4\text{-}1）$$

因为 R_a 与 R_b 互相独立，即有 $\sum_{i=1}^{n} r_i l_i \approx 0, \sum_{i=1}^{n} a_i l_i \approx 0, \sum_{i=1}^{n} r_i b_i \approx 0$，则有

$$A' \cdot B' \approx \sum_{i=1}^{n} a_i b_i \quad （4\text{-}2）$$

进行向量加运算时，如式（4-3）所示：

$$\sum_{i=1}^{n} (a_i + r_i) = \sum_{i=1}^{n} a_i + \sum_{i=1}^{n} r_i \approx \sum_{i=1}^{n} a_i \quad （4\text{-}3）$$

随机扰动的基本思想是以这样的方式干扰数据，即可以在保护用户隐私的同时进行某些计算。尽管来自每个用户的数据是被添加了噪声的，但如果用户数量很大，那么这些用户的总体信息可以被很准确地估计出来。

4.2.2　隐私保护推荐的系统结构

当用户进行推荐请求时，服务器应用该隐私保护推荐算法，获取用户项目评分集合，利用 SVD 技术填充评分矩阵，并为填充后的矩阵加入服从特定分布的扰动项，代替用户真实评分数据进行预测评分，从而在保护用户隐私的情况下为用户提供高质量的推荐效果。隐私保护推荐的系统结构如图 4-1 所示。

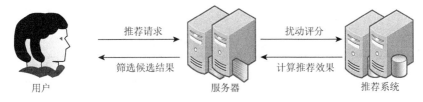

图 4-1　隐私保护推荐的系统结构

服务器负责收集并处理用户的评分信息，可以有效地为用户提供信息处理服务。针对当前用户提出的推荐请求，服务器先对项目评分矩阵进行填充，再根据用户不同的隐私需求将数据扰动后发布给推荐系统。推荐系统根据扰动后的评分

进行相似度计算并给出相应的预测评分，用户根据自己的需求选择符合要求的项目，这种系统结构可以在保护用户隐私的同时提供高质量的推荐服务。

4.2.3 传统随机化扰动的特点

传统的基于随机化扰动的协同过滤推荐算法是在原始数据中加入噪声隐藏真实的用户评分数据。噪声数据的取值存在很大问题，噪声数据取值过小，隐私保护程度不够，隐私数据随时会被攻击者解读；噪声数据取值过大，扰动后数据严重失真，推荐精度就会大幅度下降，失去推荐意义。大量对隐私安全要求严格的用户为了防止自己的隐私信息泄露，拒绝提交个人的隐私数据或只提交虚假数据，导致推荐数据稀疏，加剧推荐效果不佳问题。

下文举例说明。设用户集合为 $U = \{U_1, U_2, \cdots, U_5\}$，项目集合为 $V = \{V_1, V_2, \cdots, V_7\}$，评分矩阵见表 4-1。

表 4-1 评分矩阵

用户	V_1	V_2	V_3	V_4	V_5	V_6	V_7
U_1		a_{12}			a_{15}		
U_2	a_{21}						a_{27}
U_3		a_{32}	a_{33}		a_{35}		a_{37}
U_4	a_{41}						
U_5		a_{52}					

传统的随机化扰动技术是直接随机地加入服从特定分布的噪声，如高斯分布、均匀分布，本章设噪声随机取自 $[-m, m]$，且服从均匀分布，可以得到如表 4-2 所示的评分矩阵。

表 4-2 扰动后的评分矩阵

用户	V_1	V_2	V_3	V_4	V_5	V_6	V_7
U_1		$a_{12} + r_{12}$			$a_{15} + r_{15}$		
U_2	$a_{21} + r_{21}$						$a_{27} + r_{27}$
U_3		$a_{32} + r_{32}$	$a_{33} + r_{33}$		$a_{35} + r_{35}$		$a_{37} + r_{37}$
U_4	$a_{41} + r_{41}$						
U_5		$a_{52} + r_{52}$					

通过表 4-2 可以看出，只对用户已评分的项目进行了干扰，没有评过分的项目依然没有评分数据。若攻击者知道了这个特定的分布为均匀分布，那么攻击者就可以通过反解矩阵在一定误差范围内还原干扰后的数据，得到含有隐私信息的评分矩阵，从而泄露了用户的隐私信息。

本章给出常见的均匀分布中噪声取值对于推荐精度的影响，如表 4-3 所示。可以看出，随着扰动强度的增大，MAE 和 RMSE 也增大，扰动强度为 0 即不添加噪声时，推荐精度最高（MAE 和 RMSE 指标值越小，代表推荐精度越高），但是会泄露用户隐私。扰动强度为 1 时，MAE 和 RMSE 非常高。

表 4-3　均匀分布中噪声取值对于推荐精度的影响

指标	噪声值										
	0	0.1	0.2	0.3	0.4	0.5	0.6	0.7	0.8	0.9	1
MAE	3.44	3.51	3.58	3.68	3.78	3.89	3.99	4.08	4.19	4.31	4.23
RMSE	4.42	4.52	4.62	4.48	4.89	5.04	5.17	5.32	5.46	5.61	5.75

4.3　改进的随机扰动隐私保护算法

4.3.1　隐私多样性

众所周知，不同用户有不同的隐私需求。网络博主希望得到大家的关注，所以越来越多的隐私被披露以获得较高的关注度，从而获得更多的流量。但在现实生活中，很多用户比较看重隐私，尤其是带有敏感属性的隐私，如疾病和收入。针对不同用户的不同隐私需求，本章提出改进的随机扰动隐私保护算法，即多样性隐私保护算法。算法考虑隐私多样性权重和隐私时间漂移权重。

1）隐私多样性权重

不同的用户有不同的隐私需求，隐私多样性就是用户可以根据自己的隐私需求，选择隐私保护的强度。不同的用户选择不同的隐私保护强度，评分矩阵中加入不同的扰动噪声，攻击者不能分析出这个特定的分布为均匀分布，那么就不能还原干扰后的数据得到原始的评分矩阵，从而保护了用户的隐私信息。隐私多样性权重的计算公式如式（4-4）所示：

$$W_i = e^{\sigma_{max} - \sigma_i} \tag{4-4}$$

式中，σ_i 为用户 i 对评分要求的扰动强度；σ_{max} 为最大扰动强度；W_i 为用户 i 的隐私多样性权重。这是一个单调递增函数，隐私需求越高，隐私多样性权重越大，且取值区间为[0, 1]。

2）隐私时间漂移权重

时间久远信息的隐私性相对于近期信息的隐私性来说较弱。因此，本章的重心在于保护用户近期的隐私信息。针对该特性，本章提出隐私时间漂移权重，降低时间久远信息的隐私保护强度，加强近期信息的隐私性。对于隐私时间漂移权重采用指数衰减机制来处理。

4.3.2　算法框架和实现

隐私保护推荐模型首先生成项目评分矩阵，然后使用 SVD 技术填充稀疏矩阵，最后综合考虑隐私时间漂移权重和隐私多样性权重，通过加权计算预测用户评分。隐私保护推荐算法框架如图 4-2 所示。

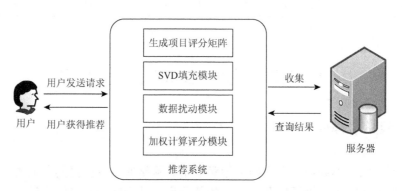

图 4-2　隐私保护推荐算法框架图

本章将隐私保护的兴趣点推荐算法分成两个子算法：首先按照步骤 1 进行稀疏矩阵填充；其次按照算法 4-1 随机化扰动算法，让用户在享受推荐服务的同时保护用户隐私；最后使用算法 4-2 预测评分算法。具体步骤如下。

1）步骤 1：填充稀疏矩阵算法

首先使用 SVD 分解原始评分矩阵，降低数据维数，并通过随机梯度下降（SGD）法填充稀疏矩阵。

2）步骤 2：随机化扰动算法

在填充后的矩阵中加入隐私时间漂移权重因子和隐私多样性权重因子，改进传统随机化扰动技术。如算法 4-1 所示，首先，在填充后的矩阵中选择用户，用户根据自己的隐私需求选择随机化扰动项。然后，结合隐私时间漂移权重与隐私多样性权重对填充后的评分进行干扰。最后，将扰动后的数据发送给服务器，完成随机化扰动算法。

算法 4-1 随机化扰动算法

输入：R_{SVD}，R_u，WT，W_i

输出：扰动后的评分矩阵

1：For $u \in U_{SVD}$ Do//在填充后的矩阵中选择用户

2： $R_u = \{r_1, r_2, \cdots, r_n\} \to normal(0,1,N), [-m \cdot W_i, m \cdot W_i]$; //用户选择隐私权重

3：For $P_{uv} \in R_{SVD}$ Do

4： $P_{uv} = \bar{u} + U_k \cdot \sqrt{S_k}'(c) \cdot \sqrt{S_k} V_k'(p)$;

5：End For

6： $P'_{uv} = r_i \cdot WT_i + P_{uv}$;

7： $R_{SVD}M = \{P_{u1}, P_{u2}, \cdots, P_{un}\}$;

8： $R_{SVD}M' = \{R_{SVD}M_1, R_{SVD}M_2, \cdots, R_{SVD}M_n\}$;

9：return $R_{SVD}M'$

注：R_{SVD} 表示填充后的矩阵；R_u 表示用户 u 的随机干扰向量；WT 表示用户隐私时间漂移权重因子；W_i 表示用户隐私多样性权重因子；P_{uv} 表示填充后的用户 u 对项目 v 的评分；P'_{uv} 表示加用户隐私时间漂移权重后的用户 u 对项目 v 的评分；$R_{SVD}M'$ 表示所有用户干扰后的评分矩阵；S_k 表示对角矩阵。

算法 4-2 预测评分算法

输入：$R_{SVD}M'$

输出：P'_{uv}

1：For all $a, b \in U$ Do

2： $sim(a,b) \leftarrow \dfrac{\sum\limits_{v \in V_{ab}} (WT_{av} \cdot r_{av} - \bar{r_a})(WT_{bv} \cdot r_{bv} - \bar{r_b})}{\sqrt{\sum\limits_{v \in V_{ab}} (WT_{av} \cdot r_{av} - \bar{r_a})^2} \sqrt{\sum\limits_{v \in V_{ab}} (WT_{bv} \cdot r_{bv} - \bar{r_b})^2}}$

3：End For

4： $P'_{uv} = \bar{r_u} + \dfrac{\sum\limits_{a \in U_a} sim(a,u)(r_{av} - \bar{r_a})}{\sum\limits_{a \in U_a} sim(a,u)}$

5：return P'_{uv}

注：V_{ab} 表示用户 a 和 b 共同评价过的项目集合；U_a 表示用户 a 的邻居用户集。

3）步骤 3：预测评分算法

一方面，在对原始隐私数据进行扰动前利用 SVD 技术填充稀疏矩阵，使

得随机噪声的分布出现变动，减少了扰动对原始数据的影响，增强了对原始数据的隐私保护且有效地提高了推荐的准确度。另一方面，在扰动后的矩阵中加入隐私时间漂移权重因子改进相似度计算公式，解决了用户相似度因数据稀疏和时间漂移而导致计算结果不佳的问题，最后使用参数融合基于用户的协同过滤推荐（UCF）和基于项目的协同过滤推荐（ICF）得到混合推荐公式，计算预测评分，基于随机扰动的隐私保护推荐算法结束。由于基于 SVD 填充的隐私保护推荐算法是基于 SVD 填充推荐算法，因此也继承了基于 SVD 填充推荐算法的优点。综上，本章提出的算法较传统的隐私保护协同过滤推荐算法提高了推荐准确度。

4.3.3　算法性能评估标准

将隐私保护推荐算法应用到推荐模型中，隐私保护推荐算法推荐性能的高低一般采用 MAE 衡量。本章的隐私保护推荐算法是在改进的推荐算法基础上进行的。因此，隐私保护推荐算法的推荐性能评判标准同样采用 MAE，本章将从这个方面衡量隐私保护推荐算法的有效性，计算公式为

$$\text{MAE} = \frac{\sum\limits_{u,i \in N} (R_{ui} - P_{ui})}{N} \tag{4-5}$$

式中，R_{ui} 为用户 u 对项目 i 的真实评分；P_{ui} 为通过推荐算法预测用户 u 对项目 i 的评分；N 为协同过滤推荐算法预测的次数。MAE 的值越小，表明预测评分和真实评分偏差越小，得到的预测数据准确度越高；反之，MAE 的值越大，表明预测评分和真实评分偏差越大，得到的预测数据准确度越低。

4.4　实验结果及分析

4.4.1　实验设置

实验仍然采用推荐中最常用的 MovieLens（ML）和 Jester 数据集。为了与其他算法进行比较，本章把数据集按照 4∶1 的比例划分为训练集和测试集。实验算法环境为 MATLAB 2013b，操作系统为 Microsoft Windows 7，2GB 内存，算法使用 Java 及 MATLAB 语言实现。实验共包括四个部分：保留维度 k 值的选取，参数 α_1、α_2 的选取，填充比例分析以及扰动强度分析。本节主要进行填充比例分析与扰动强度分析。

4.4.2 填充比例分析

填充稀疏矩阵对随机化扰动隐私保护推荐具有重要意义。从表 4-4 和图 4-3 中可以看出，从 0 开始，以步长 0.1 改变填充比例计算 MAE 值进行分析，当填充比例为 0.3 时，算法性能趋向稳定。填充越多，耗费时间越多。综合考虑时间与算法性能，在下面的实验中选择填充比例为 0.3 的矩阵。

表 4-4 填充比例对推荐精度的影响

填充比例	MAE-ML	MAE-Jester
0	0.850	0.87
0.1	0.740	0.72
0.2	0.665	0.67
0.3	0.630	0.64
0.4	0.625	0.639
0.5	0.618	0.632

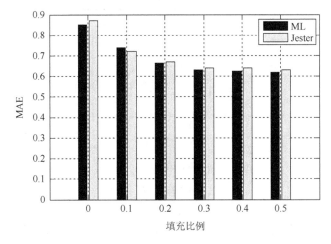

图 4-3 填充比例对推荐精度的影响

4.4.3 扰动强度分析

在进行随机化扰动隐私保护推荐时，根据用户的隐私需求设置不同的扰动强度。扰动噪声的取值非常关键，取值区间过小，隐私保护效果降低，失去保护隐私数据的意义；相反，如果取值区间过大，隐私得到保证，但是推荐性能大幅度降低，失去推荐意义。为了更加形象地说明噪声的取值对推荐精度的影响，本章以高斯分布举例说明。表 4-5 显示随机数区间占全部数据的比例，服从 3σ 准则的第二条。图 4-4 为高斯分布图。

表 4-5　高斯分布

比例/%	随机数区间
95	$[-1.95, 1.95]$
85	$[-1.43, 1.43]$
75	$[-1.15, 1.15]$
50	$[-0.67, 0.67]$

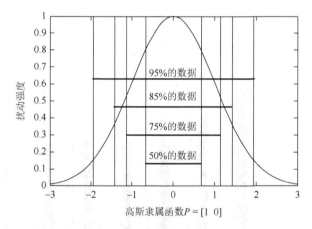

图 4-4　高斯分布图

$P = [1\ \ 0]$ 指高斯分布 $N(0, 1)$

　　本章将基于 SVD 的隐私保护协同过滤（SVDPPCF）算法与传统的基于随机化扰动的隐私保护协同过滤（PPCF）算法和 Polatidis 等[98]提出的基于随机化扰动的多级隐私保护协同过滤（DPPCF）算法进行比较。图 4-5 和图 4-6 展示不同扰动强度下三个算法的推荐效果。图 4-7 和图 4-8 展示不同邻居数目下三个算法的推荐效果。

　　如图 4-5 和图 4-6 所示，随着用户干扰强度的不断增大，PPCF、DPPCF 和 SVDPPCF 三种算法在 ML 和 Jester 数据集上的 MAE 都增大，即推荐准确度降低，

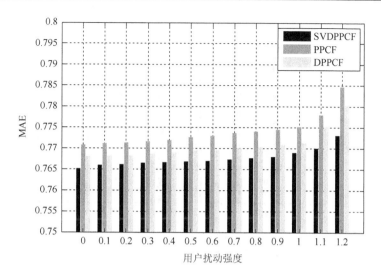

图 4-5　扰动强度对推荐准确度的影响-ML

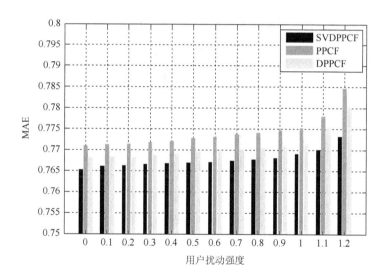

图 4-6　扰动强度对推荐准确度的影响-Jester

这就说明用户的隐私需求越高，获得推荐的评分绝对偏差越大，即推荐性能越差。但是，当用户扰动强度小于 0.7 时，MAE 增长得特别缓慢；当用户干扰强度大于 0.9 时，MAE 则呈现急速增长趋势，说明扰动强度与推荐精度之间不是线性关系。总之，不管扰动强度多大，本章提出的 SVDPPCF 算法的 MAE 值都小于 PPCF 算法和 DPPCF 算法。因此，可以得到本章算法的推荐准确度优于 PPCF 算法和 DPPCF 算法。

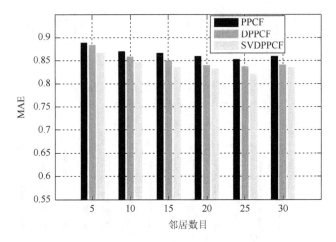

图 4-7　邻居数目对推荐准确度的影响-ML

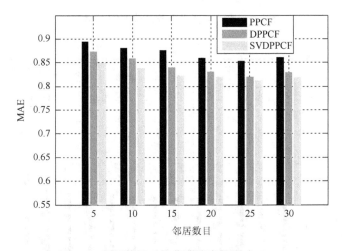

图 4-8　邻居数目对推荐准确度的影响-Jester

　　图 4-7 表明不同算法在 ML 数据集上 MAE 的对比结果。图 4-8 表明不同算法在 Jester 数据集上 MAE 的对比结果。从图 4-7、图 4-8 中的数据可以看出，总体上，PPCF、DPPCF 和 SVDPPCF 三种算法的 MAE 值随着邻居数目的增大都呈现减小趋势，本章提出的 SVDPPCF 算法在推荐准确度方面有一定的提升。由图 4-7 和图 4-8 可以看出，实验中取邻居数目为 15 时，花费的时间开销较小，且推荐准确度随邻居数目增多出现稳定甚至下降趋势。当邻居数目超过 25 时，算法开始出现推荐准确度下降的问题，用户的 MAE 不断地增大，这是由于随着数量的增大，需要将与用户相似度较低的邻居加入计算组中，使预测评分与真实评分出现较大偏差，推荐准确度降低。对比实验表明，SVDPPCF 算法具有较强的适应性和较好

的推荐准确度。综上，本章提出的 SVDPPCF 算法在 MAE 衡量标准上，与 PPCF 算法和 DPPCF 算法比较有较好的表现。

4.5　本　章　小　结

本章为解决隐私保护推荐服务中用户隐私泄露与推荐准确度不佳的问题，提出了 SVDPPCF 算法。根据不同用户的不同隐私需求给填充后的矩阵加入相应的扰动项，由扰动后的数据预测评分。理论和实验表明，该算法提高了隐私保护推荐算法的推荐性能且比经典的协同过滤推荐模型有更好的表现。

第 5 章　基于多级随机扰动的隐私保护推荐

5.1　问　题　定　义

近年来，随着互联网的迅速发展，个性化推荐在电子商务、智慧旅游、社交网站等诸多领域得到了广泛应用，推荐系统的普遍使用使得网络上存储了大量的用户个人数据，这些数据包含的内容丰富，其中不乏用户敏感信息。与此同时，数据挖掘在众多领域的成熟应用，若不进行隐私保护而直接使用或公开这些数据必然造成严重的隐私泄露事故。2010 年，Netflix 推荐大奖赛就因为威胁到用户隐私信息安全而被迫停止举办。在此背景下，推荐系统隐私保护方案受到普遍关注。常见的隐私保护手段有匿名、同态加密、安全多方计算、随机扰动等。匿名化隐私保护模型通过第三方收集并统一匿名评分，可以有效抵御针对评分的攻击，但完全可信的第三方在现实中很难找到。同态加密和安全多方计算能有效保护用户隐私，但随着用户数量增多，效率显著降低。在用户评分提交服务器前，添加随机扰动以保护真实数据，该方法具有计算开销小、效率高的优势。但随机扰动方法存在以下两点不足：第一，模型只依靠均匀分布产生噪声，单一分布噪声易受攻击破解，致使用户数据泄露；第二，模型中多级层次只是简单随机产生，对具体扰动层数未做出限制，易出现过度扰动而影响推荐准确度。

针对上述问题，本章提出一种基于多级随机扰动的隐私保护推荐方案，应用于集中式推荐场景。在用户端，应用一种多级组合随机扰动（MCRP）模型，首先动态划分多个扰动层级，然后随机混合生成不同层级、不同范围的噪声，添加评分矩阵扰乱用户数据。在服务器端，数据扰动造成推荐质量明显下降，采用伪评分预测填充（pseudo score prediction filling，PSPF）算法，使用潜在因子推荐模型对未评分项目展开预测，并填充到评分矩阵中缓解数据稀疏，提高推荐准确度。最后在公开数据集 MovieLens、FilmTrust、MovieTweetings 上进行实验验证，结果表明本章所提的算法在保护用户隐私的同时提升了推荐准确度。

5.2　相　关　工　作

5.2.1　潜在因子模型

假定 u 代表用户，i 代表项目，用户项目评分矩阵 R 表示一个 $m \times n$ 的集合，

代表所有用户对全部项目的评分，其数学表达式为 $R=\{r_{ui}\,|\,1\leqslant u\leqslant m,1\leqslant i\leqslant n\}$。

　　评分矩阵维度通常较大，为提升处理效率，矩阵分解算法被提出。常见的矩阵分解算法主要有奇异值分解和非负矩阵因子分解（non-negative matrix factorization，NMF）等。矩阵分解原理是将高维稀疏矩阵分解成多个低维矩阵，并实现多个低维矩阵的连乘结果对原矩阵的最优近似。潜在因子模型运用矩阵分解技术，从评分数据中挖掘出用户与项目间的关联，获取用户与项目的偏好特征，构建出用户与项目的潜在因子矩阵，最后采用重构低维潜在因子矩阵方式实现用户对项目的评分预测。所以，若将用户 u 和项目 i 与用户潜在因子矩阵 p_u 和项目潜在因子矩阵 q_i 相关联，用户 u 对项目 i 的预测值可采取内积的方式计算，表示为 $\hat{r}_{ui}=q_i^{\mathrm{T}}\cdot p_u$。Koren[43]在此基础上提出 SVD ++ 模型，引入用户与项目间的隐式反馈特征矩阵 y_j，实验结果表明引入隐式反馈特征矩阵可以提高推荐质量。针对不同评分体系的差异性，为提高评分预测准确性，引入全局平均数 μ、用户偏置量 b_u、项目偏置量 b_i。为了学习最优的 p_u、q_i 和 y_j，本章使用最小化的正则化平方误差作为目标函数：

$$
\begin{aligned}
L_{\min} = &\frac{1}{2}\sum_u\sum_{i\in N_u}\left(r_{ui}-\mu-b_u-b_i-q_i^{\mathrm{T}}\left(p_u+|\,N_u\,|^{-\frac{1}{2}}\sum_{j\in N_u}y_j\right)\right)^2 \\
&+\frac{\lambda}{2}\left(b_u^2+b_i^2+\sum_u\|p_u\|^2+\sum_u\|q_i\|^2+\sum_{j\in N_u}y_j^2\right)
\end{aligned}
\tag{5-1}
$$

式中，N_u 为用户 u 的邻居用户集合。

　　在目标函数式（5-1）中加入惩罚项，同时使用正则项系数 λ，控制正则化程度，共同防止学习时过拟合发生。针对目标函数式（5-1）的最小化过程，本书采用随机梯度下降法来实现。这是一种局部优化算法，求解目标函数负梯度方向可得的最优解或近似最优解，通过不断迭代更新潜在因子矩阵，利用式（5-2）计算出最终预测结果。

$$
\hat{r}_{ui}=\mu+b_u+b_i+q_i^{\mathrm{T}}\left(p_u+|\,N_u\,|^{-\frac{1}{2}}\sum_{j\in N_u}y_j\right)
\tag{5-2}
$$

5.2.2　随机扰动

　　随机扰动是在数据发布到推荐系统之前按照某种数学分布向数据中添加噪声。随机扰动在效率上要优于同态加密等密码学方法，但会牺牲一定程度的推荐准确度和隐私保护效果。而且，随机扰动添加噪声越小，对推荐准确度影响越小，但隐私保护也越弱。因此，随机扰动应用时要在推荐准确度和隐私保护之间做好权衡。

随机扰动常见的实现方法有很多，如加法扰动、乘法扰动、随机映射扰动等[14]，本书采用加法扰动，在原始数据 $(x_1, x_2, \cdots, x_n)$ 上按照确定分布生成随机噪声 R 添加到原始数据中，扰动后数据为 $(x_1 + r_1, x_2 + r_2, \cdots, x_n + r_n)$。

随机扰动相较于其他隐私保护手段，对数据的可用性影响较小，扰动后数据依旧可找出背后的规律。这依赖于以下两个性质。

性质 5-1：内积性质。存在向量 $A = (a_1, a_2, \cdots, a_n)$ 和 $B = (b_1, b_2, \cdots, b_n)$，$A$ 被 $R = (r_1, r_2, \cdots, r_n)$ 随机扰动伪装成 A'，B 被 $V = (v_1, v_2, \cdots, v_n)$ 随机扰动伪装成 B'。其中，R 和 V 都均匀分布在 $[-\alpha, \alpha]$，R 和 B、A 和 V、R 和 V 之间都相互独立。那么，$A' \cdot B' = \sum_{i=1}^{n}(a_i + r_i)(b_i + v_i) \approx \sum_{i=1}^{n} a_i b_i = A \cdot B$。

性质 5-2：加法性质。存在向量 $A = (a_1, a_2, \cdots, a_n)$，$A$ 被 $R = (r_1, r_2, \cdots, r_n)$ 随机扰动伪装成 A'。其中，R 均匀分布在 $[-\alpha, \alpha]$，对 R 累加求和结果近似为 0。那么，

$$\sum_{i=1}^{n}(a_i + r_i) = \sum_{i=1}^{n} a_i + \sum_{i=1}^{n} r_i \approx \sum_{i=1}^{n} a_i。$$

5.2.3　数据稀疏填充

用户评分数据极端稀疏导致推荐准确度下降的问题已引起了广泛研究。Phelan 等[15]提出对用户未评分项进行均值填充、众数填充以及中位数填充以缓解数据稀疏，这些传统填充方法在缓解数据稀疏上有一定作用，但不管是均值填充、众数填充还是中位数填充，都会使填充后的数据缺乏可信度，影响用户项目相似度计算结果或模型预测评分结果，最终使推荐结果准确度受到影响。因此，采用数据填充可有效缓解数据稀疏，但为了保证推荐结果准确度，不能简单随意填充数据。所以本书提出一种基于潜在因子模型的 PSPF 算法，利用潜在因子模型预测用户未评分过的项目，填充到训练数据集中，缓解数据稀疏性，提升推荐质量，同时增加安全性。

5.3　基于多级随机扰动的隐私保护推荐方案

本书提出一种基于多级随机扰动的隐私保护推荐方案。该方案针对集中式推荐场景，可分别应用于用户端和服务器端，如图 5-1 所示。在用户端，用户提交评分首先通过 MCRP 模型分析处理添加噪声，再提交到服务器端。在服务器端，利用潜在因子模型对用户未评分过的项目预测填充，缓解用户评分数据稀疏性，采用填充后的评分项目矩阵生成推荐，并将推荐结果返还用户。

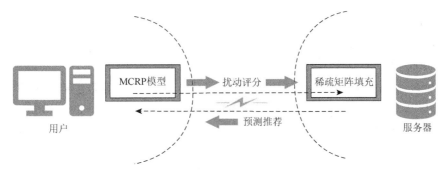

图 5-1 集中式推荐场景

5.3.1 多级组合随机扰动模型

推荐系统缺乏隐私保护会导致用户信息泄露，因此，本节结合随机扰动理论，提出应用于用户端的 MCRP 模型，模型框架如图 5-2 所示。该模型对用户评分的处理过程可以分解为以下三个步骤。

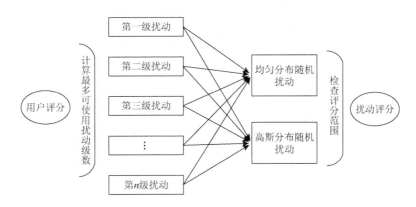

图 5-2 MCRP 模型框架

首先，确定最多可使用扰动级数（levels）。MCRP 模型将扰动过程划分成多个层级，需要依据用户评分的范围确定扰动级别，如果不加以限定，扰动过大超出评分区间，易使评分数据无意义。通过大量重复实验发现，最多可使用扰动级数是与用户评分紧密相关的，且满足式（5-3）的计算关系。

$$levels = \left\lfloor \sqrt{max\_rating} \right\rfloor \qquad (5\text{-}3)$$

式中，max_rating 为评分的最高等级。

然后，将用户评分动态随机划分为多个层级。当前已计算出评分最大扰动范围，若直接按最大范围扰动，对推荐准确度影响较大，如果式（5-3）被攻击者知晓，用户评分都可以被推测出，所以针对用户评分提出动态随机划分的策略。首先，确立参数动态划分比例 α，以随机抽取的方式确定全体评分的 α 个数进行第一级扰动；假如最大扰动级数不止两层，依然在当前剩下用户评分中再随机抽取出占其中比例 α 的数目，进行第二级扰动，只要当前扰动级数小于最大扰动级数，都按照之前递归执行；若扰动级数已是最大扰动级数，剩余用户评分全部采用最高级扰动。具体动态随机划分比例如表 5-1 所示。

表 5-1　动态随机划分比例

扰动级数	2 层	3 层	4 层
level1	α	α	α
level2	$1-\alpha$	$\alpha-\alpha^2$	$\alpha-\alpha^2$
level3	0	$\alpha^2-2\alpha+1$	$\alpha^2-2\alpha+1$
level4	0	0	$1-\alpha^3+3\alpha^2-3\alpha$

接下来，按混合扰动策略扰动各层评分。MCRP 模型在均匀分布的基础上引入高斯分布共同产生随机噪声，所以设立参数混合扰动比例 β，按照比例决定各层级的高斯分布或均匀分布噪声数目。各层级扰动具体如下：扰动范围是由第一级到最高级逐渐扩大，第一级扰动在[-1, 1]波动，具体均匀分布扰动会在[-1, 1]内产生随机噪声，而高斯分布扰动会以 0 为均值、1 为方差产生随机噪声；第二级扰动在[-2, 2]波动，均匀分布扰动会在[-2, 2]内产生随机噪声，而高斯分布扰动会以 0 为均值、2 为方差产生随机噪声。假如最高级扰动是第 n 级扰动 $(n \geq 2)$，均匀分布扰动会在[$-n, n$]内产生随机噪声，而高斯分布扰动会以 0 为均值、当前用户评过分项目的方差作为方差产生随机噪声。最后，对扰动后评分进行范围检查，若产生扰动评分超过最大评分，自动将用户扰动评分修改为最大值；若产生扰动评分小于最小评分，那么将用户扰动评分修改为最小值。

有多个扰动级别是因为不同的数据集在具体评分上会有差异性，不同的评分体系应该采用不同级别，那么 MCRP 模型具有广泛的通用性。另外，假如评分范围值较小却采用大范围扰动，将出现大量扰动评分超出最大评分的情况，扰动结果会无价值。MCRP 模型算法可有效避免类似情况，具体算法描述见算法 5-1。

算法 5-1　MCRP 模型算法

输入：用户项目矩阵 R，动态划分比例 α，混合扰动比例 β
输出：扰动评分矩阵 P
1. 构建训练数据和测试数据

2. 根据式（5-3）计算最多可使用扰动级数 levels
3. 当前扰动级数 level←1，扰动过评分数 sum←0
4. **while** level≤=levels **do**
5.　　**if** level = levels
6.　　　　num[level]←users−sum//num 数组存储每个评分级别的评分数量
7.　　　　**for** i = 1 to num[level]
8.　　　　　　r←find(R)//从 R 中找出剩余未扰动过的评分项 u
9.　　　　　　p_r ← R_r + perturb(β, R_r, level) //按照混合扰动比例 β 随机向评分项添加对应 level 的高斯或均匀扰
动噪声
10.　　　**end for**
11.　　**else**
12.　　　　num[level]← $\lfloor (users - sum) \times \alpha \rfloor$
13.　　　　**for** i = 1 to num[level]
14.　　　　　　r ← random(R)//从 R 中随机抽取评分项 r
15.　　　　　　p_r ← R_r + perturb(β, R_r, level)
16.　　　　**end for**
17.　　　sum←sum + num[level]
18.　　　level ++
19. **end while**
20. **return** P

5.3.2　伪评分预测填充算法

　　为了缓解用户评分数据稀疏导致推荐质量不佳的问题，本章提出 PSPF 算法。首先应用公开数据集训练潜在因子模型，再随机抽取未评分过项目进行预测，并将预测后的评分填充到训练数据中，重新训练模型产生推荐。然而，填充过多的伪评分后会影响推荐结果的有效性，所以在填充评分之前，会预先随机抽取真实数据集的 20%作为测试集，剩下的自动作为训练集，伪评分只会添加到训练集中，起到辅助训练模型参数和缓解数据稀疏的作用。为了获得较好的实验结果，设立参数填充比例 ω，表示伪评分填充数占数据集评分总数的比例。通过大量实验测试，确定最优参数填充比例 ω。PSPF 算法具体描述见算法 5-2。

算法 5-2　PSPF 算法

输入： 用户项目矩阵 R，填充比例 ω，R 中评分总数
输出： 预测评分矩阵 D
1. 初始化用户、项目潜在因子矩阵，隐式反馈特征矩阵
2. 随机抽取 R 中 20%数据作为测试集
3. 将 R 中剩余 80%数据填充到预测评分矩阵 D
4. 利用预测评分矩阵数据训练潜在因子模型，更新潜在因子矩阵
5. 循环控制变量 ret ← false
6. **for** i = 1 to $\lfloor dataNum \times \omega \rfloor$
7.　　**while**！ret　**do**
8.　　　　(i, j)←random(R)//从 R 中随机抽取用户号和项目号

9.	**if** $R_{i,j}$ = NULL
10.	$D_{i,j}$ ← predict(i, j) //计算预测评分
11.	ret ← true
12.	**end while**
13.	$D_{i,j}$ ← checkborder($D_{i,j}$) //检查预测评分是否越界
14.	**end for**
15.	**return** D

5.3.3　算法时间复杂度分析

　　多级组合隐私保护推荐方案的时间复杂度主要可以从三个部分展开计算。第一部分是 MCRP 模型对用户数据进行扰动，扰动过程描述见算法 5-1。运行时间主要是用于随机划分 n 层的扰动级数计算，最大开销是用于用户评分的遍历计算。在每个层次上遍历查找评分值，并添加随机噪声值，总共需要执行 $m×n$ 次运算，其时间复杂度为 $O(mn)$。第二部分是对项目评分矩阵进行填充，填充过程描述见算法 5-2。由于需要预先执行一次对用户项目特征的学习，再对一个没有评价过的项目进行填充，总共需要执行 $m×m×l$ 次计算，其时间复杂度为 $O(m^2 l)$。第三部分是使用推荐模型进行预测，总共需要 $m×m×n$ 次计算，其时间复杂度为 $O(m^2 n)$。综上所述，隐私保护推荐方案的时间复杂度为 $O(m^2 n + m^2 l + mn)$。

5.4　实验结果及分析

5.4.1　实验数据集

　　本实验所采用数据集是真实数据集 MovieLens、FilmTrust 和 MovieTweetings（表 5-2）。

　　MovieLens 数据集由美国明尼苏达大学 GroupLens 研究项目组提供，供推荐系统学习和科研使用。数据集包含 100 000 条评分，分布在 1~5。FilmTrust 数据集是可从 FilmTrust 网站上完整抓取获得的，数据集包含 35 497 条评分，分布在 0.5~4。MovieTweetings 数据集是从 Twitter 上抓取下来的，可从 GitHub 项目主页下载，包含 100 000 条评分，分布在 0~10。

表 5-2　实验数据集统计信息表

指标	数据集		
	MovieLens	FilmTrust	MovieTweetings
用户数/个	943	1508	16 554
项目数/个	1682	2071	10 506

指标	数据集		
	MovieLens	FilmTrust	MovieTweetings
评分数/条	100 000	35 497	100 000
数据稀疏度/%	93.69	98.86	99.94

5.4.2　评价标准

本章实验除采用 RMSE、$F1$ 作为推荐准确度的评价标准外，另外采用值差（value difference，VD）作为隐私保护安全性的评价标准，它用来衡量数据隐私保护前后差异性，差异性越大，隐私保护级别越高。VD 计算公式如下：

$$VD = \frac{\|A - \overline{A}\|_F}{\|A\|_F} \tag{5-4}$$

式中，A 为扰动前的评分矩阵；$\overline{A}$ 为扰动后的评分矩阵。

5.4.3　实验设置

实验环境为 Intel Core2 Quad CPU Q9500 @2.83GHz，4GB 内存，Windows 7 操作系统。全部算法在 Visual Studio 2015 平台上用 C#语言编程。实验采用交叉验证方法，每次从真实数据集中随机抽取 20%作为测试集，剩下的 80%自动作为训练集使用，并未固定任何数据只作训练或测试。本书的实验结果都是各算法在参数最优情况下获得的。实验模型中学习效率 γ 设为 0.01，正则项系数 λ 设为 0.1，迭代次数取 50 次。

5.4.4　实验结果分析

1. 敏感度分析

推荐系统隐私保护算法的性能主要有两个方面的衡量标准：推荐准确度和隐私保护效果。本节实验从 RMSE 和 VD 两个方面来评估 MCRP 模型，验证模型对推荐系统的推荐准确度和隐私保护效果的影响。

首先分析改变动态划分比例 α 和混合扰动比例 β 的取值对 RMSE 和 VD 指标的影响。从图 5-3 看出，随着 α 增大，模型中第一层扰动的比例在增加，表明评分扰动范围减小，RMSE 下降，推荐准确度提高，与此同时，VD 不断减小，表明隐私保护安全性不断减弱。而随着 β 增大，高斯扰动产生随机噪声比例在升高。

实验结果表明，推荐准确度和隐私保护安全性之间存在着紧密的相关性，随着安全性不断提高，推荐准确度不断下降；反之，安全性不断降低，推荐准确度不断上升。所以仅由图 5-3 无法直接确定 α 和 β 的最优值。

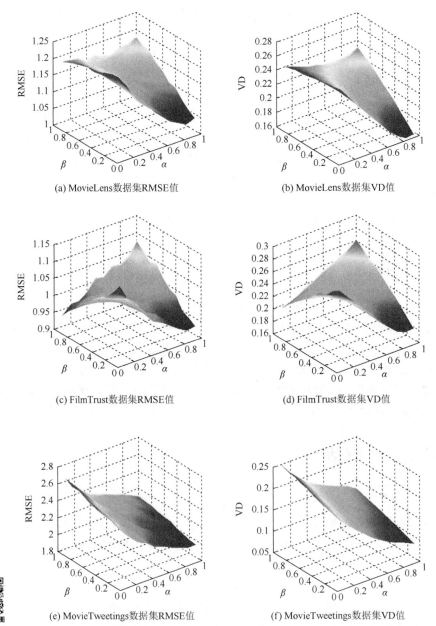

(a) MovieLens数据集RMSE值　　　　　　　(b) MovieLens数据集VD值

(c) FilmTrust数据集RMSE值　　　　　　(d) FilmTrust数据集VD值

(e) MovieTweetings数据集RMSE值　　　　(f) MovieTweetings数据集VD值

扫码查看彩图

图 5-3　三个数据集上 RMSE 和 VD 比较

　　为了解决上述问题，采用调和系数 F1 对 RMSE 指标和 VD 指标进行调和，但 RMSE 指标和 VD 指标并不属于同一个单位体系。RMSE 是一种适度指标，可采用极差归一化法，使用式（5-4）计算转换成与 VD 相同的量纲，再使用式（1-12）计算调和系数 F1。图 5-4 展示了三个数据集上调和系数 F1 对 RMSE 指标和 VD 指标的调和结果。

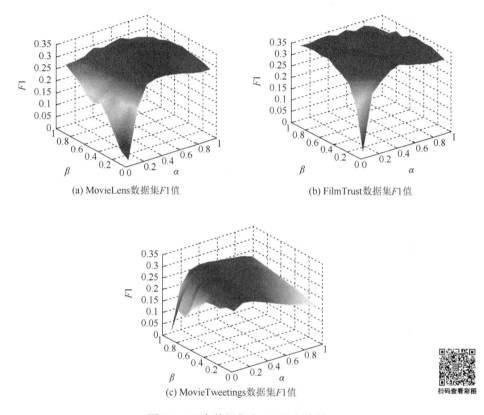

(a) MovieLens数据集F1值　　　　　　(b) FilmTrust数据集F1值

(c) MovieTweetings数据集F1值

图 5-4　三个数据集上 F1 调和结果

　　由图 5-4 看出，在 MovieLens 和 FilmTrust 数据集上，当 α 取 0.5 或取 0.6 时，调和系数 F1 取极大值，对推荐准确度和隐私保护的调和效果最好。在 MovieTweetings 数据集上，α 取 0.4 或取 0.7 时，调和系数 F1 取极大值。实验表明，MCRP 模型可以实现较好的隐私保护效果，同时提升推荐质量。但在三个数据集上调和系数 F1 呈现两种不同的结果，其主要原因是 MovieLens 和 FilmTrust 数据集的最大用户评分是 5 分和 4.5 分，均没超过 5 分，按照最大扰动级数与最大用户评分的式（5-3）计算，都只能最多采取 2 个级别扰动，而 MovieTweetings 数据集上最大用户评分是 10 分，最多可采取 3 个级别扰动，

出现调和系数 $F1$ 的不同最优值。所以，模型最优方案的 α 和 β 的确定与数据集本身是紧密相关的。

2. 填充实验分析

在用户端使用 MCRP 模型可有效保证用户数据安全性，但会对推荐准确度造成较大影响。为了提高推荐准确度，在服务器端应用 PSPF 算法，该算法既能有效提高推荐准确度，又能缓解用户数据稀疏性。实验采用的对比算法是中位数填充算法，采用评分矩阵中行与列数据的中位数平均值（median average of row and column，MARC）来填充。本节实验采用本书提出的 PSPF 算法进行对比，且对比实验会在 MCRP 模型的基础上展开，并使用最优 α 和 β 值。图 5-5 展示了三个数据集上 RMSE、执行时间（TIME）指标下两种算法的对比结果。其中，横坐标轴是填充比例 ω，代表在训练集添加真实数据集 ω 倍数量的伪评分。

从图 5-5 中（a）、（c）和（e）可知，PSPF 和 MARC 算法都可缓解数据稀疏，提高推荐质量。但是 PSPF 算法推荐效果更加显著，且明显优于 MARC 算法。图 5-5 中（b）、（d）和（f）展示了 PSPF 和 MARC 算法执行时间比较，PSPF 算法的执行时间在三个数据集上都优于 MARC 算法。

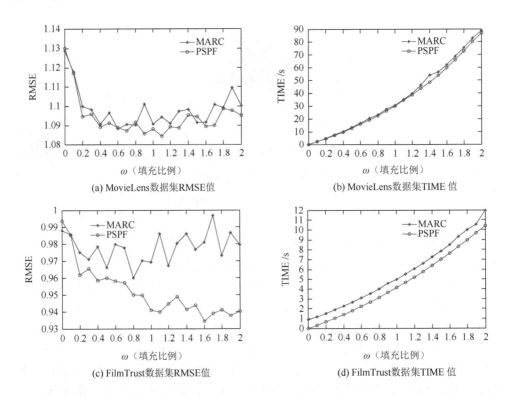

(a) MovieLens数据集RMSE值　　　　　　　　(b) MovieLens数据集TIME 值

(c) FilmTrust数据集RMSE值　　　　　　　　(d) FilmTrust数据集TIME 值

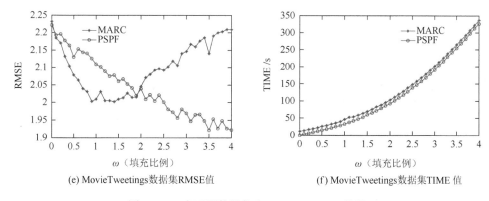

(e) MovieTweetings数据集RMSE值　　　　　　　(f) MovieTweetings数据集TIME 值

图 5-5　三个不同数据集上 RMSE、TIME 比较

由表 5-2 可知，MovieLens、FilmTrust 和 MovieTweetings 数据稀疏度分别是 93.69%、98.86%、99.94%，PSPF 算法在数据越稀疏的情况下，执行效果越好。同时，填充比例 ω 越高，算法执行时间 TIME 越长，效率也就越低。综合考虑推荐质量、运行时间的对比，MovieLens 数据集上填充比例 ω 可取 1.1，FilmTrust 数据集上填充比例 ω 可取 1.6，MovieTweetings 数据集上填充比例 ω 可取 3.5。三个数据集上 ω 各不相同，主要是不同的数据集其自身的数据稀疏度不一致，所以三个数据集会有各自最优的填充比例 ω。

3. 对比实验分析

为了准确展示隐私保护模型和 PSPF 算法在推荐应用上的组合效果，本节将 MCRP 模型结合 PSPF 算法与 SVD++ 算法，仅对 MCRP 模型和多级扰动隐私保护（MPPM）模型的推荐质量进行比较。图 5-6 展示了三个数据集上 RMSE 对比结果。MCRP 模型采用最优 α 和 β 值，PSPF 算法采用最优 ω 值。

从图 5-6 中可知，无隐私保护下 SVD++ 算法的推荐准确度是最高的，但存在隐私保护需求下，本书提出的 MCRP 模型与 MPPM 模型相比，具有更好的推荐准确度，RMSE 明显下降。这是由于优化多级扰动产生噪声的过程，没有简单随机化，而是动态划分模型为多个扰动层级，再混合产生不同层级、不同范围的随机噪声，通过实验找出模型最合理的扰动方案，使推荐质量提升。

而 MCRP 模型结合 PSPF 算法执行比单独执行 MCRP 模型推荐效果更好，RMSE 均有不同程度下降，这表明 PSPF 算法不仅能有效缓解数据稀疏，还能明显提升推荐质量。添加隐私保护后，推荐质量不可避免地受到影响，采用 PSPF 算法填充训练数据，可缓解数据稀疏，同时提升推荐质量。

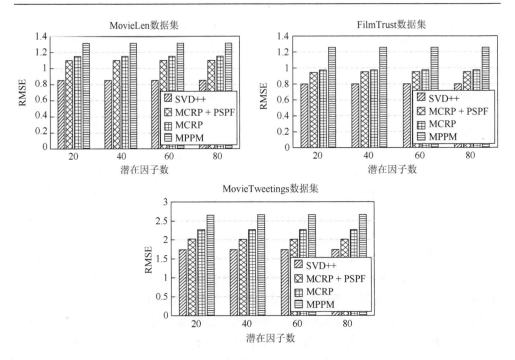

图 5-6　在三个不同数据集上 RMSE 对比

5.5　本 章 小 结

　　本章针对潜在因子模型的隐私保护需求，提出应用于用户端的 MCRP 模型和服务器端的 PSPF 算法，面向集中式推荐场景。该模型是基于随机扰动技术，采用随机动态划分策略将模型分成多个扰动层级，再混合产生不同层级、不同范围的随机噪声添加到评分矩阵，通过实验确定在推荐准确度和隐私保护效果之间的最佳平衡点。针对推荐系统存在数据稀疏问题，本书采用基于潜在因子模型的 PSPF 算法，对训练数据进行填充，缓解数据稀疏，进一步提升推荐质量。下一步研究满足差分隐私机制的推荐模型隐私保护方案，解决用户隐私安全困扰。

第6章 基于差分隐私的兴趣点推荐

6.1 问 题 定 义

利用网络进行在线搜索已成为旅游者在旅游前获取信息的主要途径，然而随着社交网络以及旅游网站的兴起，旅游者常常被淹没于大量的信息搜索和产品选择当中，而旅游推荐系统是解决信息过载问题的有效途径。推荐系统通过学习用户历史记录，建立用户兴趣偏好描述，为用户推荐其潜在感兴趣的项目或项目集，提供个性化的服务。但各类学习算法的训练是以大量数据为基础的，推荐系统为了给用户提供更为精准的服务，使自己的推荐服务能够为更多的用户所认可，就需要收集更多的用户数据，如用户浏览信息、购买信息、评分信息、用户属性标签，其中就包括许多用户不想泄露的个人隐私数据。

随着大数据技术的发展，数据价值不断获得提升，企业有意识地利用系统日志收集用户网络信息。爬虫技术和开源 APP 数据接口大幅度降低了数据获取的难度，甚至还出现了专门从事数据经营的公司，从而使得用户隐私数据易被收集和窃取，加大了对用户隐私数据安全的威胁。20 世纪末，美国马萨诸塞州为了方便医学研究对外公开了一份经过匿名处理的公共医疗数据，此数据集在原数据集的基础上对涉及用户隐私的一些数据如病人身份信息等进行移除，从而实现保护病人隐私的初衷。然而，Sweeney 利用另外一份政府公开的包含所有被攻击者的数据集，通过差分攻击破解了此医疗数据，从而获取到被攻击者的病历记录。旅游推荐系统会收集用户的敏感信息，这些信息可能被有意、无意地泄露出去，或者被攻击者恶意攻击窃取，导致用户隐私泄露。诸如 KNN 攻击，可以伪造用户的虚假邻居，通过给出推荐结果反推断出用户的项目、评分和历史行为记录，通过用户感兴趣的项目推测其个人隐私信息[4]。推荐系统无隐私保护的缺陷会被攻击者用来准确获取用户真实的隐私信息，给用户声誉甚至生命财产安全带来隐患，这与发展推荐系统带给用户更好体验的目标相违背，不利于推荐系统的发展。因此，在用户享受个性化旅游推荐内容时，用户数据依然是安全且隐私的，是个性化旅游推荐算法研究的重点。

为了解决上述问题，本章提出一种基于用户兴趣偏移和差分隐私的矩阵分解旅游兴趣点推荐模型，在用户隐私数据不泄露的情况下保证推荐性能。该模型主要通过挖掘用户兴趣偏好来提升推荐模型的推荐性能，分别从用户标签中提取用户兴趣点和时序因素下的用户评分计算用户兴趣偏移度，然后依次找到兴趣相似邻居来辅助训练用户特征偏好，并以正则项的形式融入矩阵模型中以提高推荐准确度。对于隐私保护需求，基于差分隐私理论，设计了结合 k-medoids 聚类算法与指数机制（exponential mechanism）的隐私邻居选择方法，对邻居身份实现指数机制保护，有效防范抵御 KNN 攻击，同时采用拉普拉斯机制（Laplace mechanism）对模型的梯度下降过程加上随机噪声，共同增加推荐模型的安全性。

6.2　矩阵分解模型及差分隐私理论

6.2.1　矩阵分解模型

协同过滤推荐中将用户项目数据以及用户对项目的评分数据均存储在用户项目评分矩阵中。假定 m 表示用户数，n 表示项目数，用户项目评分矩阵 R 则是 $m \times n$ 的矩阵集合，存储了所有用户对全部项目的评分，其数学表达式定义为 $R = \{r_{ui} \mid 1 \leqslant u \leqslant m, 1 \leqslant i \leqslant n\}$。用户项目评分矩阵 R 的定义如下：

$$R = \begin{bmatrix} r_{11} & r_{12} & \cdots & r_{1n} \\ r_{21} & r_{22} & \cdots & r_{2n} \\ \vdots & \vdots & & \vdots \\ r_{m1} & r_{m2} & \cdots & r_{mn} \end{bmatrix} \tag{6-1}$$

由于用户项目评分矩阵 R 的维度较大且极为稀疏，为了提升处理效率，引入矩阵分解技术[18]。矩阵分解技术的核心思想是采用矩阵降维，将高维稀疏矩阵从用户与项目的角度分解成两个低维矩阵，其中一个表示用户特征，另一个则表示项目特征。通过从用户评分中挖掘用户与项目间的关联，获取用户与项目的偏好特征解释评分，然后对两个低维矩阵进行连乘还原，连乘结果可以无限接近原矩阵，等同于采用矩阵分解对用户未评分过的项目进行预测，或者用来填充原矩阵，缓解数据稀疏对推荐精度的影响[19]。由此，矩阵分解技术可以被用于协同过滤推荐中，矩阵分解算法也获得了广泛的研究与关注。由于矩阵分解是将原矩阵降维分解成两个矩阵，使用与用户和项目分别关联的潜在隐含因子来表征，也被称为潜在因子模型（latent factor model，LFM）或者隐语义模型。随后，其他的改进推荐模型被提出，如奇异值分解[20]和非负矩阵分解[21]等。这些基于模型的协同过滤推荐算法在实际应用中都得到了好评，推荐精度要明显优于传统的用户项目协同过滤。矩阵分解过程如图 6-1 所示。

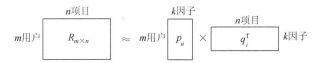

图 6-1　矩阵分解示意图

在矩阵分解模型中，分解得到的 $m \times k$ 用户特征向量 p_u 和 $n \times k$ 项目特征向量 q_i 可以通过取内积逼近原始矩阵 R，所以，用户 u 对项目 i 的预测值可直接表示为 $p_u \cdot q_i$（即 p_u 与 q_i 的点积），其中 k 代表两个特征向量的维数。为了增强特征向量 p_u 和 q_i 的学习效率，提高最终预测值的准确性，采用最小化正则化目标函数 L 缩小误差。同时为了避免训练时发生过拟合，将在目标函数 L 中加入惩罚项。目标函数 L 的定义如下：

$$L = \frac{1}{2} \sum_u \sum_{i \in N_u} \left(r_{ui} - q_i^T p_u \right)^2 + \frac{\lambda}{2} \left(\sum_u \| p_u \|^2 + \sum_u \| q_i \|^2 \right) \tag{6-2}$$

式中，λ 为惩罚参数，用来控制目标函数的正则化程度，取值越大，正则化程度越高。在模型训练中采用随机梯度下降（SGD）算法简化计算量，加快模型训练速度。随机梯度下降法是一种局部优化算法，通过不断向负方向迭代训练，求解局部最小值。

Koren[43]在此基础上提出了经典的 SVD＋＋模型，该模型的创新在于考虑了用户对项目的隐式反馈，更精准实现了用户对项目的预测。为了抵消不同评分系统差异性，使预测评分可针对特定系统，还引入了全局平均数 μ、用户偏置量 b_u 和项目偏置量 b_i。SVD＋＋模型的预测公式如下：

$$\hat{r}_{ui} = \mu + b_u + b_i + q_i^T \left(p_u + |N_u|^{-\frac{1}{2}} \sum_{j \in N_u} y_j \right) \tag{6-3}$$

6.2.2　差分隐私定义

1. 差分隐私理论基础

定义 6-1：ε-差分隐私（ε-DP）[20]。给定一个随机算法 A，对于任意两个仅仅相差一条记录的相邻数据集 D 和 D'，输出结果 $S \subseteq \text{Range}(A)$ 都满足式（6-4），则称该算法 A 满足 ε-差分隐私。

$$\Pr[A(D) \in S] \leqslant \exp(\varepsilon) \times \Pr[A(D') \in S] \tag{6-4}$$

式中，$\Pr$ 为随机算法 A 隐私泄露的概率；ε 为差分隐私中隐私保护预算，决定算法的隐私保护程度，越接近 0，隐私保护效果越好，特别是在 ε 值取 0 时，理论上可实现最高隐私保护，在查询函数中算法输出结果不可区分，概率彼此都相同。

但是在过高的隐私保护效果下，数据可用性较差。

在差分隐私理论中，除了隐私保护预算以外，最为重要的便是敏感度，它可以准确衡量无论是指数机制还是拉普拉斯机制中查询函数所引起的最大改变。敏感度一般被用来控制加入噪声量的大小，噪声过多影响数据可用性，过少则隐私保护安全性不高。在差分隐私中，一般定义了全局敏感度和局部敏感度。

定义 6-2：全局敏感度。给定一个查询函数 $f: D \to R^d$，对于任意相邻数据集 D 和 D'，查询函数 f 的全局敏感度可定义为

$$\mathrm{GS}_f = \max_{D,D'} \|f(D) - f(D')\| \tag{6-5}$$

式中，全局敏感度和查询函数本身密切相关。查询函数的全局敏感度较小时，如计数函数的敏感度为 1，可以有效保证数据安全。但当查询函数具有较大的全局敏感度时，需要在输出函数中添加足够大的噪声来保证隐私安全，造成数据的可用性较差。由此，局部敏感度的概念被提出。

定义 6-3：局部敏感度。给定一个查询函数 $f: D \to R^d$，对于任意相邻数据集 D 和 D'，查询函数 f 的局部敏感度可定义为

$$\mathrm{LS}_f = \max_{D'} \|f(D) - f(D')\| \tag{6-6}$$

局部敏感度通常会比全局敏感度小，因为局部敏感度由查询函数 f 和数据集中的具体数据共同决定。全局敏感度和局部敏感度之间存在如下的转换关系：

$$\mathrm{GS}_f = \max(\mathrm{LS}_f) \tag{6-7}$$

差分隐私保护理论中主要有拉普拉斯机制和指数机制，它们的本质和原理是相同的，都是在数据中添加可控、可调的噪声。但是两者的差别在于应用的数据类型不同，拉普拉斯机制适合为数值类型数据添加噪声，而指数机制适合为非数值类型数据添加噪声。

2. 差分隐私保护机制

定义 6-4：拉普拉斯机制[21]。给定一个数据集 D，对于任意查询函数 $f: D \to R^d$，其对应敏感度是 Δf，若算法 $A_\mathrm{L}(D)$ 满足式（6-8），则称算法满足拉普拉斯机制。

$$A_\mathrm{L}(D) = f(D) + \mathrm{Lap}\left(\frac{\Delta f}{\varepsilon}\right) \tag{6-8}$$

式中，$\mathrm{Lap}(\Delta f / \varepsilon)$ 为加入的随机噪声量。

定义 6-5：指数机制[21]。给定数据集 D 和函数 $A_\mathrm{E}(D, q, \varepsilon)$，输出实体对象 r 的效用函数为 $q(D, r)$，Δq 表示效用函数 $q(D, r)$ 的全局敏感度。如果函数 $A_\mathrm{E}(D)$ 输出实体对象 $r \in R$ 的概率正比于 $\exp\left(\dfrac{\varepsilon q(D, r)}{2\Delta q}\right)$，即满足式（6-9），则称 $A_\mathrm{E}(D)$ 满足

指数机制。

$$\Pr[A_{\mathrm{E}}(D)=r]=\frac{\exp\left(\dfrac{\varepsilon q(D,r)}{2\Delta q}\right)}{\displaystyle\sum_{r'\in R}\exp\left(\dfrac{\varepsilon q(D,r')}{2\Delta q}\right)}$$ （6-9）

3. 差分隐私的组合原理

差分隐私的组合原理是十分重要的组合性质，分为序列组合和并行组合。它们的存在有效保证了灵活多次使用差分隐私添加噪声，使得可以创新设计出更加复杂多变的隐私保护方案。

性质 6-1：序列组合原理。给定 n 个独立算法 $A_1, A_2, A_3, \cdots, A_n$ 的隐私预算分别是 $\varepsilon_1, \varepsilon_2, \varepsilon_3, \cdots, \varepsilon_n$，对于同一个数据集 D 上，构成的组合算法 $A_1(D_1), A_2(D_2), \cdots, A_n(D_n)$ 满足 $\sum_{i=1}^{n}\varepsilon_i$ -差分隐私保护。

性质 6-2：并行组合原理。给定 n 个独立算法 $A_1, A_2, A_3, \cdots, A_n$ 的隐私预算分别是 $\varepsilon_1, \varepsilon_2, \varepsilon_3, \cdots, \varepsilon_n$，在 n 个不相交的数据集 $D_1, D_2, D_3, \cdots, D_n$ 上，构成的组合算法 $A_1(D_1), A_2(D_2), \cdots, A_n(D_n)$ 满足 $\max_i \varepsilon_i$ -差分隐私保护。

6.3　推荐系统模型构建和优化

本节从用户标签数据和时间分布两方面计算用户兴趣偏移度，以正则项的形式与矩阵分解模型相结合，依据用户兴趣挑选用户邻居来辅助模型训练用户特征偏好，实现基于用户兴趣偏移的个性化旅游景点推荐。图 6-2 为基于兴趣偏移和差分隐私的旅游兴趣点推荐框架。

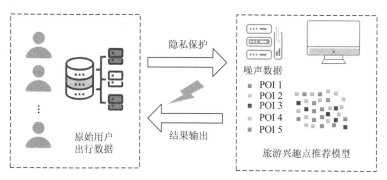

图 6-2　基于兴趣偏移和差分隐私的旅游兴趣点推荐框架

POI 表示兴趣点

6.3.1　用户兴趣偏移度

用户的标签数据作为对用户自身行为习惯的标记，是对用户兴趣偏好详细情况的侧面展示。用户所拥有的标签数目越多或者被同一个标签标记次数越多都可反映当前用户实际的兴趣情况。而且当出现推荐冷启动情况时，用户评分过于稀疏，从用户兴趣出发也可以给出推荐结果，能在一定程度上缓解数据稀疏问题。

在预测用户选择时，用户会更大概率被自身兴趣偏好所影响，做出与兴趣相关的选择。如果预先知道用户对每个标签的兴趣，有利于推荐系统从用户兴趣角度做出预测。所以，构造用户 i 对标签 j 的兴趣值 $\text{Interest}_{i,j}$ 如下：

$$\text{Interest}_{i,j} = \frac{\sum\limits_{k \in C_j} \text{label}_{i,k}}{\sum\limits_{l \in C} \text{label}_{i,l}} \qquad (6\text{-}10)$$

式中，C_j 为具有标签 j 的项目集合；C 为全体项目集合；$\text{label}_{i,k}$ 为用户 i 对具有标签 k 的项目的评价次数。它可以由用户数据统计产生，再用来计算用户之间兴趣值的相似度，计算方法参考皮尔逊相关系数计算原理，修改后的计算公式如下：

$$\text{Lsim}(u,v) = \frac{\sum\limits_{j \in V_{u,v}} (\text{Interest}_{u,j} - \overline{\text{Interest}_u})(\text{Interest}_{v,j} - \overline{\text{Interest}_v})}{\sqrt{\sum\limits_{j \in V_{u,v}} (\text{Interest}_{u,j} - \overline{\text{Interest}_u})^2 (\text{Interest}_{v,j} - \overline{\text{Interest}_v})^2}} \qquad (6\text{-}11)$$

式中，$\text{Interest}_{u,j}$ 和 $\text{Interest}_{v,j}$ 分别为用户 u 和用户 v 对标签 j 的兴趣值；$\overline{\text{Interest}_u}$ 和 $\overline{\text{Interest}_v}$ 分别为用户 u 和用户 v 的平均兴趣值。

对用户历史行为进行挖掘有助于掌握用户的兴趣偏好。在时间因素的影响下，用户的兴趣是会发生波动的。所以时间越接近的评分在推荐系统中会更有价值。因此，采用艾宾豪斯遗忘曲线计算时序因子，将时间因素加入到用户相似度计算过程中，用来表示用户评分在时序因子影响下的变化。时序因子计算公式如下：

$$\text{WT}_{ui} = \begin{cases} 1, & t_{\max} = t_{\min} \\ e^{\frac{t_{ui} - t_{\min}}{t_{\max} - t_{\min}} - 1}, & t_{\max} \neq t_{\min} \end{cases} \qquad (6\text{-}12)$$

式中，WT_{ui} 为用户 u 对项目 i 的时序因子；t_{ui} 为用户 u 对项目 i 的评分时间；$t_{\max}$ 和 $t_{\min}$ 分别为最近评分时间和最早评分时间。根据时序因子影响下的用户评分，使用皮尔逊相关系数计算相似度，计算公式如下：

$$\mathrm{Tsim}(u,v) = \frac{\displaystyle\sum_{i\in V_{u,v}}(\mathrm{WT}_{ui}\cdot r_{ui} - \overline{r_u})(\mathrm{WT}_{vi}\cdot r_{vi} - \overline{r_v})}{\sqrt{\displaystyle\sum_{i\in V_{u,v}}(\mathrm{WT}_{ui}\cdot r_{ui} - \overline{r_u})^2(\mathrm{WT}_{vi}\cdot r_{vi} - \overline{r_v})^2}} \qquad (6\text{-}13)$$

式中，r_{ui} 和 r_{vi} 分别为用户 u 和用户 v 对项目 i 的评分；$\overline{r_u}$ 和 $\overline{r_v}$ 分别为用户 u 和用户 v 的平均评分。

最后，将时间漂移下的评分相似度 $\mathrm{Tsim}(u,v)$ 和用户兴趣值相似度 $\mathrm{Lsim}(u,v)$ 相结合。当用户评分的项目较少时，考虑从用户标签信息中挖掘出潜在兴趣点辅助预测，有利于缓解冷启动问题。用户兴趣偏移度计算公式如下：

$$\mathrm{Hsim}(u,v) = \alpha \times \mathrm{Tsim}(u,v) + (1-\alpha)\times \mathrm{Lsim}(u,v) \qquad (6\text{-}14)$$

式中，α 为平衡因子。

6.3.2　基于兴趣偏移的推荐模型

用户在做决策时会受到身边朋友的影响，我们将能对别人决定产生影响的用户统一称为该用户的邻居。用户邻居的兴趣往往和用户自身是相似的。所以寻找该用户的相似邻居，使用邻居的兴趣偏好来辅助矩阵分解模型训练用户和项目的潜在因子矩阵，同时也能让用户的兴趣逐渐向用户邻居的兴趣逼近，从而提升预测准确度，使预测结果更加个性化。我们会预先计算用户与其他用户的兴趣偏移度，将其中兴趣偏移度最高的 k 个用户作为目标用户的邻居，以用户正则项的方式融入目标函数中，使得用户的潜在因子矩阵始终受到用户邻居的约束，并依据兴趣偏移度来贴近邻居的潜在因子矩阵。基于兴趣偏移的矩阵分解模型的目标函数定义为

$$L_{\min}(R,P,Q) = \frac{1}{2}\sum_u\sum_i\left(R_{ui} - p_u q_i^{\mathrm{T}}\right)^2 + \frac{\lambda}{2}\left(\|p_u\|_{\mathrm{F}}^2 + \|q_i\|_{\mathrm{F}}^2\right) + \frac{\beta}{2}\left(\sum_u\sum_{j\in N_u}\mathrm{Hsim}(u,j)\|p_u - p_j\|_{\mathrm{F}}^2\right)$$
$$(6\text{-}15)$$

式中，$\mathrm{Hsim}(u,j)$ 为用户 u 和 j 之间的兴趣，当用户兴趣偏移度较大时，两个用户的特征向量距离较近，反之，用户兴趣偏移度较小时，两个用户的特征向量距离较远；N_u 为目标用户 u 的邻居集合；β 为兴趣正则项的学习效率。

本书采用随机梯度下降的方法对个性化矩阵分解模型进行求解，对目标函数进行偏导数计算，不断迭代更新潜在因子向量直到目标函数收敛，求出最终参数值。求偏导数过程如下：

$$\frac{\partial L}{\partial p_u} = \sum_u I_{ui}\left(p_u q_i^{\mathrm{T}} - r_{ui}\right)q_i + \lambda p_u + \beta\sum_{j\in N_u}\mathrm{Hsim}(u,j)(p_u - p_j) \qquad (6\text{-}16)$$

$$\frac{\partial L}{\partial q_i} - \sum_i I_{ui} \left(p_u q_i^{\mathrm{T}} - r_{ui} \right) p_u + \lambda q_i \qquad (6\text{-}17)$$

式中，L 为式（6-15）的目标函数。

更新潜在因子矩阵公式如下：

$$p_u = p_u - \eta \times \frac{\partial L}{\partial p_u} \qquad (6\text{-}18)$$

$$q_i = q_i - \eta \times \frac{\partial L}{\partial q_i} \qquad (6\text{-}19)$$

式中，η 为学习效率，代表每次迭代步长。

6.4　基于差分隐私的推荐模型

结合差分隐私相关理论，在基于兴趣偏移的矩阵分解推荐（ITMF）模型的基础上加入差分隐私，提出基于差分隐私兴趣偏移的矩阵分解推荐（DPITMF）模型。具体来说，通过构建中心化差分隐私模型，将差分隐私保护分成 2 个部分：一是采用指数机制对用户邻居的身份加以保护；二是采用拉普拉斯机制对矩阵分解模型梯度下降的过程添加噪声。两部分的隐私预算将以 1∶1 的比例进行分配，使得整个隐私保护方案满足 ε-差分隐私。DPITMF 模型的设计流程如图 6-3 所示。

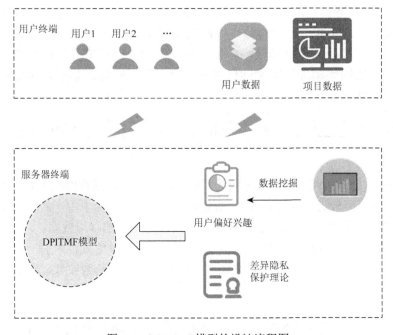

图 6-3　DPITMF 模型的设计流程图

6.4.1　隐私邻居选择

在 ITMF 模型中，用户邻居的身份对用户潜在因子矩阵的训练起到重要作用，但是用户邻居的兴趣偏好往往和用户自身有相似重叠，如果攻击者冒充目标用户邻居，可以用自身虚假兴趣推断出用户的真实兴趣，从而造成用户隐私泄露。所以，用户邻居的身份需要严格隐私保护。为了保护用户的邻居身份安全，我们设计了基于 k-medoids 聚类算法的隐私邻居选择方法，既保证用户可以有高质量的邻居，同时这些邻居身份得到严格的差分隐私保护。详细的隐私邻居选择流程见图 6-4。

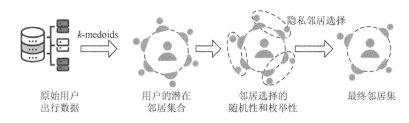

图 6-4　隐私邻居选择流程图

步骤 1：k-medoids 聚类。针对整个输入集合中用户数量过多且评分矩阵非常稀疏，考虑使用聚类算法来压缩输入数据集，获得目标用户的潜在邻居集合，提高推荐效用。因此，我们采用 k-medoids 聚类算法进行数据预处理，详细的聚类步骤在算法 6-1 中描述，算法 6-1 中的距离采用式（6-14）中提出的用户兴趣偏移度 $\mathrm{Hsim}(u,v)$ 的定义进行计算。

算法 6-1　k-medoids 聚类算法

输入： 用户项目矩阵 R，聚类数 k
输出： 用户聚类后集合 $V_1, V_2, \cdots, V_k$
1. 随机选择一个用户作为初始化簇中心点
2. for $i \leftarrow 2$ to k
3. 　　for each $u \in U$
4. 　　　　cal_distance$(u, C_1, C_2, \cdots, C_{i-1}, S_1, S_2, \cdots, S_{i-1})$ //计算聚类中心到用户 u 的距离 $S_1, S_2, \cdots, S_{i-1}$
5. 　　　　$S_{\min} \leftarrow \min(S_1, S_2, \cdots, S_{i-1})$
6. 　　end for
7. 　　通过概率抽样和使用轮盘选择来选择下一个中心点　　C_i
8. end for//完成初始聚类中心 $C_1, C_2, \cdots, C_k$ 的计算
9. for each $u \in U$
10. 　cal_distance$(u,\ C_1, C_2, \cdots, C_k,\ S_1, S_2, \cdots, S_k)$ //计算用户 u 到 k 个聚类中心的距离
11. 　$S_{\min} \leftarrow \min(S_1, S_2, \cdots, S_k)$

12.　　divide(u, $S_{\min}$)//将用户 u 按照最短距离划分进 k 个簇
13. end for
14. update($C_1, C_2, \cdots, C_k$,　$C_1', C_2', \cdots, C_k'$)//在同一个簇中累加每个用户到其他用户的距离,将距离之和最小的用户作为新的聚类中心
15. if (compare($C_1, C_2, \cdots, C_k$,　$C_1', C_2', \cdots, C_k'$) //比较聚类中心是否改变
16.　　end loop
17. else
18.　　重复 9～14 步
19. return　$V_1, V_2, \cdots, V_k$

步骤 2：潜在邻居集合的产生。在步骤 1 中使用 k-medoids 结合 k-means++ 算法对用户集合进行聚类,但是聚类后簇的大小无法控制,需要对簇进行优化处理,获得足够数量的目标用户潜在邻居集合。我们认为邻居集合 N 的 5 倍大小是潜在邻居集合较合理的范围。因此,若目标簇中用户数大于或等于 $5N$,选择出最接近的 $5N$ 个用户作为潜在邻居。若目标簇中用户数小于 $5N$,将目标簇中用户全部选入潜在邻居集合,并查找邻近簇,按照距离将差额的潜在邻居集补齐。

步骤 3：随机选择邻居及枚举计算。对潜在邻居集合直接使用指数机制挑选出 N 个邻居,会引入很大的计算开销,且过多使用差分隐私指数机制会对推荐模型添加过多噪声,影响推荐性能。所以,我们引入邻居枚举机制,来枚举出所有邻居的概率集合 M 后,再使用指数机制选出邻居集 N。为了兼顾安全性和推荐性能,我们将潜在邻居集合随机分成 5 份,分成 5 次执行,在大小为 N 的集合中枚举出大小为 $N/5$ 的所有可能结果 M。

步骤 4：指数机制下隐私邻居选择。获得所有集合 M 后,利用差分隐私指数机制从潜在邻居集合中随机选择出最终的邻居集,实现差分隐私保护。为了尽可能减少隐私预算的使用,我们不会逐一随机选择邻居,而是考虑基于整体选择。由于在步骤 3 中分成 5 次枚举,指数机制下隐私邻居选择也会执行 5 次,最后会将 5 个大小为 $N/5$ 的子集合合并为一个大小为 N 的最终邻居集合。其中,隐私预算也会分成 5 份,每次选择的隐私预算是 $(\varepsilon/2)/5$。指数机制的效用函数设计如下。

假定目标用户 u 所在的簇是 C_u,目标用户 u 的邻居集合 $N \subseteq L$,效用函数具体定义如下：

$$q(C_u, u, N) = \sum_{v \in N} \left| \mathrm{Hsim}(u, v) \right| \tag{6-20}$$

根据指数机制定义 6-5,输出对象 N 作为邻居的概率应该正比于 $\exp\left(\dfrac{\varepsilon q(C_u, u, N)}{2\Delta q}\right)$, Δq 是效用函数 q 的敏感度。C_u 和 C_u' 是最多仅存在一个用户评分不同的相邻邻居集合,考虑其效用函数的最大变化,计算公式如下：

$$\Delta q = \max_N \left\| q(C_u, u, N) - q(C'_u, u, N) \right\| \tag{6-21}$$

在指数机制隐私邻居选择中，依据式（6-22）计算出 L 中所有情况的概率分布，从概率分布中随机抽取一个集合作为潜在邻居集合 N，完整算法描述见算法 6-2。

$$p(N, L) = \frac{\exp\left(\dfrac{\varepsilon \sum\limits_{v \in N} \left| \mathrm{Hsim}(u, v) \right|}{2\Delta q}\right)}{\sum\limits_{N \in L} \exp\left(\dfrac{\varepsilon \sum\limits_{v \in N} \left| \mathrm{Hsim}(u, v) \right|}{2\Delta q}\right)} \tag{6-22}$$

算法 6-2　隐私邻居选择算法

输入：目标用户 u，聚类数 k，隐私预算 ε
输出：潜在邻居集合 N
1. 执行算法 6-1，根据聚类结果找出目标用户 u 所在类簇 C_u
2. if length $(C_u) >= 5N$
3. 　选择出最近的 $5N$ 个用户作为潜在邻居
4. else
5. 　将 C_u 簇中用户全部选入潜在邻居集合，并从邻近簇补齐
6. divide(5, $pn_1, pn_2, \cdots, pn_5$) //将潜在邻居集合随机划分成 5 个小集合
7. for $i \leftarrow 2$ to 5
8. 　$M \leftarrow$ enumerate($N/5$, pn_i) //从 pn_i 中枚举出 $N/5$ 大小的所有可能，并存储到 M 中
9. 　calculate Hsim(u, v) //根据式（6-14）计算
10. 　for each $N/5$ to M
11. 　　calculate $p(N, L)$ //根据式（6-22）计算
12. 　end for
13. 　$N \leftarrow$ random_sample($N/5$, $p(N, L)$) //随机抽样产生最终潜在邻居集合 N
14. end for
15. return N

6.4.2　梯度扰动

矩阵分解模型通常采用 SGD 的方式进行参数学习和评分预测，但是梯度下降过程并不安全。攻击者可能从推荐系统中了解部分项目潜在因子矩阵，如果又掌握一部分评分，可以通过回归函数推断出用户潜在因子矩阵，计算出目标用户的其他项目评分。因此，本节提出的 ITMF 模型将采用梯度扰动的方法，在每次梯度下降迭代中加入基于拉普拉斯机制的随机噪声实现差分隐私保护。假设梯度下降需要 k 次迭代，k 是算法预先设置好的参数，所以每次迭代里的隐私预算是 $\varepsilon / (2k)$。由于每次梯度下降都会加入噪声，为了避免噪声过大影响模型预测，设置评分误差以限制噪声的过度影响。其中，局部敏感度 Δr 采用最大评分与最小评分差来计算，具体如算法 6-3 所示。

算法 6-3　梯度下降算法

输入：用户项目评分矩阵 R，SGD 的迭代次数 k，隐私预算 ε

输出：潜在因子矩阵 p_u 和 q_i

1. 随机初始化用户和项目因子矩阵 p_u 和 q_i
2. for each iteration k
3. 　　for each $r_{ui} \in R$
4. 　　　calculate 　$L_{\min}(R,P,Q)$ //根据式（6-15）计算目标函数
5. 　　　$\Delta r = r_{\max} - r_{\min}$
6. 　　　$L_{\min}(R,P,Q)' = L_{\min}(R,P,Q) + \mathrm{Lap}[k\Delta r / (2\varepsilon)]$
7. 　　　update (p_u) //根据式（6-18）更新用户潜在因子矩阵
8. 　　　update (q_i) //根据式（6-19）更新项目潜在因子矩阵
9. 　　end for
10. end for
11. return p_u、q_i

6.4.3　安全性分析

本节将证明本章提出的 DPITMF 模型满足 ε-差分隐私。差分隐私保护模型中隐私预算分成两部分，分别采用指数机制和拉普拉斯机制，所以会分别证明各部分都满足相对应的差分隐私保护。

定理 6-1：算法 6-2 满足 $\varepsilon/2$-差分隐私。

证明：给定一组相邻数据集 D_1 和 D_2，彼此都拥有相同的用户，仅存在一条用户评分记录的差异。d_1 和 d_2 表示采用本章算法 6-1 进行聚类，优化聚类后形成潜在邻居集合。因为是在相同的用户群体中挑选出两个潜在邻居集合，并只存在一个不一致的用户评分，所以满足差分隐私预算的扰动需求。由于本章将指数机制选择拆分成 5 次进行，每次应用指数机制会消耗整体隐私预算的 1/5，所以由差分隐私性质 6-1 可知，如果每次的邻居选择都满足差分隐私，那么整个隐私邻居选择构成的组合算法仍然会满足差分隐私。

所以，根据指数机制定义 6-5，在每次隐私邻居选择中任意输出 N 的概率如下：其实每次隐私邻居选择中会随机输出 $N/5$，为了证明表述方便用 N 表示，隐私预算也是同理，用 $\varepsilon/2$ 表示。

$$\frac{\Pr(M_{\mathrm{PNS}}(d_1) = N)}{\Pr(M_{\mathrm{PNS}}(d_2) = N)} = \frac{\dfrac{\exp\left(\dfrac{\varepsilon q(d_1, N)}{4\Delta q}\right)}{\displaystyle\sum_{N \in L} \exp\left(\dfrac{\varepsilon q(d_1, N')}{4\Delta q}\right)} \times \Pr(d_1, N)}{\dfrac{\exp\left(\dfrac{\varepsilon q(d_2, N)}{4\Delta q}\right)}{\displaystyle\sum_{N \in L} \exp\left(\dfrac{\varepsilon q(d_2, N')}{4\Delta q}\right)} \times \Pr(d_2, N)}$$

$$= \frac{\exp\left(\frac{\varepsilon q(d_1,N)}{4\Delta q}\right)}{\exp\left(\frac{\varepsilon q(d_2,N)}{4\Delta q}\right)} \times \frac{\sum\limits_{N\in L}\exp\left(\frac{\varepsilon q(d_2,N')}{4\Delta q}\right)}{\sum\limits_{N\in L}\exp\left(\frac{\varepsilon q(d_1,N')}{4\Delta q}\right)} \leqslant \exp\left(\frac{\varepsilon}{4}\right) \times \frac{\sum\limits_{N\in L}\exp\left(\frac{\varepsilon}{4}\right)\exp\left(\frac{\varepsilon q(d_1,N')}{4\Delta q}\right)}{\sum\limits_{N\in L}\exp\left(\frac{\varepsilon q(d_1,N')}{4\Delta q}\right)}$$

$$\leqslant \exp\left(\frac{\varepsilon}{4}\right) \times \exp\left(\frac{\varepsilon}{4}\right) \times \frac{\sum\limits_{N\in L}\exp\left(\frac{\varepsilon q(d_1,N')}{4\Delta q}\right)}{\sum\limits_{N\in L}\exp\left(\frac{\varepsilon q(d_1,N')}{4\Delta q}\right)} = \exp\left(\frac{\varepsilon}{2}\right) \qquad (6\text{-}23)$$

式中，$\Pr(d_1,N)$ 和 $\Pr(d_2,N)$ 是从 d_1 和 d_2 中随机取样集合 N 的概率，但 d_1 和 d_2 拥有相同的用户，分别独立取样邻居集合 N，因此两者的概率是相同的。

定理 6-2：算法 6-3 满足 $\varepsilon/2$-差分隐私。

证明：给定两个相邻的评分矩阵 R 和 R'，只相差一条用户评分记录。矩阵分解过程添加噪声在算法 6-3 的第 6 步，预测误差的敏感度变化是

$$\max\|L_{\min}(R,P,Q)' - L_{\min}(R',P,Q)'\|_1 \leqslant \max\|(R_{ui} - R_{ui}')\|_1 \leqslant \Delta r \qquad (6\text{-}24)$$

根据差分隐私拉普拉斯机制，这一步骤始终满足 $\varepsilon/(2k)$ 的差分隐私保护，由于算法会迭代 k 次收敛，根据差分隐私的序列组合性可知，矩阵分解过程满足 $\varepsilon/2$-差分隐私。

最后，定理 6-1 和定理 6-2 均满足 $\varepsilon/2$-差分隐私，通过差分隐私的序列组合性可知，矩阵分解过程满足 ε-差分隐私。

6.5 实验结果及分析

6.5.1 实验设置

本章采用的数据集是从谷歌（Google）评论中捕获用户评分来填充的（简称为 TravelRating），包括对欧洲 24 个景点的文本评论。Google 用户评分范围是 1~5，并且会计算每个类别的平均用户评分。该数据集被广泛用于推荐系统学习和研究使用。数据集包含 5456 条评分，其中包括 943 个用户对 24 条项目的评分。评分是分布在 1~5 的整数，数值越大代表观众越喜欢。

实验环境为 Intel Core2 Quad CPU Q9500 @2.83GHz，4GB 内存，Windows 7 操作系统。所有算法在 Visual Studio 2015 平台上用 C#语言编程。实验采用交叉验证方法，将数据集划分为 10 组，训练集和测试集的比例为 8:2，每次随机抽取，并未固定任何数据只作训练或测试。本书实验结果都是各算法在参数最优情况下获得的。实验模型中学习效率 γ 设为 0.01，正则项系数 λ 设为 0.1，迭代次数取

50 次。实验采用 RMSE 和 MAE 作为推荐准确度的评价标准，通过计算预测评分值与真实评分值之间的偏差来判断推荐质量优劣。RMSE 值越接近 0，表示推荐准确度越高。

6.5.2　实验结果

本章分别提出了 ITMF 和 DPITMF 两个推荐模型，ITMF 是仅融合用户兴趣偏移的推荐模型，而 DPITMF 是在 ITMF 基础上，融合差分隐私保护的推荐模型。具体实验思路是在 ITMF 模型中考察推荐参数设置，在 DPITMF 模型中考察隐私参数设置，最后进行算法模型对比分析。

1. ITMF 模型性能分析

本节预先对 ITMF 模型中三个关键参数进行敏感度分析，分别是用户兴趣值相似度与时间因素下用户相似度之间的平衡因子 α、模型中兴趣正则项的学习因子 β 和用户邻居数 k。由于三个参数取值都对模型优化有影响，采用控制变量法固定其他两个参数不变，考察改变其中一个参数对模型的影响。对比算法采用基础的矩阵分解算法（basic MF）和融合隐式用户反馈的经典 SVD＋＋模型[17]。

1）平衡因子 α 对 ITMF 模型推荐准确度的影响

图 6-5 展示了平衡因子 α 对 ITMF 模型推荐准确度的影响。平衡因子 α 取值范围是 0～1，代表了时间因素下用户相似度所占的权重。实验结果表明，ITMF 模型在推荐性能上比经典算法有显著提升，RMSE 和 MAE 的值随着平衡因子 α 的增加发生波动，当 α 取值 0.6 时，RMSE 和 MAE 的值最低，推荐准确度最好。此时，时间因素下用户相似度占 0.6，用户兴趣值占 0.4。

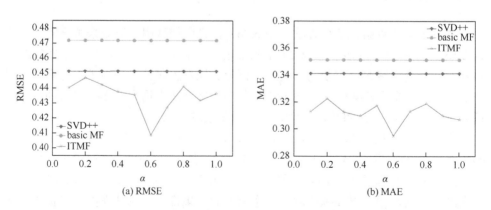

图 6-5　平衡因子 α 对 ITMF 模型推荐准确度的影响

2）兴趣正则项的学习因子 β 对 ITMF 模型推荐准确度的影响

从图 6-6 可以看出，扩展加入兴趣正则项对矩阵分解模型的推荐准确度有着明显提高，而学习因子 β 会控制兴趣正则项的学习效率，过大会引发过拟合，太小则提升作用不明显。实验结果表明，在学习因子 β 取 0.01 时，RMSE 和 MAE 值最小，对 ITMF 模型的推荐准确度提升效果也最出色。

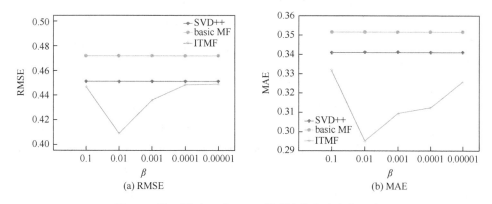

图 6-6　学习因子 β 对 ITMF 模型推荐准确度的影响

3）目标用户的邻居数 k 对 ITMF 模型推荐准确度的影响

图 6-7 表明对目标用户邻居的兴趣偏好学习有助于提升对目标用户的预测准确性。坐标系横轴代表邻居数，当邻居数从 1 增加到 3 时，RMSE 和 MAE 值下降明显，表明提升效果明显，邻居数从 4 到 10，RMSE 值出现了上下波动，时高时低，但总体趋势不再向下，表明邻居数的增加对推荐准确度的提升已经逐渐保持稳定。所以，我们会在 4～10 的 RMSE 和 MAE 中取最低的邻居数作为最佳邻居数，以方便后续的实验。

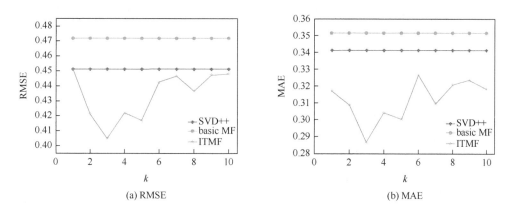

图 6-7　邻居数 k 对 ITMF 模型推荐准确度的影响

2. DPITMF 模型隐私性分析

DPITMF 模型拥有 ITMF 模型相同的用户兴趣偏移部分，所以直接使用 ITMF 模型的最优参数进行隐私性分析，主要考察隐私预算对推荐结果的影响。对比算法采用 DPSS++ 算法，是基于 SVD++ 采用梯度扰动的差分隐私保护算法。本节重点讨论隐私预算 ε 对 DPITMF 模型隐私保护的影响。

图 6-8 展示了隐私预算 ε 对 DPITMF 模型隐私保护的影响。DPITMF 模型在隐私预算较低时要比经典 DPSS++ 算法的推荐性能差一些，这是因为在 DPITMF 模型中并没有花费全部的隐私预算 ε 去做梯度扰动，而是一半用来进行邻居身份的隐私保护，另一半在进行梯度扰动，所以在实验全程，DPITMF 模型只使用一半的隐私预算 ε。而隐私预算 ε 越小，导致引入的随机噪声越多，隐私保护效果越强，数据可用性下降。然而，DPITMF 模型能在与 DPSS++ 算法拥有相同的隐私预算 ε 和更多随机噪声的同时，实现推荐准确度提升幅度更大，是因为 DPITMF 模型融入了用户兴趣偏移信息，更加精准地帮助模型表示用户特征偏好，使得推荐准确度更高。从图 6-8 可以看出，当隐私预算 ε 取 6 时，推荐性能开始稳定，虽然隐私预算 ε 值越大，推荐效果会越好，但引入的随机噪声也会越小，隐私保护效果不强。所以，综合推荐性能和隐私保护效果，在后续的实验中隐私预算 ε 取 6。

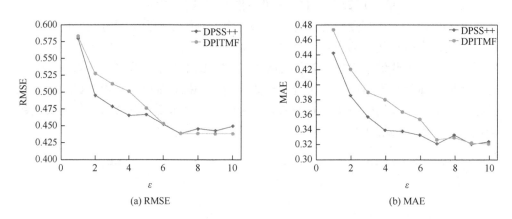

(a) RMSE 　　　　　　　　　　　　(b) MAE

图 6-8　隐私预算 ε 对 DPITMF 模型隐私保护的影响

3. 推荐模型性能对比

为了更好展示推荐模型的推荐性能，本节将 ITMF 模型和 DPITMF 模型与经典 SVD++、DPSS++ 算法展开对比分析。ITMF 模型和 DPITMF 模型分别采用前文确定的最优模型参数。

图 6-9 中横坐标表示特征向量维度，通过改变维度值来观察其对推荐性能的

影响。从图 6-9 可以看出，我们提出的 ITMF 模型在推荐准确度上有明显优势，RMSE 和 MAE 明显较低，说明融合用户兴趣偏移有助于提高推荐模型的推荐准确度。DPITMF 模型在 RMSE 和 MAE 指标上也比 DPSS++ 算法更优异，虽然添加隐私保护后，对推荐性能有一定影响，但融合用户兴趣偏移可以在一定程度上缓解推荐准确度上的损失，使得其可以在隐私保护和推荐质量之间取得较合理的平衡。

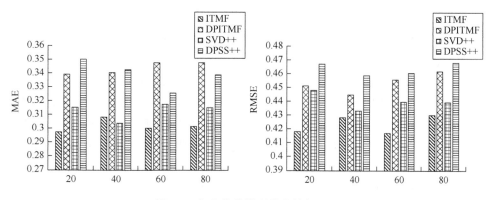

图 6-9　各个推荐模型推荐性能对比

6.6　本　章　小　结

针对推荐模型中用户隐私保护需求以及隐私保护技术会影响推荐性能的问题，本章提出一种基于用户兴趣偏移和差分隐私的矩阵分解推荐算法，主要考虑基于用户兴趣漂移特性来提升推荐模型的推荐性能，分别从用户标签中提取兴趣点和时序因素下用户评分两方面挖掘用户兴趣偏移度，然后利用兴趣相似的邻居辅助训练用户的特征偏好，并以正则项的形式融入矩阵模型中，以此提高推荐准确度。对于隐私保护需求，基于差分隐私理论，设计了结合 k-medoids 聚类算法与指数机制的隐私邻居选择方法，以防范 KNN 攻击的可能性，并采用拉普拉斯机制对模型的梯度下降过程加以保护，共同提高推荐模型的安全性。本章通过实验证明了所提出的隐私保护方案的可行性。下一步，我们将进一步挖掘社交网络中的用户数据，如用户间的社交关系、权威用户对普通用户的影响力等，来提高推荐系统的推荐性能。

第7章 基于分布式差分隐私的推荐

7.1 问题定义

传统的推荐系统主要是基于用户与项目的二维推荐，目前已经得到了广泛的应用，如电子商务、新闻传播、在线零售等领域。随着移动互联网和智能终端技术的迅速发展，基于位置服务（location-based service，LBS）得到了普及，LBS的推荐技术开始引起学者和业界的关注。目前移动用户可以使用智能终端中的全球导航卫星系统（GNSS）技术，感知自己的地理位置，同时通过向LBS提供商发送自己的位置信息，向服务提供商请求个性化的服务，最常见的有兴趣点推荐、地图导航等。

用户在请求LBS的推荐服务时，需要向服务提供商提供自己的位置信息，同时服务提供商会根据用户的历史消费记录，计算用户的偏好，从众多的项目中推荐出用户潜在感兴趣的、符合用户位置约束需求的项目。相对于传统推荐服务，用户不仅要提供项目评分，还需要向推荐服务器提供自身的地理位置，在此过程中，用户面临着两个隐私泄露的威胁：一是用户地理位置隐私泄露问题；二是用户偏好信息泄露的风险。假设某游客现在正在北京某景点游玩，其首先通过团购网站在景点周围预订晚餐，网站平台获得其所在位置，然后根据用户饮食偏好向其推荐餐厅，若游客选择清真食品消费并评分，商家和平台可以根据游客的消费推测出该游客的宗教信仰以及所处的位置。若数据泄露给第三方，极易导致用户的位置和用户偏好隐私泄露。

目前，面向位置服务推荐系统的隐私保护方法主要分为泛化、数据扰动和同态加密三种类型。Adomavicius和Tuzhilin[24]、Sarkar和Moore[74]针对用户的位置信息进行泛化处理，采用 k 匿名方法将用户的位置信息隐藏于 k 个相近的同类用户中。但 k 匿名方法没有对攻击者掌握的背景知识进行严格的定义，从而存在面对新型攻击时安全性较低的问题。Polatidis 等[98]和 Bost 等[99]提出了数据扰动方法，对用户的历史数据进行一定程度的干扰后再将其发送给推荐服务器，从而保证对用户数据进行保护。虽然数据扰动方法简单，但也存在保护能力不足的问题。Erkin 等[100]和 Liu 等[101]使用同态加密方法对协同过滤推荐过程中的近邻相似度进行计算，从而保护了用户的兴趣隐私，但同态加密方法也存在计算复杂度高、在大规模数据集中应用推荐效率低的问题。上述隐私保护方法只能单一地保护用户位置隐私或者用户偏好隐私，同时兼顾用户位置和用户偏好隐私保护的推荐方法，目前研究很少。因此，本章主要针对上述问题，改进推荐系统体系架构，提出一种分布式隐私保护推荐框架，并利用差分隐私保护技术实现用户偏好的保护，同时利用保序加密函数实现对用户位置的保护。最后通过在两个真实数据集上的实验表明，本书所提的方法在推荐准确度和安全性上具有较好的性能。

7.2　分布式隐私保护推荐框架

7.2.1　相关符号及隐私保护理论

1. 相关符号说明

本节将推荐中涉及的用户位置、推荐项目及用户历史评分数据定义如下。

假设某地理区域内，共有 m 个用户和 n 个推荐兴趣点。对于任意用户 u_i，其都存在地理位置坐标 (x_i, y_i)；同理，每个兴趣点 poi_j 也存在相应的地理坐标 $(\text{lon}_j, \text{lat}_j)$。兴趣点的用户历史评分使用用户-兴趣点评分矩阵 R 表示，其中 r_{ij} 表示用户 u_i 对兴趣点 poi_j 的历史评分，且用户评分 r_{ij} 的取值范围为 $[r_{\min}, r_{\max}]$，其默认取值范围是 $[1,5]$ 的等级评分。用户需要根据自身的地理位置，来选择一定范围内的兴趣点，因此用户向推荐服务器请求推荐服务时，需要提供其地理位置坐标及其请求范围，本书假设用户 u_i 的请求范围是一个矩形区间，即 $[(x_i - \Delta x_{i1}, x_i + \Delta x_{i2}), (y_i - \Delta y_{i1}, y_i + \Delta y_{i2})]$。

2. 隐私保护理论

本节提出的分布式隐私保护推荐框架主要针对用户偏好隐私和位置隐私的共同保护，首先采用评分分片添加拉普拉斯噪声，实现差分隐私保护方法，保护用户偏好；其次是基于保序加密，设计用户请求位置的请求泛化算法，满足推荐用户的保护需求。下文给出差分隐私和保序加密的基本介绍。

定义 7-1：函数的全局敏感度。对于任意一个函数 $f: D \to R^d$，d 表示函数 f 的查询维度，则函数 f 的全局敏感度记为 Δf，即

$$\Delta f = \max_{D, D'} \|f(D) - f(D')\|_1 \tag{7-1}$$

式中，$\|\cdot\|_1$ 为 1 阶范数距离；D 和 D' 为最多相差一条记录的数据集。

由于本书是对用户的评分数据进行保护，因此采用拉普拉斯机制来实现差分隐私保护算法。Laplace 分布的概率密度函数为

$$f(x \mid \mu, b) = \frac{1}{2b} \exp(-|x - \mu|) \tag{7-2}$$

式中，μ 和 b 分别为变量 x 的期望和尺度参数。为了方便产生噪声数据，一般设期望参数 $\mu = 0$，则 Laplace 分布变成标准差为 $\sqrt{2}b$ 的对称指数分布。因此，为实现差分隐私算法，添加噪声可以用式（7-3）生成：

$$\text{Laplace} \frac{\Delta f}{\varepsilon} \tag{7-3}$$

从式（7-3）可以看出，ε 越小，引入的噪声越大。

定义 7-2：位置请求秘密比较。目标用户加密发送自己的位置 (x_i, y_i)，位置服务器根据兴趣点的地理坐标和用户请求位置信息判定位置关系，并且不泄露双方位置信息的比较操作称为位置请求秘密比较。

本书使用 Cambria 等[76]提出的可比较加密的方案，通过一轮交互即可得到查询结果。该方案通过 Gen、Enc、Der 和 Cmp 四个函数实现，具体作用如下。

Gen 函数：给定一个安全参数 k 和范围参数 n，$k \in N$ 且 $n \in N$，通过输入 k 和 n，Gen 输出一个加密参数 param 和主密钥 mkey，即

$$(\text{param}, \text{mkey}) = \text{Gen}(k, n) \tag{7-4}$$

Enc 函数：给定参数 param、主密钥 mkey 和输入明文 num，该函数可以输出密文 ciph。

$$\text{ciph} = \text{Enc}(\text{param}, \text{mkey}, \text{num}) \tag{7-5}$$

Der 函数：给定参数 param、主密钥 mkey 和输入明文 num，该函数可以生成令牌 token。

$$\text{token} = \text{Der}(\text{param}, \text{mkey}, \text{num}) \tag{7-6}$$

Cmp 函数：给定参数 param、两个密文 ciph 和 ciph′ 以及令牌 token，该函数可以输出 $\{-1, 0, 1\}$。

$$\text{Cmp}(\text{param}, \text{ciph}, \text{ciph}', \text{token}) \in \{-1, 0, 1\} \tag{7-7}$$

给定密文 ciph = Enc(param, mkey, num) 和 ciph′ = Enc(param, mkey, num′)，则可以通过 Cmp 函数实现秘密比较。

$$\text{Cmp}(\text{param}, \text{ciph}, \text{ciph}', \text{token}) = \begin{cases} -1, & \text{num} < \text{num}' \\ 0, & \text{num} = \text{num}' \\ 1, & \text{num} > \text{num}' \end{cases} \tag{7-8}$$

式中，num 和 num′ 为两个比较的数值。

7.2.2　系统架构

为防止用户的历史评分数据和位置隐私信息泄露，本书使用分布式推荐系统

架构实现对上述两种信息的隐私保护。这种分布式的结构可以使用目前流行的云计算服务模式,把用户的评分信息采用分布式保护处理后存储在各个云端的推荐服务器中,具体如图 7-1 所示。

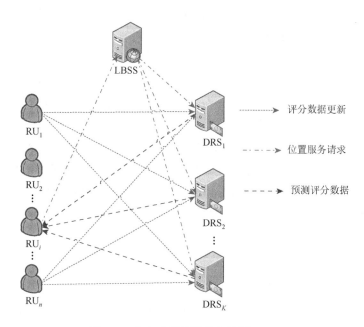

图 7-1 分布式推荐系统架构图

1) 分布式推荐服务器

针对单一的推荐服务器存储用户历史评分数据时存在服务器被恶意攻破而导致用户隐私信息泄露,或者推荐服务器本身将数据转给第三方获利的问题,采用分布式推荐服务器 (distributed recommender server,DRS) 架构,该服务器主要负责收集用户经过隐私处理后的评分分片信息,同时响应位置服务器的推荐请求。

2) 位置服务器

基于位置的服务器 (location-based service server,LBSS,简称为位置服务器) 主要负责记录推荐项目的地理坐标位置,采集用户的推荐请求并收集用户请求地理位置范围,通过用户位置范围与推荐项目位置的比对,确定推荐项目,并将用户的请求向分布式推荐服务器转发,请求分布式推荐服务器把各自的计算结果发送给用户。

3) 推荐用户

推荐用户 (recommendation users,RU) 主要通过智能终端发送请求,智能终端执行相应的隐私保护算法对评分数据进行处理。

基于图 7-1 中的系统架构，各对象实体的运行流程如下。

（1）首先，用户 u_i 对消费后的推荐项目 poi_j 进行评分（r_{ij}），然后执行随机分片算法，将评分根据分布式推荐服务器的个数分成 K 份，$r_{ij} = \left\{ r_{ij}^1, r_{ij}^2, \cdots, r_{ij}^K \right\}$，并在每份数据上添加基于差分隐私的干扰噪声发送给每个分布式推荐服务器。

（2）分布式推荐服务器 k 收到评分分片数据后，根据矩阵因子分解目标函数定期执行梯度下降算法，更新用户和项目的潜在因子向量 p_i^k 和 q_j^k。

$$\mathcal{L}^k = \frac{1}{2} \sum_{u_i} \sum_{\text{poi}_j} \left(r_{ij}^k - p_i^k (q_j^k)^{\mathrm{T}} \right)^2 + \frac{\lambda}{2} \left(\sum_u \left\| p_i^k \right\|_{\mathrm{F}}^2 + \sum_u \left\| q_j^k \right\|_{\mathrm{F}}^2 \right) \tag{7-9}$$

（3）当用户 u_i 请求兴趣点推荐服务时，通过智能终端定位获取自己的地理坐标 (x_i, y_i)，然后根据用户的请求范围需求，设置自己的地址请求区间 $[(x_i - \Delta x_{i1}, x_i + \Delta x_{i2}), (y_i - \Delta y_{i1}, y_i + \Delta y_{i2})]$ 发送给位置服务器，位置服务器通过与推荐项目的地理位置匹配，筛选出符合用户请求需求的推荐项目，并向分布式推荐服务器发送评分预测请求。

（4）分布式推荐服务器收到位置服务器的请求后，通过用户和项目潜在因子特征向量计算预测评分：

$$\hat{r}_{ij}^k = p_i \cdot q_j^{\mathrm{T}} \tag{7-10}$$

每个分布式推荐服务器将自己的分片预测评分发送给推荐用户，推荐用户计算 $\hat{r}_{ij} = \sum_{k=1}^{K} \hat{r}_{ij}^k$。

7.2.3　攻击模型及设计目标

在本章设计的分布式隐私保护推荐框架中，假设 DRS 和 LBSS 都是半可信的。各个 DRS 在计算各个用户（RU）的评分分片时，希望与其他 DRS 交互获得完整的用户评分信息，从而获取 RU 的偏好隐私信息。因此，RU 的分片信息需要在传输和计算求和过程中进行保护。同时，RU 在向 LBSS 请求位置服务时，需要将自己的位置范围发送给 LBSS，造成用户位置和兴趣隐私泄露，因此对 RU 的位置进行保护也是本书的研究重点。

针对上述的攻击模型，本书致力于构建一个分布式隐私保护推荐框架，并设计一种基于差分隐私技术的用户位置和用户偏好隐私保护的推荐方法，具体设计目标如下：在保证推荐质量的前提下，该框架能够保护用户的位置和兴趣偏好隐私。

7.3　分布式隐私保护推荐方法

本节主要分为两个阶段：第一阶段为执行用户端的分片算法，并在各个分布式推荐服务器端执行矩阵因子分解算法更新用户和项目的潜在因子向量；第二阶段为执行用户的推荐请求。

7.3.1　用户端分片算法设计

假设用户 u_i 对消费后的推荐项目 poi_j 的评分为 r_{ij}，在用户端执行分片算法，然后将分片评分发送给各个分布式推荐服务器。本章提出两种随机分片算法，并在后续实例验证中给出各个分片算法的性能分析。

1）无约束随机分片算法（rating random slice algorithm with no constraints，NCRS）

无约束随机分片算法根据分布式推荐服务器的数量 K，采用无约束的原则，将评分 r_{ij} 随机分成 K 份，并相应发给 DRS，具体算法见算法 7-1。

算法 7-1　无约束随机分片算法

输入：r_{ij}

输出：$\left\{ r_{ij}^1, r_{ij}^2, \cdots, r_{ij}^K \right\}$

步骤：

1:　For $t = 1$ to K

2:　　$r \leftarrow \mathrm{rand}(0, r_{ij})$

3:　　if $(r < r_{ij} - r)$ then

4:　　　$r_{ij}^t \leftarrow r$

5:　　else

6:　　　$r_{ij}^t \leftarrow r_{ij} - r$

7:　　End if

8:　　$r_{ij} \leftarrow r_{ij} - r_{ij}^t$

9:　End for

2）有约束随机分片算法（rating random slice algorithm with constraints，CRS）

有约束随机分片算法根据分布式推荐服务器的数量 K，采用等比约束的原则，将评分 r_{ij} 根据用户自身设定的比例分成 K 份，并相应发给 DRS。具体步骤是：用户首先随机初始化 K 个比例参数 $\{w_1, w_2, \cdots, w_K\}$，并使其满足 $\sum_{k=1}^{K} w_k = 1$，用户将该参数作为私密信息保存，在后续的分片算法中采用该比例参数；然后根据比例参数分割评分 r_{ij}，具体步骤见算法 7-2。

算法 7-2　有约束随机分片算法

输入： r_{ij}

输出： $\{r_{ij}^1, r_{ij}^2, \cdots, r_{ij}^K\}$

步骤：

1：　$N \leftarrow 1$

2：　For $t = 1$ to K

3：　　　$w \leftarrow \text{rand}(0, N)$

4：　　　if $(w < 1 - w)$ then

5：　　　　$w_t \leftarrow w$

6：　　　else

7：　　　　$w_t \leftarrow 1 - w$

8：　　　End if

9：　　　$N \leftarrow N - w_t$

10：　　$r_{ij}^t \leftarrow w_t \times r_{ij}$

11：　End for

3）差分隐私保护模型

为了进一步提高分布式隐私保护推荐框架的安全性，本书在随机分片算法的基础上融入差分隐私保护方法，从而保证在分布式推荐服务器串谋的情况下，也能达到较好的隐私保护能力。

为使其满足隐私保护参数 ε-差分隐私，本书根据拉普拉斯机制首先为评分数据添加噪声，其中评分的全局敏感度 $\Delta r = r_{\max} - r_{\min}$，则添加的噪声为 $\text{Laplace}(\Delta r / \varepsilon)$，并使添加噪声后的评分 r_{ij}^k 限制在 $[0, r_{\max}]$，若大于 $r_{\max}$，则用 $r_{\max}$ 代替；反之，若小于 0，则用 0 代替。然后在用户端执行随机分片算法，将评分分片数据发送给每个 DRS 后，每个 DRS 都会得到一个用户-项目分片评分矩阵 $R_k = \{r_{ij}^k\}^{m \times n}$。

7.3.2　分布式推荐服务器端隐私保护模型

DRS 实际上获取的是添加了干扰噪声的分片评分矩阵。设第 k 个 DRS 得到的分片评分矩阵实际上是 $R_k' = \{r_{ij}^k\}^{m \times n}$，通过算法 7-3 可以得到添加了隐私保护的用户和项目潜在因子向量矩阵 $P_k^{m \times f}$ 和 $Q_k^{n \times f}$。

算法 7-3　输入扰动随机梯度下降算法

输入： R_k' //添加了 Laplace 噪声的分片评分矩阵

　　　　f //潜在因子矩阵的维度

　　　　λ //正则项系数；$r_{\max}$ //评分取值的最大值

输出： $P_k^{m \times f}$ and $Q_k^{n \times f}$

步骤：
1：将分片评分矩阵 R_k' 的分片评分控制在 $[0, r_{max}]$

2：根据目标函数 $\mathcal{L}^k\left(P^k, Q^k\right) = \dfrac{1}{2}\sum_{u_i}\sum_{p_j}\left(r_{ij}^k - p_i^k(q_j^k)^{\mathrm{T}}\right)^2 + \dfrac{\lambda}{2}\left(\sum_u\left\|p_i^k\right\|_{\mathrm{F}}^2 + \sum_u\left\|q_j^k\right\|_{\mathrm{F}}^2\right)$，利用随机梯度下降算法进行矩阵

因子分解

3：返回 $P_k^{m\times f}$ 和 $Q_k^{n\times f}$

在实际使用中，每个 DRS 在收到用户的分片评分矩阵后，定期执行输入扰动随机梯度下降（IPSGD）算法（见算法 7-3），更新 $P_k^{m\times f}$ 和 $Q_k^{n\times f}$ 矩阵，因此可以通过用户和项目潜在因子向量矩阵预测其他分片评分，即 $\hat{R}^k = P_k^{m\times f}(Q_k^{n\times f})^{\mathrm{T}}$。

7.3.3　位置服务器端隐私保护模型

位置服务器主要存储各个兴趣点的地理位置坐标，以及接受用户的位置服务请求。为避免用户的位置隐私泄露，本节在用户和位置服务器之间采用可比较加密的方案，实现位置请求服务的隐私保护协议，具体如下。

（1）步骤 1（@RU）：用户 u_i 首先生成安全参数 k 和 n，并利用 Gen 函数生成加密参数 param 和主密钥 mkey；然后对其请求范围 $\left[(x_i - \Delta x_{i1}, x_i + \Delta x_{i2}), (y_i - \Delta y_{i1}, y_i + \Delta y_{i2})\right]$ 进行加密，进而计算得到 $\mathrm{Enc}(x_i - \Delta x_{i1}, x_i + \Delta x_{i2})$、$\mathrm{Enc}(y_i - \Delta y_{i1}, y_i + \Delta y_{i2})$、$\mathrm{Der}(x_i - \Delta x_{i1}, x_i + \Delta x_{i2})$ 和 $\mathrm{Der}(y_i - \Delta y_{i1}, y_i + \Delta y_{i2})$，用户 u_i 将这些加密后的数据连同 param 和 mkey 一起发送给 LBSS。

（2）步骤 2（@LBSS）：位置服务器收到用户的位置请求后，执行可比较加密协议筛选兴趣点操作。位置服务器遍历所有兴趣点［每个兴趣点 poi_j 的地理坐标为 $(\mathrm{lon}_j, \mathrm{lat}_j)$］，并将满足筛选条件的兴趣点加入待推荐集合 R_p 中。执行的具体比较条件如下：

$$
\begin{cases}
\mathrm{Cmp}(\mathrm{param}, \mathrm{Enc}(x_i - \Delta x_{i1}), \mathrm{Enc}(\mathrm{lon}_j), \mathrm{Der}(x_i - \Delta x_{i1})) \\
= 1 \text{ 或 } 0 \\
\mathrm{Cmp}(\mathrm{param}, \mathrm{Enc}(x_i + \Delta x_{i2}), \mathrm{Enc}(\mathrm{lon}_j), \mathrm{Der}(x_i + \Delta x_{i2})) \\
= -1 \text{ 或 } 0 \\
\mathrm{Cmp}(\mathrm{param}, \mathrm{Enc}(y_i - \Delta y_{i1}), \mathrm{Enc}(\mathrm{lat}_j), \mathrm{Der}(y_i - \Delta y_{i1})) \\
= 1 \text{ 或 } 0 \\
\mathrm{Cmp}(\mathrm{param}, \mathrm{Enc}(y_i + \Delta y_{i2}), \mathrm{Enc}(\mathrm{lat}_j), \mathrm{Der}(y_i + \Delta y_{i2})) \\
= -1 \text{ 或 } 0
\end{cases}
$$

位置服务器将待推荐集合 R_p 中的兴趣点编号发送给 DRS，请求 DRS 执行预测推荐。

（3）步骤 3（@DRS）：每个 DRS 收到位置服务器的预测推荐请求后，执行 $\hat{R}^k = P_k^{m \times f} (Q_k^{n \times f})^{\mathrm{T}}$，并将每个预测评分分片发送给 RU。

（4）步骤 4（@RU）：用户收到分布式推荐服务器的评分后，执行 $\hat{r}_{ij} = \sum_{k=1}^{K} \hat{r}_{ij}^k$，并从中选择 Top-$N$ 个评分最高的推荐结果。

7.3.4 安全性分析

本章采用安全仿真模型来证明分布式隐私保护推荐框架的安全性[102]。该模型假设各参与方是在半可信环境下运行的，因此只要证明用户的历史评分信息和位置请求信息是安全的，即可证明本章提出的分布式隐私保护推荐框架是安全的。

定理 7-1：在半可信环境下，本书提出的分布式隐私保护推荐框架是安全的。

首先，分析用户的评分信息，先对用户评分添加 Laplace 噪声，再在用户端执行分片算法并发送给各个 DRS。在这一步存在两种风险：一是部分分片信息被窃听；二是各个 DRS 串谋，从而相互分享用户分片信息。第一种情况下，由于客户端已经进行了添加噪声处理，并对添加噪声的评分进行了分片处理，因此窃听者无法获得有效的用户评分信息；第二种情况下，各个 DRS 通过串谋已经获得用户的所有评分分片信息 $R_k' = \{r_{ij}^k\}^{m \times n}$，现在只要证明 DRS 获得所有的分片信息后，不会泄露用户的位置和兴趣隐私，即表明该推荐模型是安全的。在执行算法 7-1 和算法 7-2 前，每个评分都添加了 $\mathrm{Laplace}(\Delta r / \varepsilon)$ 的噪声，根据差分隐私并行组合性，每个 R_k' 分片评分矩阵都是满足 ε-差分隐私的，因此即使 DRS 串谋获取所有的 $\sum_k R_k'$ 也是满足 ε-差分隐私的，即用户分片信息在半可信环境下是安全的。

其次，用户在请求地理位置服务时，向 LBSS 发送应用保序加密算法加密后的请求范围 $\mathrm{Enc}(x_i - \Delta x_{i1}, x_i + \Delta x_{i2})$、$\mathrm{Enc}(y_i - \Delta y_{i1}, y_i + \Delta y_{i2})$ 以及相应的用于执行的比较参数 param、mkey、$\mathrm{Der}(x_i - \Delta x_{i1}, x_i + \Delta x_{i2})$、$\mathrm{Der}(y_i - \Delta y_{i1}, y_i + \Delta y_{i2})$。LBSS 无法获取用户端的安全参数 k，因此无法通过这些比较参数在多项式时间内解析出用户的明文，即用户的请求范围。另外，即使用户的请求范围被攻破，由于本章使用的是用户设置的不对称的地理范围请求方式，攻击者无法精确地推断出用户的地理位置，因而用户的地理位置也是安全的。

综上所述，本章提出的分布式隐私保护推荐框架是安全的。

7.4 实验结果及分析

7.4.1 实验设置

1. 对比模型

根据本章设置的推荐应用场景,选择以下四种模型与本书提出模型进行比较。

(1)基于用户的协同过滤(UBCF)推荐模型:该模型采用基于用户的协同过滤方法实现用户项目的评分预测,不具有隐私保护功能。

(2)基于项目的协同过滤(IBCF)推荐模型:该模型采用基于项目的协同过滤方法实现用户项目的评分预测,不具有隐私保护功能。

(3)奇异值分解(SVD)推荐模型:该模型通过矩阵因子分解技术来获取用户和项目的潜在因子特征向量,实现用户项目的评分预测,不具有隐私保护功能。

(4)基于差分隐私的奇异值分解(DP-SVD)推荐模型:该模型在 SVD 推荐模型的基础上,应用差分隐私技术向用户-项目评分矩阵中添加 Laplace 噪声,实现在推荐的同时,达到保护用户评分隐私的目的,但不具有保护用户地理位置的功能。

(5)基于分布式差分隐私的奇异值分解(DDP-SVD)推荐模型:本书提出的分布式隐私保护推荐模型(框架),在实现保护用户评分隐私的同时,也能保护用户的地理位置。

2. 实验数据集

本章采用从携程旅行网和大众点评网抓取的北京市酒店和饭店数据作为实验对比数据集,包括用户对项目的评价(评价等级为 1~5)、项目的地理坐标,具体如表 7-1 所示。图 7-2 展示的是北京市酒店与饭店分布示意图。

表 7-1 测试数据集

数据集	来源	用户数/个	项目数/个	评价数量/条	评分均值
酒店	携程旅行网	11 563	2 655	2 839 669	3.75
饭店	大众点评网	124 077	8 874	5 731 040	3.52

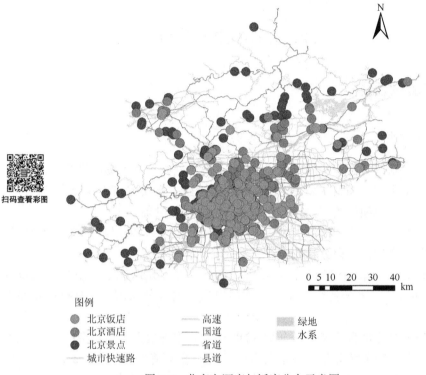

扫码查看彩图

图 7-2　北京市酒店与饭店分布示意图

　　为了对本章提出的分布式隐私保护框架进行验证与测试，需要对部分模型参数进行设置，具体见表 7-2。

表 7-2　参数设置表

参数名称	参数说明	参数值
ε	差分隐私保护预算参数	0.1（默认值）
f	用户与项目的潜在因子向量维度	20（默认值）
k	分布式推荐服务器的数量/个	5（默认值）
λ	矩阵因子分解正则项系数	0.001（默认值）

7.4.2　实验结果

1. 几种对比模型的推荐准确度比较

　　本章在两个数据集上对五种模型进行对比实验，表 7-3 中给出了 RMSE 和 MAE 两个指标值的实验结果。表 7-3 的实验结果表明：一是本章提出的 DDP-SVD

模型相较于传统的 UBCF 和 IBCF 模型，推荐准确度上有较大提高；二是在采用差分隐私保护机制后，加噪后的 DDP-SVD 模型相对于 SVD 模型推荐准确度在 RMSE 指标上下降 12.8%以及 MAE 指标上下降 7.5%，与 DP-SVD 模型相比分别下降 1.2%和 1.1%。虽然本章提出的 DDP-SVD 模型相对于 DP-SVD 模型性能略有下降，但由于采用分布式架构，其整体的隐私保护能力更强。

表 7-3　推荐准确度对比实验

数据集	UBCF		IBCF		SVD		DP-SVD		DDP-SVD	
	RMSE	MAE	RMSE	MAE	RMSE	MAE	RMSE	MAE	RMSE	MAE
酒店	1.579	1.293	1.421	1.218	1.012	0.895	1.146	0.957	1.160	0.968
饭店	1.425	1.251	1.378	1.189	0.985	0.811	1.122	0.946	1.134	0.956

2. 客户端分片算法性能分析

本章提出两种评分分片算法，一种是 NCRS，另一种是用户根据分布式推荐服务器的数量，随机生成比例参数对评分进行切割的算法 CRS。这两种算法的推荐准确度对比如图 7-3 所示。通过在北京市酒店和饭店两个数据集上的测试结果显示，采用等比约束的 CRS 算法性能优于 NCRS 算法。实验结果表明，对用户评分采用规律性的分片有助于提高推荐算法的准确性。用户需要保存随机比例参数，因此对用户的智能终端提出了更高的参数存储安全要求，但本章对每个分片都采用了差分隐私保护策略，即使用户泄露了随机比例参数，也能满足 ε -差分隐私安全要求。

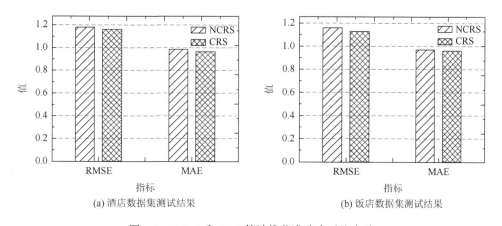

(a) 酒店数据集测试结果　　　　　　(b) 饭店数据集测试结果

图 7-3　NCRS 和 CRS 算法推荐准确度对比实验

3. 隐私保护预算参数与推荐准确度分析

本节主要测试隐私保护预算参数 ε 对推荐准确度的影响，图 7-4（a）和（b）显示 RMSE 和 MAE 两个指标在酒店和饭店两个数据集上的测试结果。由图 7-4（a）和（b）可以得出：当隐私保护预算参数 ε 取值大于 6 时，本章提出的 DDP-SVD 模型的推荐准确度趋于稳定；当 $\varepsilon \leqslant 1$ 时，隐私保护强度变高，但推荐准确度急剧下降，这是因为 ε 越小，添加的噪声越大，导致训练出的用户和项目的潜在因子特征向量越偏离真实值，从而计算出的预测值与真实值偏差变大。

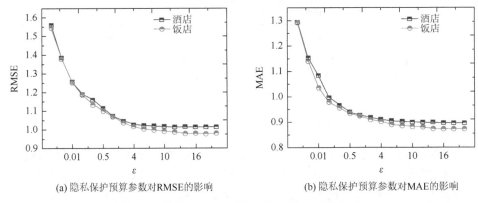

(a) 隐私保护预算参数对RMSE的影响   (b) 隐私保护预算参数对MAE的影响

图 7-4   隐私保护预算参数对推荐准确度的影响

4. 分布式推荐服务器数量实验

本章提出的 DDP-SVD 模型是基于分布式用户隐私保护推荐框架而构建的，分析分布式推荐服务器的数量对推荐性能的影响也是本节实验的主要目的。为了便于开展实验，本章选取的分布式推荐服务器的数量为 1～10 个，并测试服务器数量与推荐性能之间的关系。图 7-5（a）和（b）显示了当服务器数量从 1 变化到 10 时，整体的推荐准确度在下降，但当数量大于 5 时，推荐误差呈波动上升趋势，即推荐性能出现振荡下降。实验表明，服务器数量与推荐性能成反比，其分片数量越多，造成数据干扰越大，从而导致推荐准确度下降。

5. 隐私保护预算参数与系统安全性分析

差分隐私利用拉普拉斯机制产生随机值向评分数据中添加噪声，因此攻击者根据查询结果能以一定的概率猜出评分所在的分值区间。本章实验的数据集采用的评分是 5 分制的，只要噪声落在 $(-0.5, 0.5)$ 就能判断出用户的评分。因此，本章模拟重复攻击，随机查询测试数据集中用户的评分，若查询的结果评分与真实评分的差落在 $(-0.5, 0.5)$，则认为攻击成功 1 次。本次实验采取 N 次攻击查询，

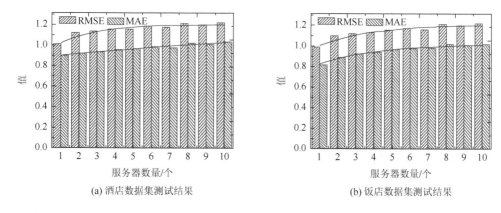

(a) 酒店数据集测试结果　　　　　(b) 饭店数据集测试结果

图 7-5　分布式推荐服务器数量对推荐准确度的影响

选择落在 5 个评分区间中查询次数最多的那个评分作为最终评分，若其与真实评分相同，认为最终攻击成功。

图 7-6（a）表示重复攻击次数从 1 变化到 20 时，推荐模型 DP-SVD 与本书提出的 DDP-SVD 模型被攻击成功的概率情况。实验表明，本章所提的 DDP-SVD 模型相对 DP-SVD 具有较好的安全性，主要由于本章不仅采用差分隐私技术来保护评分数据，同时在添加噪声前对评分数据进行了随机分片，进一步降低了被猜中评分的可能性。另外，当攻击次数大于 5 后，被攻击成功的概率趋于稳定。图 7-6（b）表示隐私保护预算参数 ε 对模型安全性的影响，本实验采用 20 次重复攻击，统计其最终攻击成功的概率。实验结果表明，随着隐私保护预算参数的增长，攻击成功的概率也随之增加，模型的安全性随之降低。该实验表明，推荐模型可以根据相应的安全强度需求，选择相应的隐私保护预算参数值。

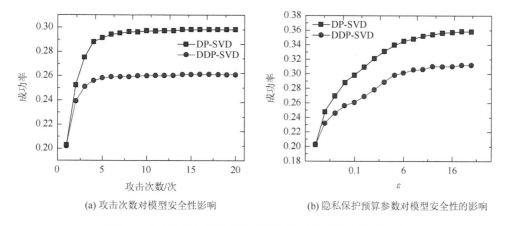

(a) 攻击次数对模型安全性影响　　　　(b) 隐私保护预算参数对模型安全性的影响

图 7-6　攻击次数与隐私保护预算参数对模型安全性的影响

6. 用户请求地理位置范围性能分析

本书以训练数据集中用户评价的酒店或饭店地址构成的区域的欧氏距离中心作为用户的请求地址来展开测试，如图 7-7 所示。假设用户测试数据集中用户 u_i 设置自己的地址请求区间为 $[(x_i - \Delta x_{i1}, x_i + \Delta x_{i2}), (y_i - \Delta y_{i1}, y_i + \Delta y_{i2})]$，其中 (x_i, y_i) 为其欧氏距离中心，并随机生成 $\{\Delta x_{i1}, \Delta x_{i2}, \Delta y_{i1}, \Delta y_{i2}\}$ 的值，取值区间为 $[0, 10\ 000]$，单位为 m；设置推荐服务器的数量为 5。

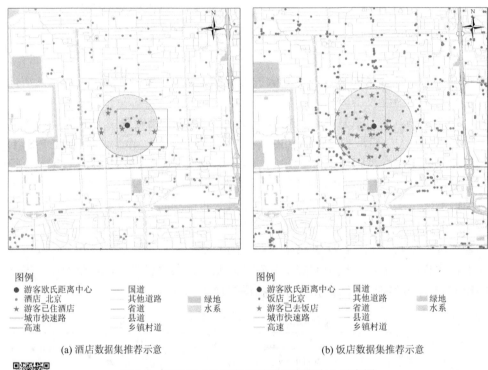

图例
● 游客欧氏距离中心 —— 国道
○ 酒店_北京 —— 其他道路 绿地
★ 游客已住酒店 —— 省道 水系
—— 城市快速路 —— 县道
—— 高速 —— 乡镇村道

图例
● 游客欧氏距离中心 —— 国道
○ 饭店_北京 —— 其他道路 绿地
★ 游客已去饭店 —— 省道 水系
—— 城市快速路 —— 县道
—— 高速 —— 乡镇村道

(a) 酒店数据集推荐示意　　　　　　　　　　(b) 饭店数据集推荐示意

图 7-7　用户请求地理位置的欧氏距离中心示意图
矩形框为匿名区域

扫码查看彩图

通过对测试数据集中的用户进行仿真实验，推荐评分最高的 Top-*K* 个酒店和饭店给测试用户，计算得到推荐准确度和召回率，如图 7-8 所示。以用户评价数据集的欧氏距离为中心，并采用随机生成的用户请求地理范围内的兴趣点开展推荐性能测试，实验结果表明，本书提出的分布式隐私保护推荐框架具有较好的推荐性能和适应性。

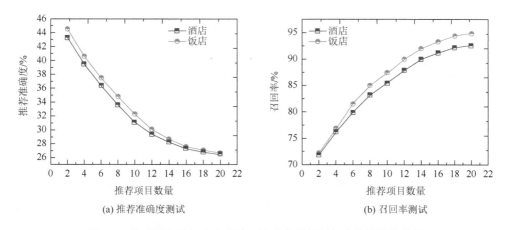

图 7-8　基于用户随机生成的地理请求范围的兴趣点推荐性能分析

7.5　本　章　小　结

本章面向移动互联网的应用背景，提出一种分布式隐私保护推荐框架，并在SVD推荐模型的基础上利用差分隐私技术实现用户评分数据的保护，同时基于保序加密函数实现了用户位置隐私的保护。通过理论分析和在两个真实的数据集上的实验表明，本书提出的基于分布式差分隐私的奇异值分解推荐方法相比传统的推荐方法，能够在保护用户隐私的情况下，更好地适应移动互联网背景下的兴趣点推荐；同时，实验结果表明，本书提出的推荐方法具有较好的推荐性能。在今后的工作中，我们将进一步提高分布式框架下的计算和通信效率，优化推荐模型性能，提高推荐准确度。

第8章 基于差分隐私的并行离线推荐

8.1 问题定义

传统矩阵分解推荐算法在处理大规模数据集时会遇到模型训练速度慢、预测时间较长等问题,并且第三方推荐系统为了实现更为精准的推荐效果,往往会收集过多的用户历史行为数据进行存储、分析、建模、预测。然而,第三方推荐系统使用个人信息的过程中很容易出现隐私泄露问题,大量的用户因此增加了对分享隐私的担忧。所以,将强有力的隐私保护技术引入推荐算法是目前的一个热门研究方向。针对上述提到的问题,本章在 Spark 平台上设计一种基于差分隐私的并行离线推荐(DP-ALS)算法,在提高算法运行效率的同时,确保用户隐私的安全性。

本章所提出的算法基于交替最小二乘(ALS)法矩阵分解推荐算法实现,其设计流程主要分为三个阶段:第一阶段是数据预处理阶段,使用相应的接口对原始评分数据集进行加载、过滤、转换和分块等操作,得到 Spark 所能直接操作的非结构化弹性分布式数据集(resilient distributed datasets,RDD)和结构化弹性分布式数据集的数据帧(DataFrame)。第二阶段是模型训练阶段,主要为对第一阶段中处理过的数据集进行模型搭建及训练操作。随机初始化用户潜在因子矩阵和项目潜在因子矩阵,使用用户潜在因子矩阵与项目潜在因子矩阵的乘积去逼近原始评分矩阵。第三阶段是模型预测阶段,利用第二阶段训练好的模型,在测试集进行模型预测,使用均方根误差评估模型训练效果。本章针对现有矩阵分解推荐算法进行改进,在 Spark 平台上设计并实现并行离线推荐算法,主要通过对评分数据和潜在因子矩阵完成哈希(Hash)重新分区后利用 ALS 算法进行矩阵分解,并且在矩阵分解过程中添加差分隐私噪声保护用户隐私,最后在 MovieLens 和 EachMovie 数据集上验证算法运行效率。

8.2 模型设计

传统矩阵分解算法难以处理大规模数据且算法处理时间较长,因此设计并行离线推荐算法刻不容缓。针对矩阵分解遇到的问题,本章将 ALS 算法移植到 Spark 平台使之并行化。Spark 框架作为分布式内存计算引擎,充分利用高速内存特性,与传统 Hadoop 框架对比，Spark 在计算过程中将中间计算结果保存在内存中，避免重复加载硬盘，从而提高计算速率。Spark 技术使得传统矩阵分解算法移植到分布式平台实现并行化，计算相对简单。Spark 中的 RDD 数据结构利用分区方式完成并行计算，在逻辑上对 RDD 数据结构进行分区，并行计算的能力与分区的格式有着较大关联，同一个分区内的所有计算可以在一个任务内完成且在单个分区内进行计算，可以减少全局数据分发（Shuffle），降低通信代价，因此多个分区之间可以并行完成。Spark 可轻松实现并行化推荐，减少推荐模型训练时间。本节选择的离线推荐目标函数如式（8-1）所示：

$$\text{Loss} = \arg\min_{x,y} \sum_{u,i} \left(r_{ui} - x_u^{\mathrm{T}} y_i \right)^2 + \lambda \left(n_u \| x_u \|_2^2 + n_i \| y_i \|_2^2 \right) \tag{8-1}$$

式中，y_i 为项目 i 的潜在因子向量；x_u 为用户 u 的潜在因子向量；λ 为正则项系数；n_u 为用户 u 的评分数目；n_i 为项目 i 被评分的数目。

使用 ALS 算法求解优化矩阵分解算法目标函数，并将式（8-1）转化成凸优化问题，如式（8-2）和式（8-3）所示：

$$J_Y = \arg\min_{x} \sum_{u,i} \left(r_{ui} - x_u^{\mathrm{T}} y_i \right)^2 + n_u \lambda \| x_u \|_2^2 \tag{8-2}$$

$$J_X = \arg\min_{y} \sum_{u,i} \left(r_{ui} - x_u^{\mathrm{T}} y_i \right)^2 + n_i \lambda \| y_i \|_2^2 \tag{8-3}$$

使用 ALS 算法分别优化式（8-2）和式（8-3），可得到如式（8-4）和式（8-5）所示的特征向量更新规则，在循环迭代时利用该更新规则更新特征向量从而完成矩阵分解。

$$x_u \leftarrow (Y^{\mathrm{T}} Y + n_u \lambda I)^{-1} Y^{\mathrm{T}} r_u \tag{8-4}$$

$$y_i \leftarrow (X^{\mathrm{T}} X + n_i \lambda I)^{-1} X^{\mathrm{T}} r_i^{\mathrm{T}} \tag{8-5}$$

式中，r_u 为 R 的行向量；r_i^{T} 为 R 的列向量。

8.2.1　并行设计

1. 结构转换

原始评分数据集为文本书件，其内容格式为用户::项目::评分::时间戳的形式，使用 Spark 相关应用程序接口（API）将原始评分数据转换成模型训练所需的格式，需要进行数据加载处理，将原始评分记录转换为包含用户、项目和评分和时间戳的 DataFrame 结构化数据集，评分数据转换成结构化的 DataFrame，如图 8-1 所示。

数据集
1185::143::5::1330239644
1024::5::1::131239615
543::94::4::1031539687
1::1003::2::1131239645
23::13::3::1530219444

用户	项目	评分	时间戳
1185	143	5	1330239644
1024	5	1	131239615
543	94	4	1031539687
1	1003	2	1131239645
23	13	3	1530219444

图 8-1　评分数据转化 DataFrame

2. 数据重新分区

Spark 在进行计算时会将相关算子记录保存下来构建成有向无环图的形式,在计算过程中依据多个 RDD 之间的相互依赖关系（窄依赖和宽依赖）将有向无环图进行多阶段划分。与宽依赖相比,窄依赖在计算时不必进行全局洗牌,只需要将父 RDD 分区传给对应的子 RDD 分区即可;当 RDD 在计算过程中出现分区丢失情况时,根据有向无环图的结构,计算丢失的分区后重新发送即可。RDD 之间相互依赖关系如图 8-2 所示。

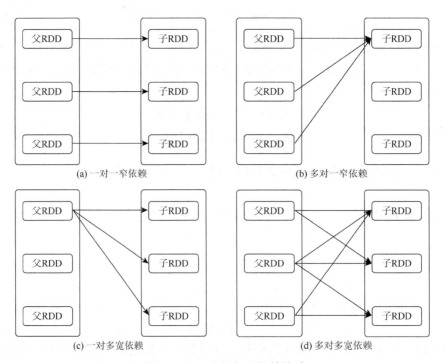

(a) 一对一窄依赖　　　　　　　　　　(b) 多对一窄依赖

(c) 一对多宽依赖　　　　　　　　　　(d) 多对多宽依赖

图 8-2　RDD 之间相互依赖关系

由式（8-4）可知，当对用户特征向量 x_u 进行更新时，此时更新规则中仅与潜在因子矩阵 Y 和评分矩阵的行向量 r_u 有关。因此，为了实现并行化矩阵分解，首先需要对随机生成的潜在因子矩阵 X 和评分 RDD 以 Hash 方式进行重新分区处理，即使用用户 ID（user_id）作为 Hash 重新分区的关键词并进行分区管理；其次，当行向量 r_u 与特征向量 x_u 位于同一个分区时，此时两者属于窄依赖关系，可以在一个任务内完成并行化更新，而特征向量 Y 则需要通过网络传输获取数据。同理，在式（8-5）中更新特征向量 y_i 时，需要同时对特征向量 Y 和评分 RDD 按照项目 ID（item_id）进行 Hash 重新分区。针对评分 RDD 的重新分区过程如图 8-3 所示，其中分区数为 2。

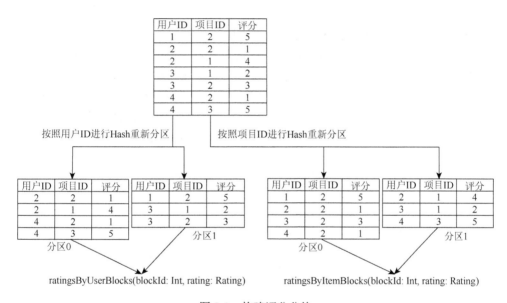

图 8-3　构建评分分块

将上述评分 RDD 分别按照用户 ID 和项目 ID 进行 Hash 重新分区后可得到 ratingsByUserBlocks 和 ratingsByItemBlocks，并分别以这两个分块进行特征向量随机化构建，此时经过分块后的评分 RDD 构建的特征向量也以对应分区方式存在，评分 RDD 分块构建算法如算法 8-1 所示。

算法 8-1　评分 RDD 分块构建算法

输入： 原始评分数据集路径

输出： 用户评分块 ratingsByUserBlocks 和项目评分块 ratingsByItemBlocks

1：初始化 Spark 上下文对象 sc

2：加载评分数据集 ratingsRDD

3：创建 Hash 分区 partition

4：for each　ratingObj　in　ratingsRDD，do：

5：　　根据 ratingObj.user 进行 Hash 重新分区
6：　　收集分区后的数据并保存到 ratingsByUserBlocks
7：end for
8：for each ratingObj in ratingsRDD，do：
9：　　　根据 ratingObj.item 进行 Hash 重新分区
10：　　收集分区后的数据并保存到 ratingsByItemBlocks
11：end for
12：return (ratingsByUserBlocks,ratingsByItemBlocks)

3. 构建信息块

分别根据 ratingsByUserBlocks 和 ratingsByItemBlocks 构建对应的信息块，信息块包含信息输入块和信息输出块：信息输入块中主要存储所有与当前分区相关联的数据信息（如评分数据、来源 id 等）；信息输出块中主要存储当前分区将要发往分区的数据信息（如来源 id 和发往的位置）。例如，在更新项目潜在因子矩阵时，利用用户信息输出块，结合项目信息输入块以及用户潜在因子矩阵，完成项目潜在因子矩阵更新。利用评分 RDD 分块构建信息块如图 8-4 所示。

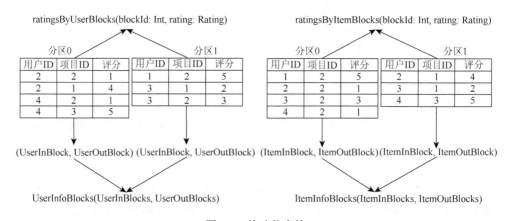

图 8-4　构建信息块

以用户信息块构建为例，使用经过用户编号分块后的评分 RDD 进行用户信息块构建，其详细构建过程如算法 8-2 所示。

算法 8-2 用户信息块构建算法

输入：用户评分块 ratingsByUserBlocks，Hash 分区 partition 和块数 blockNums
输出：用户信息块 UserInfoBlocks
1：初始化评分列表数组 ratingsListArr

2：for $i \leftarrow 0$ to partitions.nums，do:
3：　　获取分区内评分对象数组 ratingsArr
4：　　for each ratingObj in ratingsArr，do:
5：　　　　计算 userId 并进行去重后保存到 userIds
6：　　end for
7：　　转换 Map 结构 userIdMap ← userIds.toMap
8：　　for each rating in ratingsArr，do:
9：　　　　ratingsListArr.get(partition.getPartition(rating.item)).add(rating)
10：　　end for
11：　　for blockId ← 0 to blockNums，do:
12：　　　　根据块的 blockId 获取 ratingsList
13：　　　　块内按照项目进行分组 ratingsGroup
14：　　　　按照项目进行分组内排序 ratingsGroup
15：　　　　for each group in ratingsGroup，do:
16：　　　　　　计算单个分组内评分列表 ratingsList
17：　　　　　　for each ratingObj in ratingsList，do:
18：　　　　　　　　计算每个 ratingObj 中 user 的本地索引 localIndex
19：　　　　　　　　计算每个 ratingObj 中的 rating
20：　　　　　　　　　分别保存 localIndex 和 rating 到 localIndexArr 和 ratingsArr
21：　　　　　　end for
22：　　　　　　保存 localIndexArr 和 ratingsArr 到 ratingsBlocks
23：　　　　end for
24：　　end for
25：　　保存 userIds 和 ratingsBlocks 到 InBlock
26：　　计算 userIds 的长度 len
27：　　创建二维输出数组 sendFlag[len][blockNums]
28：　　根据评分数组 ratingsArr 更新 sendFlag
29：　　保存 userIds 和 sendFlag 到 OutBlock
30：　　保存 userIds 和 InBlock 及 OutBlock 到 UserInfoBlocks
31：end for
32：return UserInfoBlocks

8.2.2　模型训练

在 Spark 程序计算过程中对原始评分 R 和潜在因子矩阵 X 及 Y 进行分块构建，Spark 会对这些变量创建多个副本，Spark 的任务是通过网络传输方式请求加载变量副本。当在集群环境下多个工作节点之间进行网络通信时，网络传输代价会随着变量的个数和大小提升而不断提高，从而造成工作节点内的执行器内存占用过多影响计算速度，以及内存溢出导致算法性能大幅度降低等问题。因此，本章在模型训练阶段需要使用 Spark 广播机制发送外部变量到各个任务中进行本地副本保存，在计算更新时，直接通过加载本地副本避免额外的网络传输代价。当本地副本变量被更新时，同样需要及时将变量广播出去，从而使各个任务可以及时更新，避免使用脏数据。Spark 的广播机制如图 8-5 所示，当任务需要使用变量时，首先在本地执行器中查找副本，查找不到需要通过网络传输请求数据。

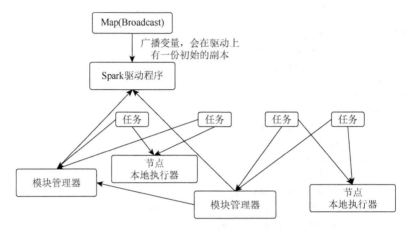

图 8-5　Spark 的广播机制

由于 ALS 算法更新规则要求固定其中一个潜在因子矩阵后，迭代优化另一个矩阵直至算法收敛，这也就自然转换成一个凸优化问题。ALS 算法更新规则中多个变量之间的耦合度较低，交替更新的逻辑可以很好地将该算法移植到分布式计算平台，从而实现并行化矩阵分解。SGD 算法与 ALS 算法较为类似，但二者在矩阵分解过程中不尽相同。前者因其本身在优化时所具有的简单易用性特点，在机器学习领域中有着较为广泛的应用，但是该算法在更新过程中多个变量之间耦合度较大，且其收敛速度与算法本身的参数有着较大关联，因此将 SGD 算法移植到 Spark 平台上设计成并行化较为困难。本章在 Spark 平台设计的并行离线推荐模型如图 8-6 所示。

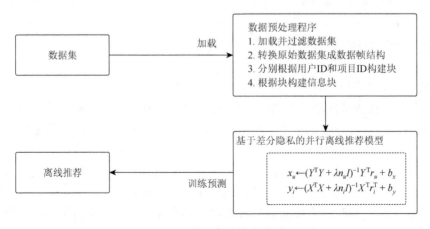

图 8-6　并行离线推荐模型

利用信息块与特征向量连接后更新特征向量,后续过程和 ALS 算法更新特征向量类似,更新过程如算法 8-3 所示。

算法 8-3　ALS 模型训练算法

输入:λ , n , userNums , itemNums , X , Y
输出:更新后的 X 和 Y
1: for $k \leftarrow 0$ to n , do:
2:　　for $u \leftarrow 0$ to userNums , do:
3:　　　　$x_u \leftarrow (Y^{\mathrm{T}}Y + \lambda n_u I)^{-1} Y^{\mathrm{T}} r_u$
4:　　end for
5:　　for $i \leftarrow 0$ to itemNums , do:
6:　　　　$y_i \leftarrow (X^{\mathrm{T}}X + \lambda n_i I)^{-1} X^{\mathrm{T}} r_i^{\mathrm{T}}$
7:　　end for
8: end for
9: return X , Y

注:λ 表示正则项系数;n 表示迭代总次数;userNums 表示用户数;itemNums 表示项目数;X 表示用户潜在因子矩阵;Y 表示项目潜在因子矩阵。

8.2.3　引入差分隐私

1. 理论分析

在矩阵分解过程中引入差分隐私,可在数据预处理阶段、潜在因子矩阵更新以及目标函数中加以应用。其中,在数据预处理阶段的隐私噪声干扰会导致原始数据可用性降低,对推荐准确度影响较大。综上考虑,本节选择在潜在因子矩阵更新时引入满足差分隐私的 Laplace 噪声扰动,从而实现保护用户隐私安全的目的。使用机器学习中经验风险最小化思想对式(8-2)和式(8-3)进行优化后可得到式(8-6)和式(8-7)所示的特征向量求解规则。

$$x_u \leftarrow \arg\min_{x_u} J_Y(x_u, R) \tag{8-6}$$

$$y_i \leftarrow \arg\min_{y_i} J_X(y_i, R) \tag{8-7}$$

式(8-6)和式(8-7)添加的噪声均为 L_2 敏感度,且其敏感度分别如式(8-8)和式(8-9)所示。Li 等[94]对传统串行 ALS 差分隐私敏感度进行了相关安全性的详细证明,本书在 Spark 平台上实现的并行 ALS 算法在引入差分隐私后,其敏感度安全性证明与串行算法一致。

$$\Delta f_x = \frac{2 y_{\max} \Delta r}{\lambda n_u} \tag{8-8}$$

$$\Delta f_y = \frac{2 x_{\max} \Delta r}{\lambda n_i} \tag{8-9}$$

式中，Δr 为评分的最大差值；y_{max} 为 $\|y_i\|_2^2$ 的上边界；x_{max} 为 $\|x_u\|_2^2$ 的上边界。

在 Spark 平台使用 ALS 算法迭代 k 次训练，利用差分隐私序列组合特性，每次迭代时向特征向量上添加 ε / k 的噪声值即可满足差分隐私的要求，交替固定一个潜在因子矩阵后更新另一个潜在因子矩阵，循环迭代直至迭代完成。通过对拉普拉斯概率密度函数进行采样得到噪声向量后，将噪声向量添加到式（8-6）和式（8-7）的输出结果上，从而实现数据扰动保护。对拉普拉斯概率密度函数进行随机采样生成噪声向量，如式（8-10）所示：

$$f(b) \propto \text{Laplace}\left(\frac{\Delta f}{\varepsilon}\right) \tag{8-10}$$

式中，Δf 为敏感度；ε 为隐私预算。

2. 模型实现

先对随机噪声概率密度进行采样，可得到噪声向量 b_x 和 b_y；分别将 b_x 和 b_y 作用于式（8-6）和式（8-7）上，可得到如式（8-11）和式（8-12）所示的更新规则：

$$x_u \leftarrow \underset{x_u}{\arg\min} J_Y(x_u, R) + b_x \tag{8-11}$$

$$y_i \leftarrow \underset{y_i}{\arg\min} J_X(y_i, R) + b_y \tag{8-12}$$

式中，b_x 和 b_y 分别为对式（8-10）采样后的噪声向量。

本章添加差分隐私方案依赖于 8.2.2 节的并行离线推荐模型，并在 8.3 节做了详细的分析，具体添加噪声的算法与算法 8-3 相似，只在更新特征向量时进行 Laplace 采样噪声向量，并将噪声向量添加到 ALS 更新后的特征向量上。具体如算法 8-4 所示。

算法 8-4　差分隐私保护的并行离线推荐算法

输入：λ，f，n，userNums，itemNums，X，Y，ε，Δf_x，Δf_y，x_{max}，y_{max}

输出：更新后的 X 和 Y

1: for $k \leftarrow 0$ to n，do:

2:　　　for $u \leftarrow 0$ to userNums，do:

3:　　　　　根据 pdf: $f(b_x) \propto \text{Laplace}(\Delta f_x / (\varepsilon / n))$ 采样噪声 b_x

4:　　　　　$x_u \leftarrow \underset{x_u}{\arg\min} J_Y(x_u, R) + b_x$

5:　　　　　if $\|x_u\|_2^2 > x_{max}$，then do:

6:　　　　　　　$x_u \leftarrow x_u \cdot \left(\dfrac{x_{max}}{\|x_u\|_2^2}\right)$

7:　　　　　end if

8:　　　end for

9:　　　for $i \leftarrow 0$ to itemNums，do:

10:　　　　　根据 pdf: $f(b_y) \propto \text{Laplace}(\Delta f_y / (\varepsilon / n))$ 采样噪声 b_y

---

11:          $y_i \leftarrow \arg\min_{y_i} J_Y(y_i, R) + b_y$

12:          if $\|y_i\|_2^2 > y_{max}$, then do:

13:          $y_i \leftarrow y_i \cdot \left(\dfrac{y_{max}}{\|y_i\|_2^2} \right)$

14:          end if

15:      end for

16: end for

17: return X , Y

注：X 表示用户潜在因子矩阵；Y 表示项目潜在因子矩阵。

8.3 实 验 分 析

8.3.1 实验环境及数据

为了方便进行实验，本章使用 VirtualBox 开源虚拟机软件安装了 4 台 Linux 虚拟机，并在 4 台虚拟机上完成 Hadoop 集群环境和 Spark 集群环境的搭建（在以集群方式部署时，Hadoop 提供分布式文件存储服务，Spark 提供分布式计算服务）。每个虚拟机节点的配置为：中央处理器（CPU）是 Intel（R）Core（TM）i7-10870H CPU @ 2.20GHz 四核，每台机器内存分配 5G，环境详细信息如表 8-1 所示。

表 8-1   Spark 环境配置

节点	IP	节点描述	统一环境配置
Master	192.168.134.10	主节点	CentOS 7
Worker1	192.168.134.11	工作节点	Spark 3.0.1
Worker2	192.168.134.12	工作节点	JDK 11.0.7
Worker3	192.168.134.13	工作节点	Scala 2.12.14

本节所使用的公开数据集为 MovieLens（1M、10M 和 20M）和 EachMovie。为了方便完成实验统一将数据集转化为 0～5 的评分。按照二八定律对实验数据进行分割（其中 80% 为训练集，20% 为测试集），分别对 4 个数据集详细信息进行统计，获得如表 8-2 所示的统计信息。

表 8-2   实验数据集统计属性

属性名	MovieLens-1M	MovieLens-10M	MovieLens-20M	EachMovie
用户数/个	6 040	71 567	138 493	74 424
电影数/个	3 952	65 133	131 262	1 648
密度/%	4.19	2.73	2.00	2.29

属性名	MovieLens-1M	MovieLens-10M	MovieLens-20M	EachMovie
平均评分	3.5816	3.5124	3.5255	3.4269
评分的方差	1.2479	1.1245	1.1067	1.5638
每个用户参与的平均电影数/个	165.5975	143.1073	144.4135	45.8987
每部电影参评的平均用户数/个	269.8891	936.5977	747.8411	1732.5835

通过把算法运行在不同数据集上多次调整实验参数设置后进行实验分析，最终确定的实验模型参数设置如表 8-3 所示。

表 8-3　并行离线推荐模型参数设置

参数	描述	值
f	特征数	10
k	迭代次数/次	5
λ	正则项系数	0.1

8.3.2　评价指标

本节实验所选择的评价指标主要有 RMSE 和加速比（Speedup）两个指标，使用 RMSE 作为矩阵分解推荐模型准确度的评价指标，使用加速比衡量并行算法的性能。

均衡考虑推荐系统常用评价指标，本章选择 RMSE 计算公式完成准确度评估。RMSE 用于衡量真实值和预测值之间的偏差，其计算公式如式（8-13）所示：

$$\text{RMSE} = \sqrt{\frac{\sum_{u,i}\left(r_{ui} - x_u^{\mathrm{T}} y_i\right)^2}{|R|}} \tag{8-13}$$

式中，r_{ui} 为用户 u 对项目 i 的真实评分；$x_u^{\mathrm{T}} y_i$ 为用户 u 对项目 i 的推荐评分；$|R|$ 为所有测试评分的个数。

加速比主要是为了衡量并行算法的性能，在单个数据集上通过控制运行节点个数，计算算法在对应节点数的加速比。加速比值的大小与算法并行性能成正比，加速比越大，算法执行时间越少且并行性能越高。加速比计算公式如式（8-14）所示：

$$S = \frac{T_s}{T_p} \tag{8-14}$$

式中，T_s 为串行算法的运行时间；T_p 为算法在 n 个节点下的运行时间；S 为算法在 n 个节点下的加速比。

8.3.3　实验结果

为了加快算法运行效率，使用分布式集群方式部署 Spark 集群，在提交任务时，为了方便在集群中加载数据集，本节选择将不同规模的数据集（MovieLens 和 EachMovie）存储在 Hadoop 分布式文件系统上。本章在评估并行算法运行时间时，统一使用 MovieLens 数据集完成实验（在虚拟机中完成集群部署），在评估准确度时，使用 MovieLens 数据集和 EachMovie 数据集，得到的实验结果如表 8-4 所示。

表 8-4　集群环境并行离线推荐模型运行时间　　　　　　（单位：s）

数据集规模	1 个 Worker 节点	2 个 Worker 节点	3 个 Worker 节点
MovieLens-1M	26.892	27.867	28.189
MovieLens-10M	79.519	64.389	50.843
MovieLens-20M	91.395	66.132	54.532

根据表 8-4 所示的并行离线推荐模型运行时间，利用加速比公式[式（8-14）]，可以得到该算法运行加速比，如表 8-5 所示。

表 8-5　集群环境并行离线推荐模型加速比

数据集规模	1 个 Worker 节点	2 个 Worker 节点	3 个 Worker 节点
MovieLens-1M	1	0.965	0.954
MovieLens-10M	1	1.235	1.564
MovieLens-20M	1	1.382	1.676

在集群启动相同的节点下（超过 1 个节点的情况下），算法的加速比会随着加载数据集的规模变大而逐渐变大，在加载数据集的规模相同时，加速比随着集群中工作节点数量的增加而不断增加。但当加载数据集的规模较小时，通过增加工作节点个数并不一定能够增加加速比，因为集群中的多个节点之间在数据传输和同步通信时需要额外的通信代价。本节根据表 8-5 加速比信息绘制出如图 8-7 所示的加速比变化图。

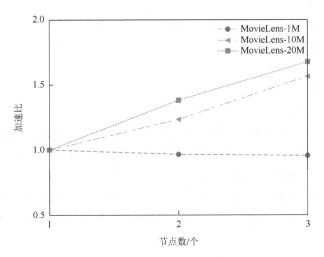

图 8-7　并行离线推荐模型加速比变化图

为了评估本书提出的并行离线推荐（DP-ALS）算法的并行性能，本节选择与基于图分割的随机梯度下降（GASGD）算法[103]和基于共享存储系统的并行矩阵分解（LIBMF）算法[104]进行运行时间对比，对比并行算法参数设置如表 8-6 所示，该对比实验在本地机器环境（非虚拟机集群环境）下运行。

表 8-6　对比并行算法参数设置

算法名称	特征数	正则项系数	学习率
DP-ALS	10	0.1	—
GASGD	10	0.1	0.05
LIBMF	10	0.1	0.05

根据表 8-6 对比并行算法参数进行实验，统计算法在处理相同数据集时的运行时间，绘制出如图 8-8 所示的运行时间对比图。

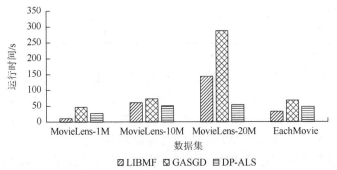

图 8-8　并行推荐算法运行时间对比图

根据图 8-8 可知，当数据集规模较大时，本章所设计的算法可以充分利用大数据平台优势，运行时间较短，效率较高；当数据集规模较小时，由于多个节点之间需要进行额外数据交换，会对运行速度有较大影响。

为了评估该并行离线推荐算法的推荐准确度指标，本节选择与 SGD 矩阵分解算法、基于差分隐私的 SGD（DP-SGD）矩阵分解算法和 ALS 矩阵分解算法进行对比，详细对比算法的参数如表 8-7 所示。

表 8-7　矩阵分解对比算法参数表

算法名称	特征数	正则项系数	学习率	迭代次数/次
ALS	10	0.1	—	10
SGD	10	0.1	0.05	20
DP-SGD	10	0.1	0.05	20

在 Spark 集群上实现该基于差分隐私的并行离线推荐算法后，在不同规模数据集进行模型训练，使用测试集在训练好的模型上做预测，利用 RMSE 评估推荐算法模型的准确度；该算法在 MovieLens-1M 数据集上进行实验，获得基于差分隐私的并行离线推荐算法实验结果，之后与 SGD 算法和 DP-SGD 算法做对比实验，通过对隐私预算 ε 进行调整，获得的 RMSE 随 ε 的变化关系如图 8-9 所示。

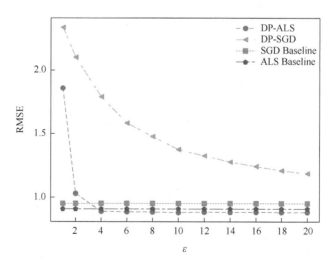

图 8-9　在 MovieLens-1M 数据集上基于差分隐私的并行离线推荐算法实验对比图

通过实验分析表明，与 SGD 矩阵分解算法相比，ALS 矩阵分解算法受模型参数影响较小且推荐效果更好。但是从图 8-9 中 DP-ALS 算法可知，随着隐私预

算 ε 的不断增大，其隐私保护能力逐渐下降，但与之对应的是预测数据愈加趋近于真实数据，推荐效果更好，当 ε 较小（小于 2）时，此时的隐私保护能力较强。但是该预测结果几乎不能满足推荐要求，因而在实际应用中应根据隐私强度要求进行自定义调整。

为了验证该算法与数据集并无关系，本节将算法运行在其他数据集上进行实验，将该算法加载到 EachMovie 数据集后继续进行训练，并与 SGD 等算法做对比实验，对比结果如图 8-10 所示。通过实验表明，在类似评分数据集上，该算法仍具有较好的推荐效果，且随着隐私预算的不断增加，其推荐准确度不断提高，但伴随着的是隐私保护能力下降。

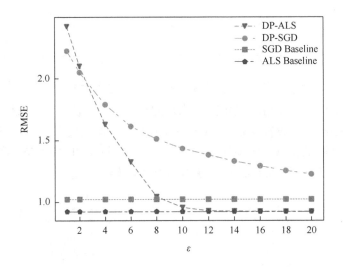

图 8-10　在 EachMovie 数据集上基于差分隐私的并行离线推荐算法实验对比图

8.4　本　章　小　结

本章通过在 Spark 平台上完成并行矩阵分解，从而实现并行离线推荐算法。首先利用 Spark 分区优势对原始评分数据集进行重新分区，使得可以在分区间并行执行 ALS 算法；然后通过在矩阵分解过程中添加差分隐私噪声，保护推荐模型的安全；最后通过实验表明，该算法可以在提高模型训练效率的同时保护推荐模型的安全性。

第 9 章　基于差分隐私的并行在线推荐

9.1　问题定义

在线推荐模型与离线推荐模型的最大差异体现在离线推荐模型反映了用户过往的兴趣偏好，而在线推荐模型则反映用户最近一段时间的总体偏好。当用户最近喜欢某种类型的项目（电影、商品）时，他也就更有可能偏向于该种类型的其他项目提供的额外的属性加成，如音乐播放器的心动模式是根据当前播放音乐进行的动态在线推荐。

传统矩阵分解算法基于用户过往行为进行建模、预测，算法运行时间会随着数据集规模的增大而不断增加，算法预测时间较长，且其推荐结果无法实时反映用户近期兴趣偏好，推荐实时性不高。针对传统矩阵分解算法遇到的这些问题，本章在第 8 章基于差分隐私的并行离线推荐算法的基础上设计基于差分隐私的并行在线推荐算法，该算法将在后面进行详细设计描述。本章在第 8 章的基础上设计的并行在线推荐模型，通过加载离线推荐模型项目潜在因子矩阵，完成项目向量的相似度矩阵计算；之后利用大数据生态中的 Spark Streaming 批处理方式接收用户反馈的实时数据流，完成推荐模型的在线计算。该算法可以大幅度提高模型预测的实时性，且在计算推荐优先级时添加差分隐私噪声以保护用户隐私安全。

9.2　常用并行推荐算法介绍

为了加快推荐算法在处理大规模数据时的运行速度，提高算法收敛速度，广大学者和科研人员做了并行化推荐尝试，并且取得了很好的预期效果。随着现代处理器的快速发展，并行化推荐成为当今推荐研究的热门方向之一，并以此衍生出诸如 BaPa（balanced partition）算法、BALS（blocked ALS）算法、HogWild！算法等并行推荐算法。

9.2.1　BaPa 算法

常规的矩阵分解算法在处理大规模数据集时，往往将评分矩阵划分为多个非交叉块后同时进行计算更新，但该操作会导致负载平衡问题，显著影响并行性能。

BaPa 算法是一种以同步方式更新分块的并行离线推荐算法。该算法可以一种平衡分区的方式加速完成矩阵分解，其通过将原始评分重新进行子块划分，以提高在并行矩阵分解的负载均衡能力，与传统的矩阵分解算法相比，该算法的收敛速度更快，扩展性更高。其采用了平衡分区的基本思想，如图 9-1 所示。

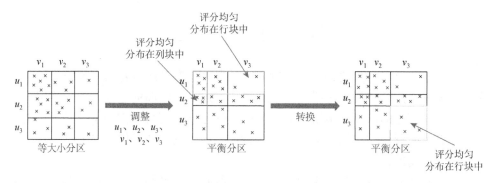

图 9-1　平衡分区

9.2.2　BALS 算法

在矩阵分解过程中由于原始评分矩阵 R 的稀疏性，为了节省存储空间，BALS 算法采用自定义数据结构方式压缩存储 R 成二维分块结构，利用数据重排技术和数据再使用技术，提高算法的并行能力。BALS 算法可利用 GPU 加速模型训练，与最新的矩阵分解推荐算法相比，该算法运行速度更快，推荐准确度更高，拓展性更强。图 9-2 展示了原始评分矩阵 $R_{9\times6}$ 经过自定义数据结构的压缩存储详情，其中数值数组存储 R 中非零元素值，分块列索引数组表示图 9-2 中每个分块中的非零元素列索引，分块指针数组存储每个分块的开始位置和结束位置。分块中的一行作为分段，分段列索引数组存储每个分段中非零元素本地索引，分段指针数组存储每个分段的开始位置和结束位置。

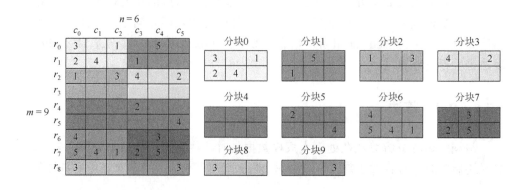

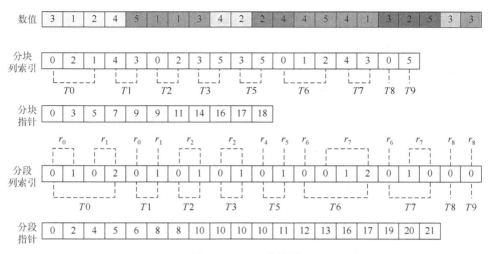

图 9-2　BALS 分块图

9.2.3　HogWild！算法

HogWild！是一种异步并行的 SGD 算法，其主要使用随机方式更新参数，可以大幅度提高算法并行效率。Niu 等[105]分别实现了一个加锁的同步版本和不加锁的异步版本，与同步版本相比，异步版本收敛速度提高了接近 100 倍，进行实验分析发现，正常进行一次梯度更新计算只需要微秒级别甚至更少的时间，而加锁带来的排队等待往往在毫秒级别，所以从整体角度来看，整个算法即使发生冲突其速度也有加速效果，HogWild！完整过程如算法 9-1 所示。

算法 9-1　HogWild！算法

1: loop
2:   $\hat{x}$ = inconsistent read of x
3:   Sample i uniformly in $\{1, \cdots, n\}$
4:   let S_i be ∇f_i ' s support
5:   $[\delta x]_{S_i} := -\gamma \nabla f_i(\hat{x})$
6:   for v in S_i, do:
7:     $[x]_v \leftarrow [x]_v + [\delta x]_v$ // atomic
8:   end for
9: end loop

9.2.4　Spark 并行平台

Apache Spark 是一种分布式大数据平台的计算工具，与传统 Hadoop 计算引擎相比，Spark 通过在内存中进行计算可以大幅度降低输入输出（IO）次数，提高计算性能，其计算速度可达到 Hadoop 的 100 倍。Spark 使用 RDD 对数据进行抽象存储，所有的 RDD 数据均是不可变的，所有的算子在原有 RDD 的基础上进行转换或收集后返回新的 RDD，并且可以做到根据需要回写磁盘完成数据持久化。基于 Spark 平台，可以很好地设计各种并行算法，且算法拥有处理大数据的能力，本书提出的推荐算法主要在 Spark 平台上实现。

9.2.5　其他相关技术

1）Apache Kafka 消息中间件

Apache Kafka 是一个分布式消息和数据流处理平台，利用 Kafka 等消息中间件可以实现应用间解耦以及限流等功能，以及对实时数据流进行过滤、存储和转发。

2）Apache Flume 日志收集中间件

Apache Flume 是一种分布式的日志收集中间件，使用 Flume 这套架构可以监听日志文件的转变，从而实现对日志数据的实时收集管理。在实际应用中，Flume 常与 Kafka 相互合作将收集的日志信息持久化到 Kafka 分区。

3）Redis 缓存中间件

Redis 是一个开源的基于键值对的分布式缓存中间件，具有超强的并发支持能力，常用作数据缓存和消息队列。在高并发场景下，系统利用 Redis 的强大缓存能力，可以大幅度提高系统的并发能力和响应速度，降低对数据库的检索压力。

4）MongoDB 数据库

MongoDB 是一个高效的以键值对方式存储的非关系型文档类型数据库，其所有的操作均在内存中运行，与传统关系型数据库 MySQL 相比，其查询速度更快，结构更加清晰。

9.3　模　型　设　计

9.3.1　并行化设计

将第 8 章设计的并行离线推荐模型发往本章在线推荐模型，基于用户的最近偏好及历史评分数据构建在线推荐算法。该在线推荐模型运行在 Spark 集群之上，集群之间通过网络进行数据通信，该并行在线推荐算法具体设计过程如下：

第一步：加载并行离线推荐模型中的项目潜在因子矩阵，利用笛卡儿乘积连接后计算各项目的相似度矩阵，并进行持久化存储，降低重复计算代价，其保存形式为 Array[Int, Array]（item：Int，similarity：Array[（Int，Double）]（item，similarity）），表示每个项目与其他项目的相似度。

　　第二步：Kafka Stream 接收实时数据流，并且对数据流进行过滤清洗，转化为（user：Int，item：Int，rating：Int，timestamp：Long）格式。本章利用 Kafka Stream 的分区并行优势，可以实现低延迟处理数据流、实时计算等功能。

　　第三步：Spark Streaming 批处理方式接收 Kafka 中转换后的实时数据流，按照第一步算出相似度矩阵，从数据库中查询用户的待推荐列表和用户的最近评分列表，根据待推荐列表与最近评分列表计算在线推荐优先级，优先级计算规则在 9.4 节有详细描述，最后按照优先级完成在线推荐功能。在计算推荐优先级时，利用差分隐私指数机制对项目类型标签进行扰动，根据扰动结果动态调整推荐优先级。

　　在线推荐模型加载离线推荐模型项目潜在因子矩阵后完成相似度矩阵计算，且当项目数比较大时（处理大规模数据情况，如达到十万条、百万条级别时），此时的相似度矩阵已经转变为超大变量。为了避免多次重复计算而造成额外计算和传输代价，选择将相似度矩阵持久化到内存数据库中（如 MongoDB 文档数据库或 Redis 缓存数据库），以及在首次计算完相似度矩阵时进行广播相似度矩阵，从而减少通信代价，提高并行性能。

9.3.2　模型训练

　　在线推荐模型是在第 8 章基于差分隐私的并行离线推荐模型基础上延续而来的，其数据源主要有两个：第一个来源为 ALS 算法训练过的差分隐私保护的并行离线推荐模型，利用该模型计算所需的相似度矩阵；第二个是来自分布式中间件的消息数据源，该数据源为离线推荐模型的离线预测后的用户实时反馈结果，通过中间件进行数据过滤、清洗后发送至在线推荐模型，整个模型如图 9-3 所示。

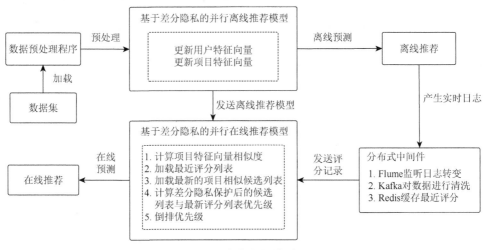

图 9-3　在线推荐模型图

采用余弦相似度方式计算离线推荐模型的项目特征向量之间的相似度。原始的余弦相似度的计算公式如式（9-1）所示，其中 p 和 q 表示项目潜在因子矩阵中不同的特征向量，f 表示特征向量的维度。

$$similarity(p,q) = \frac{\sum\limits_{i=1}^{f}(p_i \times q_i)}{\sqrt{\sum\limits_{i=1}^{f}(p_i)^2} \times \sqrt{\sum\limits_{i=1}^{f}(q_i)^2}} \qquad (9\text{-}1)$$

但是原始余弦相似度计算方式忽略了每个维数值的差异，在某些情况下会导致两个原本不相关的内容高度相似。为了减少额外因素的影响，本节选择对余弦相似度调整后进行计算，完成调整后的计算公式如式（9-2）所示：

$$adjust\_similarity(p,q) = \frac{\sum\limits_{i=1}^{f}(p_i - c)(q_i - d)}{\sqrt{\sum\limits_{i=1}^{f}(p_i - c)^2}\sqrt{\sum\limits_{i=1}^{f}(q_i - d)^2}} \qquad (9\text{-}2)$$

式中，c 和 d 分别为评分的平均值。

当用户 x_u 对项目 y_i 进行了评分操作后，后端业务会以日志形式将当前点击记录追加写入日志文件，且会将当前评分记录写入 Redis 缓存中间件；利用 Apache Flume 中间件实时监听日志文件的改变，并且在日志文件改变时产生响应事件，将该数据流实时写入 Kafka 消息队列；Kafka Stream 对无效日志进行过滤、转换后将有效日志写入新的分区；在线推荐模型利用 Spark Streaming 批处理方式，实时接收 Kafka 新分区中的评分记录数据流后，计算用户 x_u 备选推荐的优先级，根据优先级权重对用户 x_u 的备选推荐项目列表进行排序后再做推荐。

为了保护在线推荐的安全，在计算备选推荐项目列表的推荐优先级时，本章利用差分隐私指数机制对备选项目标签进行指数扰动（如对电影、音乐的类型扰动），将扰动后的标签结果与最近评分列表中的标签进行比较，当两者相同时，则对当前推荐优先级有增强作用，否则不做增强或者进行相应的减弱，从而完成动态调整推荐优先级。经过差分隐私指数机制扰动后与最近评分记录比较的结果如式（9-3）所示：

$$Perturbation(s,i) = \begin{cases} 0, dp(tag_s) \neq tag_i \\ \\ 1, dp(tag_s) = tag_i \end{cases} \qquad (9\text{-}3)$$

式中，$Perturbation(s,i)$ 为对第 i 条记录中的 s 元素添加噪声；$dp(tag_s)$ 为对 s 的类型标签数值化后进行指数扰动后的结果；tag_i 为最近评分列表中第 i 条评分的类型标签数值化后的结果。

利用差分隐私指数机制对项目类型标签进行扰动，首先需要使用打分函数对项目类型标签进行打分，打分规则可以根据实际情况进行选择，如可以将每种类型出现的次数作为该种类型的分数，也可以将所有类型的打分设置成同一值进行处理，本节选择次数作为打分结果，差分隐私指数扰动算法如算法 9-2 所示。

算法 9-2　差分隐私指数扰动算法

输入：打分函数输出 scoreList，隐私预算 ε，敏感度 sensitivity

输出：打分列表索引

1：计算打分列表长度 $m \leftarrow$ scoreList.length

2：生成随机浮点数 $r \leftarrow$ random.nextFloat()

3：初始化 exponentList 和 sumExp

4：for each score in scoreList，do:

5：　　　计算指数值 $x \leftarrow \exp\left(0.5 \times \left(\text{score} \times \dfrac{\varepsilon}{\text{sensitivity}}\right)\right)$

6：　　　添加指数列表 exponentList.add(x)

7：end for

8：求和指数列表 $\text{sum} \leftarrow \sum\limits_{i=0}^{m-1} \text{exponentList.get}(i)$

9：for $i \leftarrow 0$ to m，do:

10：　　　更新指数列表 exponentList.set(i, exponentList.get(i) / sum)

11：end for

12：for $i \leftarrow 0$ to m，do:

13：　　　累加指数比例 sumExp $\leftarrow$ (sumExp + exponentList.get(i))

14：　　　if sumExp $> r$，then do:

15：　　　　　return i

16：　　　end if

17：end for

18：return $(m-1)$

根据调整后的项目相似度计算规则计算每个项目的推荐优先级的方式如式（9-4）所示。最终推荐列表按照推荐优先级权重从高到低排序后得到最终实时在线推荐列表。

$$\text{priority} = \frac{\sum\limits_{i=1}^{n}\left(\text{adjust\_similarity}(s, \text{recent}_i) \times r_i + \text{Perturbation}(s, i)\right)}{n} \quad (9\text{-}4)$$

式中，recent_i 为最近评分列表中的第 i 条记录；s 为从中间件中接收到的关于数据流 p 的相似列表中的元素；n 为从缓存中间件（Redis）中的 List 数据结构中截取指定用户的最新的 n 条评分数据的最近评分列表；r_i 为指定最近评分列表中第 i 条记录的评分数据。

当用户对项目（视频、音乐等）的品质要求较高时，可以选择对上述推荐优先级计算公式引入奖励与惩罚因子调整推荐优先级，通过引入评分阈值 threshold，统计当前用户最近评分列表中大于或等于 threshold 的个数，记为 adward，调整后的推荐优先级计算公式如式（9-5）所示：

$$adjust\_priority = priority + \lg\frac{\max(1, adward)}{\max(1, n - adward)} \qquad (9\text{-}5)$$

式中，adward 为超过评分阈值的评分数量。

　　基于差分隐私的并行在线推荐算法依赖第 8 章基于差分隐私的并行离线推荐模型，同时也借助分布式中间件的功能接收和处理实时数据流、缓存用户最近评分列表等。按照 9.3.2 节描述的在线推荐模型对实时数据流的处理过程做在线推荐。具体在线推荐算法如算法 9-3 所示。

算法 9-3　基于差分隐私的并行在线推荐算法

输入：离线模型 ParallelOfflineModel，加载最近评分列表数目 n
输出：最新在线推荐列表 latestOnlineRecommendationList
1：加载 ParallelOfflineModel 后计算项目相似度矩阵 similarityMatrix
2：保存 similarityMatrix 到 Database
3：初始化空的 latestOnlineRecommendationList
4：对大变量进行广播 similarityMatrix
5：从 Kafka 中接收实时数据流 RatingStream
6：for each rdd in RatingStream，do：
7：　　for each ratingObj in rdd，do：
8：　　　　从 Redis 中间件加载最近评分 n 条记录 recentList
9：　　　　根据当前 ratingObj 从 similarityMatrix 中加载 itemList
10：　　　　 for each r in itemList，do：
11：　　　　　　compute the weight(item, priority) with recentList
12：　　　　　　latestOnlineRecommendationList.append(weight)
13：　　　　 end for
14：　　 end for
15：　　根据权重降序 latestOnlineRecommendationList
16：　　存储 latestOnlineRecommendationList 到 Database
17：end for
18：return latestOnlineRecommendationList

9.3.3　安全性分析

　　本章主要使用差分隐私指数机制对项目标签进行扰动，从而实现在计算推荐优先级时保护用户隐私。在计算推荐优先级时，扰动后的标签若与最近评分列表中的项目标签相同，则增加优先级，否则不进行优先级的相关改变。在实际计算过程中，使用打分函数计算各个标签的打分列表，利用差分隐私指数扰动算法按照概率值返回对应索引，根据返回索引可得到具体项目的类型。

本章在模型计算推荐优先级时添加差分隐私噪声，保护用户隐私安全。项目类型标签为非数值型数据，因此本章选择使用差分隐私指数机制对其进行指数化扰动，下文将给出满足差分隐私保护的数学证明。

$$
\begin{aligned}
\frac{\Pr(A(D)\in O)}{\Pr(A(D')\in O)} &= \frac{\dfrac{\exp\left(\dfrac{\varepsilon f(D,O)}{2\Delta f}\right)}{\displaystyle\sum_{O'\in\mathrm{Range}(A)}\exp\left(\dfrac{\varepsilon f(D,O')}{2\Delta f}\right)}}{\dfrac{\exp\left(\dfrac{\varepsilon f(D',O)}{2\Delta f}\right)}{\displaystyle\sum_{O'\in\mathrm{Range}(A)}\exp\left(\dfrac{\varepsilon f(D',O')}{2\Delta f}\right)}} \\[4mm]
&= \frac{\exp\left(\dfrac{\varepsilon f(D,O)}{2\Delta f}\right)}{\exp\left(\dfrac{\varepsilon f(D',O)}{2\Delta f}\right)} \times \frac{\displaystyle\sum_{O'\in\mathrm{Range}(A)}\exp\left(\dfrac{\varepsilon f(D',O')}{2\Delta f}\right)}{\displaystyle\sum_{O'\in\mathrm{Range}(A)}\exp\left(\dfrac{\varepsilon f(D,O')}{2\Delta f}\right)} \\[4mm]
&\leqslant \exp\left(\frac{\varepsilon}{2}\right) \times \frac{\displaystyle\sum_{O'\in\mathrm{Range}(A)}\exp\left(\dfrac{\varepsilon(f(D,O')+\Delta f)}{2\Delta f}\right)}{\displaystyle\sum_{O'\in\mathrm{Range}(A)}\exp\left(\dfrac{\varepsilon f(D,O')}{2\Delta f}\right)} \\[4mm]
&\leqslant \exp\left(\frac{\varepsilon}{2}\right) \times \exp\left(\frac{\varepsilon}{2}\right) \times \frac{\displaystyle\sum_{O'\in\mathrm{Range}(A)}\exp\left(\dfrac{\varepsilon f(D,O')}{2\Delta f}\right)}{\displaystyle\sum_{O'\in\mathrm{Range}(A)}\exp\left(\dfrac{\varepsilon f(D,O')}{2\Delta f}\right)} \\[4mm]
&= \exp(\varepsilon)
\end{aligned}
\tag{9-6}
$$

当随机算法 A 以正比于 $\exp(\varepsilon f(D,O)/2\Delta f)$ 的概率从函数的输出域 $\mathrm{Range}(A)$ 中选择输出结果 O 时，则该随机算法 A 满足 ε-差分隐私，其中 $f(D,O)$ 为可用函数，Δf 为函数的敏感度。关于差分隐私的定义和机制在本书 8.2.3 节有着详细的描述。

9.4 实 验 分 析

9.4.1 实验环境及数据

本章实验环境与第 8 章实验环境基本保持一致，即以 Spark 分布式集群方式进行部署：1 个 Master 节点，3 个 Slave 节点，Master 节点负责提交任务与申请资源，Slave 节点负责分布式计算。除此之外，本章还需要利用分布式中间件（如 Redis、Apache Kafka 和 Kafka 等）完成在线推荐。在线推荐实验为了与第 8 章基于差分隐私的并行离线推荐模型保持一致，仍采用的是 MovieLens-1M 数据集，实验的相关参数如表 9-1 所示。

表 9-1　在线推荐模型参数设置

参数	描述	默认值
duration	Streaming 时间窗口	2
n	用户最近评分记录数/条	10
threshold	评分阈值	3
sensitivity	敏感度	1
ε	隐私预算	2

9.4.2　评价指标

与传统离线模型不同的是，在线推荐处理的是无界数据流，即数据流只有开始位置没有结束位置，可以根据用户实时在线评分记录完成在线计算和推荐。本节选择了加速比、Streaming 实时性、点击率（click through rate，CTR）评估该并行在线推荐模型的效率。

9.4.3　实验结果

1. 加速比评估

本节使用加速比作为并行性能评价指标，加速比的计算公式在第 8 章已有详细说明。为了更加明显地体现加速比，在固定评分记录数量的条件下，通过增加集群节点数量统计生成在线推荐结果的时间，从而计算该算法在不同节点数目的加速比，对算法运行时间进行统计得到如表 9-2 所示的运行时间。表 9-2 中并行在线推荐模型在不同数量节点的和不同规模数据集上的运行时间以 s 为单位。

表 9-2　并行在线推荐模型运行时间

评分记录/条	1 个本地节点/s	2 个本地节点/s	3 个本地节点/s
100	99.717	77.556	63.778
200	169.384	145.371	118.656
500	345.499	283.176	217.257

根据表 9-2 中的并行在线推荐模型运行时间，利用 8.3.2 节加速比公式可以得到该算法运行加速比，如表 9-3 所示。

表 9-3　并行在线推荐模型加速比

评分记录/条	1 个本地节点	2 个本地节点	3 个本地节点
100	1	1.286	1.564
200	1	1.165	1.428
500	1	1.220	1.590

在集群启动相同的节点下（超过 1 个节点的情况下），算法的加速比均超过单个节点的加速比。因此，本书提出的并行算法在多个节点并行运行的情况下可以提高整个推荐算法的运行效率；当加载数据集的规模相同时，加速比随着集群中工作节点数量的增加而不断增加。根据表 9-3 的并行在线推荐模型加速比可以绘制出如图 9-4 所示的加速比变化图。

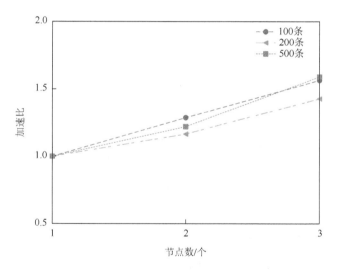

图 9-4　加速比随着节点数量和评分记录规模变化图

2. Streaming 实时性评估

推荐实时性是并行在线推荐算法的显著特征，与传统的推荐算法相比，本章所设计的基于差分隐私的并行在线推荐算法在 Spark 平台上运行，并且利用 Spark Streaming 完成实时在线计算功能，实时数据流统计信息如图 9-5 所示。

图 9-5 中显示了并行在线推荐模型 30min 内实时数据流的信息（数据输入率、调度延迟、程序处理时间和总延迟等指标）。由图 9-5 可知，该模型可以很好地处

理大规模数据集，且其架构的拓展性较高，即可以通过增加集群中的节点数量进一步提高其性能。在多数据流入情况下，即使数据出现积压情况，程序处理时间和调度延迟较低，也能实现低延迟的实时在线推荐功能。

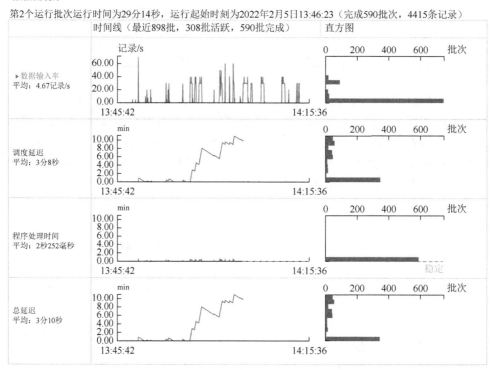

数据流统计

第2个运行批次运行时间为29分14秒，运行起始时刻为2022年2月5日13:46:23（完成590批次，4415条记录）

图 9-5　并行在线推荐模型实时数据流统计信息

3. 点击率评估

点击率被用作在线推荐算法准确率评估的指标之一。本节将点击率作为在线推荐算法评价指标评估模型准确率。点击率的计算方式如式（9-7）所示：

$$\mathrm{CTR} = \frac{\text{推荐项目的实际点击量}}{\text{推荐项目的数量}} \tag{9-7}$$

在本章以该模型为原型完成部署后，通过使用不同相似度计算方式调整推荐优先级计算结果，收集用户的真实评分数据记录后可得到如表 9-4 所示的在线点击率统计表。系统为每个用户生成 20 个推荐项目，所有的推荐总数为 n 个用户预测项目总个数，即 $20 \times n$ 个（表 9-4 中推荐人数为 10 人，推荐总数为 200 个）。

表 9-4　在线推荐算法在不同相似度计算方式下的点击率

相似度计算方式	单个用户推荐个数/个	推荐人数/人	点击的总次数/次	CTR/%
皮尔逊相关系数	20	10	10	5
余弦相似度	20	10	9	4.5
改进余弦相似度	20	10	13	6.5

根据表 9-4 的点击率统计表可得到如图 9-6 所示的不同相似度计算方式下在线推荐算法点击率统计图。

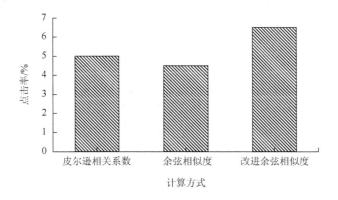

图 9-6　在线推荐算法在不同相似度计算方式下的点击率统计图

9.5　本 章 小 结

为了提高推荐算法实时性，本章在第 8 章并行离线推荐模型的基础上设计并行在线推荐模型，且在并行在线推荐模型计算推荐优先级时添加差分隐私噪声，保护推荐过程中数据的安全性；该并行在线推荐模型还通过实验验证，可以大幅度提升推荐实时性和算法运行效率及安全性。

第 10 章　基于本地差分隐私的联邦推荐

10.1　问题定义

在信息时代，人们得益于互联网的发展，将收集到的数据进行分析，并应用于电子商务、推荐系统等领域。推荐系统通过收集用户评分信息来预测用户可能感兴趣的项目。

协同过滤是一种广泛用于预测用户对产品偏好的推荐模型，虽然提供了很高的推荐准确度，但它需要服务提供商收集大量的用户数据来预测用户的购买行为模式，此类信息涉及用户隐私，特别是敏感信息，如性别、年龄等，用户一般不愿向第三方透露。差分隐私通过严格的理论证明和公式推理，可以用来保护用户隐私。因此，在提高推荐质量的同时，必须保护推荐系统中的用户隐私。

将差分隐私技术应用到个性化推荐中可以有效保护隐私，它通常通过扰动算法的输出来保证私有信息的机密性。目前，将差分隐私技术应用到推荐算法中受到了广泛的关注。但是这一过程会不可避免地降低原本的推荐准确度，所以如何平衡推荐系统的推荐效果和隐私保护强度是一个重要的挑战。

10.2　基于均值求和的矩阵分解算法

10.2.1　相关数学定义

本章提出了一种基于均值求和的矩阵分解（matrix factorization based on mean summation）算法：avgSVD 算法。为了提高推荐准确度，该算法考虑到用户对项目的评分受到多种因素的影响，如项目的质量、用户的评分习惯等。因此，该算法通过将全局平均评分、用户平均评分、项目平均评分和矩阵分解（MF）的值线性加权来预测用户的评分。在这个过程中，用户的隐私有被泄露的风险。因此，本章提出将用户数据分为敏感数据和非敏感数据，首先将数据进行归一化处理；然后，为敏感数据添加扰动，将扰动后的数据发送给服务器，根据 avgSVD 算法进行模型的训练；最后，根据归一化的规则计算实际的预测评分。表 10-1 列出了本章使用的符号及其含义。

表 10-1 符号及其含义

符号	含义
R	用户对项目的评分矩阵
n	项目数量
m	用户数量
P	用户潜在因子矩阵
Q	项目潜在因子矩阵
p_u	用户 u 的潜在因子向量
q_i	项目 i 的潜在因子向量
$r_{\min}$	评分的最小值
$r_{\max}$	评分的最大值
r_{ui}	用户 u 对项目 i 的实际评分
$\hat{r}_{ui}$	用户 u 对项目 i 的预测评分
$\bar{r}_{ui}$	用户 u 对项目 i 归一化后的实际评分
$\hat{r}'_{ui}$	用户 u 对项目 i 归一化后的预测评分
e_{ui}	实际评分与预测评分之间的误差
ω	权重系数
μ	全局平均评分
UAvg	用户平均评分向量
IAvg	项目平均评分向量
factorNum	潜在因子数量
α	学习率
λ	正则项系数
edge	截断系数
Iterations	最大迭代次数
∇P_u	用户 u 的用户梯度
∇Q_i	项目 i 的项目梯度
D_{test}	测试数据集

10.2.2 矩阵模型介绍

本章提出的 avgSVD 算法考虑到用户对项目的评分与多种因素相关，如该项目的属性、用户评分习惯等，因此本章利用全局平均评分、用户平均评分、项目平均评分与矩阵分解的值线性加权来预测用户评分，该算法框架如图 10-1 所示。

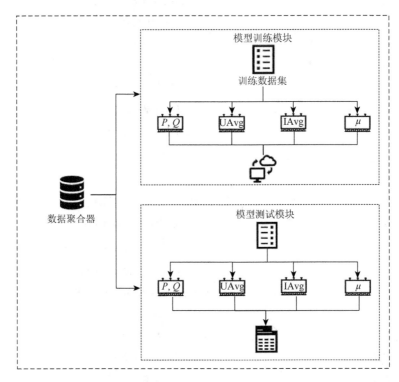

图 10-1   avgSVD 算法框架图

该算法具体描述如下：假设有 m 个用户，n 个项目（如电影等），R 存放的是所有用户（行）与所有项目（列）的评分矩阵。实际应用中 R 矩阵极度稀疏且维度高，所以将 R 分解为两个较低维的矩阵。记 r_{ui} 为用户 u 对项目 i 的实际评分，根据已有用户子集对项目子集的评分，预测所有用户对未评级项目的评分 $\hat{r}_{ui}$，P、Q 分别为用户、项目的潜在因子矩阵，P 的维度是 $m \times k$，Q 的维度是 $n \times k$，$k \ll \min(n, m)$。本章提出的 avgSVD 算法的预测评分如式（10-1）所示：

$$\hat{r}_{ui} = w_1 \cdot \mu + w_2 \cdot \text{UAvg}[u] + w_3 \cdot \text{IAvg}[i] + p_u \cdot q_i^{\text{T}} \qquad (10\text{-}1)$$

式中，w_1、w_2、w_3 为不同评分组成的权重值；$\text{IAvg}[i]$ 为项目 i 的平均分；$\text{UAvg}[u]$ 为用户 u 对其已评分项目的平均分。目标函数如式（10-2）所示。

$$\Phi = \frac{1}{2} \min \sum_{(u,i) \in R} \left(r_{ui} - (w_1 \cdot \mu + w_2 \cdot \text{UAvg}[u] + w_3 \cdot \text{IAvg}[i] + p_u \cdot q_i^{\text{T}}) \right)^2$$
$$+ \lambda \cdot \left(\|q_i\|^2 + \|p_u\|^2 \right) \qquad (10\text{-}2)$$

为防止过拟合，avgSVD 算法加入了正则项。本章采用 SGD 方法，通过最小化误差函数来更新参数。具体来说，通过向正则化损失函数梯度的相反方向移动一步来更新用户和项目的潜在因子向量，计算每个评分的误差。参数更新如式（10-3）和式（10-4）所示：

$$q_i^t = q_i^{t-1} + \alpha \cdot (e_{ui} \cdot p_u^{t-1} - \lambda \cdot q_i^{t-1}) \tag{10-3}$$

$$p_u^t = p_u^{t-1} + \alpha \cdot (e_{ui} \cdot q_i^{t-1} - \lambda \cdot p_u^{t-1}) \tag{10-4}$$

式中，λ 为正则项系数；q_i 为第 i 项的潜在因子向量；p_u 为用户 u 的潜在因子向量。

为了进一步提高模型推荐准确度，本章引入了截断系数 edge，在模型训练阶段由 e_{ui} 决定模型更新方向，但这一过程如果误差过大，往往会使模型朝着错误的方向更新，所以固定 $e_{ui} \in$ [−edge, edge]。e_{ui} 的计算公式如式（10-5）所示：

$$e_{ui} = r_{ui} - \hat{r}_{ui} = r_{ui} - w_1 \cdot \mu - w_2 \cdot \text{UAvg}[u] - w_3 \cdot \text{IAvg}[i] - p_u \cdot q_i^{\text{T}} \tag{10-5}$$

10.2.3　算法流程

考虑到用户对项目的评分与项目自身属性、用户评分习惯有关，本章提出了 avgSVD 算法。针对上述矩阵分解模型，设计出一个新颖的推荐算法，具体如算法 10-1 所示。

算法 10-1　avgSVD 算法

输入：R, m, n, λ, α, factorNum, Iterations
输出：P, Q

1：preRMSE ← 9999
2：μ ← getAvg( )
3：UAvg ← getUAvg( )
4：IAvg ← getIAvg( )
5：for time = 1 → Iterations do
6：　{user, item, r_{ui}} ← readData(R) //遍历用户数据
7：　$\hat{r}_{ui}$ ← Predicting(μ, user, item, UAvg, IAvg, P, Q)
8：　e_{ui} ← $r_{ui} - \hat{r}_{ui}$
9：　Clamp e_{ui} to [−edge, edge]
10：　for k = 1 → factorNum do
11：　　P[user][k] ← P[user][k] + $\alpha \cdot (e_{ui} \cdot Q$[item][$k$] − $\lambda \cdot P$[user][k])
12：　　Q[item][k] ← Q[item][k] + $\alpha \cdot (e_{ui} \cdot P$[user][$k$] − $\lambda \cdot Q$[item][k])
13：　end for
14：　curRMSE ← Test( )
15：　if curRMSE > preRMSE then break
16：end for
17：return P, Q

---

getAvg 算法用于获取全局平均评分，具体如算法 10-2 所示。

算法 10-2　　getAvg 算法

输入：R

输出：μ

1：sum $= 0$, cnt $= 0$

2：$\{\text{user}, \text{item}, r_{ui}\} \leftarrow \text{readData}(R)$ //遍历用户数据

3：sum $+= r_{ui}$

4：cnt $+= 1$

5：$\mu = \text{sum} / \text{cnt}$

6：return μ

注：sum 是统计用户评分的和；cnt 是统计用户评分的总数量。

getUAvg 算法用于获取用户平均评分，具体如算法 10-3 所示。

算法 10-3　　getUAvg 算法

输入：R, m

输出：UAvg

1：sum$[m] = \{0, 0, \cdots, 0\}$, cnt$[n] = \{0, 0, \cdots, 0\}$

2：$\{\text{user}, \text{item}, r_{ui}\} \leftarrow \text{readData}(R)$ //遍历用户数据

3：sum$[\text{user}] += r_{ui}$

4：cnt$[\text{user}] ++$

5：if cnt$[\text{user}]$ then UAvg$[\text{user}] = \text{sum}[\text{user}] / \text{cnt}[\text{user}]$

6：else cnt$[\text{user}] = 0$

7：end if

8：return UAvg

---

getIAvg 算法用于获取项目平均评分，具体如算法 10-4 所示。

算法 10-4　　getIAvg 算法

输入：R, n

输出：IAvg

1：sum$[n] = \{0, 0, \cdots, 0\}$, cnt$[n] = \{0, 0, \cdots, 0\}$

2：$\{\text{user}, \text{item}, r_{ui}\} \leftarrow \text{readData}(R)$ //遍历用户数据

3：sum$[\text{item}] += r_{ui}$

4：cnt$[\text{item}] ++$

5：if cnt$[\text{item}]$ then IAvg$[\text{item}] = \text{sum}[\text{item}] / \text{cnt}[\text{item}]$

6：else cnt$[\text{item}] = 0$

7：end if

8：return IAvg

Predicting 算法具体如算法 10-5 所示，该算法用于预测用户 user 对项目 item 的评分，将用户平均评分、项目平均评分、全局平均评分和矩阵分解的值线性加权来预测评分。

算法 10-5　Predicting 算法

输入：μ, user, item, UAvg, IAvg, P, Q

输出：$\hat{r}_{ui}$

1：$b_u \leftarrow$ UAvg[user]

2：$b_i \leftarrow$ IAvg[item]

3：$\hat{r}_{ui} = w_1 \cdot \mu + w_2 \cdot b_u + w_3 \cdot b_i + p_u \cdot q_i^{\mathrm{T}}$

4：Clamp $\hat{r}_{ui}$ to $[r_{\min}, r_{\max}]$

5：return $\hat{r}_{ui}$

10.3　保护用户敏感数据的本地差分隐私推荐算法

10.3.1　矩阵模型介绍

在实际应用中，用户可能会为了更高的推荐准确度接受非敏感信息未经处理直接发送给服务器，同时，用户对发送到服务器的敏感信息进行扰动。此时推荐算法的关注重点是在推荐准确度与隐私保护间进行折中。因此，提出为用户敏感数据添加隐私的方案，将项目属性分为敏感属性和非敏感属性。Private-avgSVD 算法框架如图 10-2 所示。

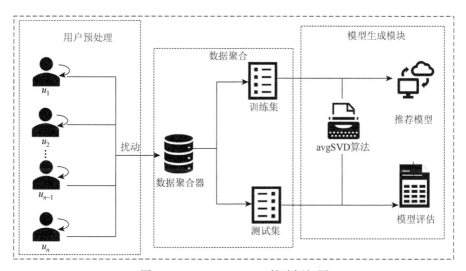

图 10-2　Private-avgSVD 算法框架图

10.3.2　算法流程

Private-avgSVD 算法具体步骤如下。

（1）用户对本地数据进行预处理：首先将实际评分进行归一化处理，即固定到[0, 1]，得到新的评级 $\bar{r}_{ui}$，如式（10-6）所示：

$$\bar{r}_{ui} = \frac{r_{ui} - r_{min}}{r_{max} - r_{min}} \tag{10-6}$$

式中，r_{min} 为最小的评级；r_{max} 为最大的评级。由于归一化额定值在[0, 1]，此时全局敏感度 $\Delta f = \bar{r}_{max} - \bar{r}_{min} = 1$，添加噪声后的数据 $r'_{ui} = \bar{r}_{ui} + \text{Laplace}(1/\varepsilon)$。

（2）在将数据提交给数据聚合器之前，用户为敏感属性项目的评分添加 Laplace 噪声，基于处理后的数据在本地更新用户潜在因子矩阵，然后计算项目梯度 $\nabla V_j(i)$ 发送给服务器。隐私预算 ε 由数据聚合器决定。

（3）数据聚合器根据用户发送的项目梯度使用 FedAvg 方法聚合参数，使用 avgSVD 算法训练出最终的模型预测用户 u 对项目 i 的评级 $\hat{r}'_{ui}$，再根据 $\hat{r}_{ui} = r_{min} + (r_{max} - r_{min}) \times \hat{r}'_{ui}$ 得到实际的预测值。最后验证模型性能，利用已经得到的训练模型在测试集测试，得到评估指标 RMSE、MAE 的值。伪代码如算法 10-6 所示。

算法 10-6　Private-avgSVD 算法

输入：R，α，factorNum，Iterations
输出：μ，UAvg，IAvg，P，Q
用户端：
1：根据项目属性将本地评分数据划分为敏感评分和非敏感评分
2：归一化所有评分：$\bar{r}_{ui} = \dfrac{r_{ui} - r_{min}}{r_{max} - r_{min}}$
3：为敏感数据添加 Laplace 噪声：$r'_{ui} = \bar{r}_{ui} + \text{Laplace}(1/\varepsilon)$
4：使用 avgSVD 算法计算 ∇P_u 训练 P 矩阵
5：发送项目梯度 $\nabla V_j(i)$ 给服务器
服务器端：
6：收到所有评分数据
7：使用 avgSVD 算法训练 Q 矩阵
8：发布 Q, UAvg, IAvg

10.3.3　复杂度及安全性分析

avgSVD 算法由两部分组成。首先，计算所有用户和项目的平均评分。第一

部分的复杂度是 $O(l)$ ，其中 l 是存储评分文件的行数。然后，读取评分文件更新参数。第二部分的复杂度为 $O(tlk)$ ，其中 t 为迭代次数， k 为潜在因子的次数。因此，整个算法的时间复杂度为 $O(tlk+l)$ ，针对本书所提算法的空间复杂度，由于用户每轮训练只需要向服务器上传本地数据，因此空间复杂度为 $O(m \times n)$ 。

Laplace 噪声就是满足 Laplace 分布的一个随机值，在差分隐私领域，Laplace噪声是最常见的噪声添加方式，该分布的概率密度函数见式（10-7）：

$$f\left(x|\mu,b\right)=\frac{1}{2b} \cdot e^{\frac{-|x-\mu|}{b}} \tag{10-7}$$

给定数据集 T 存放用户敏感数据，一个映射函数 $f:T \to R^d$ ，它表示数据集 T 到一个 d 维空间的映射关系，接着，我们在所得到的函数 $f(T)=(x_1,x_2,\cdots,x_d)^{\mathrm{T}}$ 上加入 Laplace 噪声，得到一个输出函数 $A(T)$ ，那么有式（10-8）：

$$A(T)=f(T)+\left\{\mathrm{Lap}_1\left(\frac{\Delta f}{\varepsilon}\right),\mathrm{Lap}_2\left(\frac{\Delta f}{\varepsilon}\right),\cdots,\mathrm{Lap}_d\left(\frac{\Delta f}{\varepsilon}\right)\right\}^{\mathrm{T}} \tag{10-8}$$

式中， $\Delta f=\max\limits_{D,D'}\|f(T)-f(T')\|_p$ ， T' 为 T 的相邻数据集； $\mathrm{Lap}_i(\Delta f/\varepsilon)$ 为均值为 0、方差为 $2(\Delta f/\varepsilon)^2$ 的 Laplace 分布， $i=1,2,\cdots,d$ 。本章讨论 $p=1$ 的情形，函数 A 满足 ε-差分隐私定义的条件，如式（10-9）所示：

$$\frac{\mathrm{Pr}[A(T)=S]}{\mathrm{Pr}[A(T')=S]} \leqslant e^{\varepsilon} \tag{10-9}$$

接下来将证明式（10-8）中的 $A(T)$ 满足式（10-9）。

设

$$f(T)=(x_1,x_2,\cdots,x_d)^{\mathrm{T}}$$
$$f(T')=(x_1',x_2',\cdots,x_d')^{\mathrm{T}}=(x_1+\Delta x_1,x_2+\Delta x_2,\cdots,x_d+\Delta x_d)^{\mathrm{T}}$$

那么有

$$\Delta f=\max\left\{\sum_{i=1}^d|x_i-x_i'|\right\}=\max\left\{\sum_{i=1}^d|\Delta x_i|\right\}$$

设输出向量

$$S=(y_1,y_2,\cdots,y_d)^{\mathrm{T}}$$

则有

$$\mathrm{Pr}[A(T)=S]=\prod_{i=1}^d\frac{\varepsilon}{2 \cdot \Delta f} \cdot e^{-\frac{\varepsilon}{\Delta f}|y_i-x_i|}$$

$$\mathrm{Pr}[A(T')=S]=\prod_{i=1}^d\frac{\varepsilon}{2 \cdot \Delta f} \cdot e^{-\frac{\varepsilon}{\Delta f}|y_i-\Delta x_i-x_i|}$$

则有

$$\frac{\Pr[A(T)=S]}{\Pr[A(T')=S]}=\frac{\prod\limits_{i=1}^{d}\frac{\varepsilon}{2\cdot\Delta f}\cdot\mathrm{e}^{-\frac{\varepsilon}{\Delta f}|y_i-x_i|}}{\prod\limits_{i=1}^{d}\frac{\varepsilon}{2\cdot\Delta f}\cdot\mathrm{e}^{-\frac{\varepsilon}{\Delta f}|y_i-\Delta x_i-x_i|}}$$

$$=\prod_{i=1}^{d}\mathrm{e}^{-\frac{\varepsilon}{\Delta f}\left(|y_i-x_i|-|y_i-\Delta x_i-x_i|\right)}$$

$$=\mathrm{e}^{\frac{\varepsilon}{\Delta f}\sum\limits_{i=1}^{d}\left(|y_i-\Delta x_i-x_i|-|y_i-x_i|\right)}$$

要证明式（10-8）满足式（10-9）即证

$$\sum_{i=1}^{d}\left(|y_i-\Delta x_i-x_i|-|y_i-x_i|\right)\leqslant\Delta f$$

因为

$$|y_i-\Delta x_i-x_i|-|y_i-x_i|\leqslant|\Delta x_i|$$

所以

$$\sum_{i=1}^{d}\left(|y_i-\Delta x_i-x_i|-|y_i-x_i|\right)\leqslant\sum_{i=1}^{d}|\Delta x_i|\leqslant\max_{D,D'}\left(\sum_{i=1}^{d}|\Delta x_i|\right)=\Delta f$$

即有

$$\frac{\Pr[A(T)=S]}{\Pr[A(T')=S]}\leqslant\mathrm{e}^{\varepsilon}$$

数据集 T 和 T' 具有对称性，因此 $\Pr[A(T)=S]\leqslant\mathrm{e}^{\varepsilon}\cdot\Pr[A(T')=S]$ 成立的同时，$\Pr[A(T')=S]\leqslant\mathrm{e}^{\varepsilon}\cdot\Pr[A(T)=S]$ 也成立。所以在本章提出的算法中，用户的敏感数据是满足 ε-差分隐私的。

10.4　实验结果及分析

为了比较本章提出的模型与其他现有模型的性能，本章进行了对比实验。对于不同的模型，使用相同的数据集和参数。此外，本章使用不同的隐私预算来验证它们对推荐准确度的影响。实验的更多细节描述如下。

10.4.1　实验设置

1. 数据集及实验环境

本章在实验中使用了四个数据集：由 GroupLens 收集的 MovieLens100K（ML-100K）、MovieLens1M（ML-1M）、MovieLens10M（ML-10M）电影数据集

和 Ciao 数据集。表 10-2 总结了这些数据集的统计属性，包括用户数、项目数（在本例中为电影）、评分数、稀疏度和项目类型数（在本例中为电影）。

表 10-2　数据集属性

属性	ML-100K	ML-1M	ML-10M	Ciao
用户数/个	943	6040	71 567	17 615
电影数/个	1648	3952	65 133	16 121
评分数/条	100 000	1 000 209	10 000 054	72 665
稀疏度/%	6.28	4.19	0.21	0.026
电影类型数/种	18	18	18	17

实验环境：本章的所有实验都是在一台具有 2.50GHz 8 核 CPU 和 32GB RAM 的电脑上进行的。

2. 评价指标

1）均方根误差

$$\text{RMSE} = \sqrt{\frac{\sum\limits_{(u,i) \in D_{\text{test}}} (r_{ui} - \hat{r}_{ui})^2}{|D_{\text{test}}|}} \tag{10-10}$$

2）平均绝对误差

$$\text{MAE} = \frac{\sum\limits_{(u,i) \in D_{\text{test}}} |r_{ui} - \hat{r}_{ui}|}{|D_{\text{test}}|} \tag{10-11}$$

3. 对比算法

本章选取了 6 个矩阵分解算法与本章提出的 Private-avgSVD 算法进行对比，其中包含隐私基线与非隐私基线，具体如下。

（1）非隐私基线（avgSVD）：使用本章提出的基于均值求和的矩阵分解算法 avgSVD 更新用户项目矩阵，在没有使用任何隐私保护方法的情况下训练推荐模型。

（2）扰动随机梯度下降（PSGD）：SGD 的每一步都在梯度中加入一个扰动，影响参数更新的方向。

（3）输入随机梯度下降（ISGD）：对评分数据进行预处理，预处理后对用户原始数据加入扰动，采用 SGD 方法更新用户项目矩阵。

（4）Private-GD：在每轮模型训练时，对部分梯度添加 Laplace 噪声。

（5）Laplace-SVD：使用 SVD 矩阵分解算法更新用户项目矩阵，采用的隐私保护策略是差分隐私，添加噪声的方式是对所有评级数据加入相同的 Laplace 噪声。

（6）Laplace-RR-SVD：基于拉普拉斯机制和随机响应方法的差分隐私矩阵分解方法。使用 SVD 矩阵分解算法更新用户项目矩阵，采用的隐私保护策略是差分隐私。

（7）Private-avgSVD：本章提出的隐私保护算法，通过将全局平均评分、项目平均评分、用户平均评分和矩阵分解的值线性加权来预测用户偏好。在此基础上，用户将本地数据划分为敏感数据和非敏感数据，并对评分数据进行归一化处理，利用本地差分隐私（LDP）技术为敏感数据添加噪声，实现了保护用户敏感数据隐私的矩阵分解算法。

10.4.2　实验结果

1. 敏感性分析

（1）参数 α。该参数是模型训练中的学习率。本实验将 α 的值设置在 0.001～0.1 变化，以测试其对 avgSVD 算法性能的影响。

从表 10-3 和表 10-4 中可以看出，当 α 在[0.001，0.05]时，推荐性能较好。随着训练集规模的增加，需要使用更小的学习率进行训练，以保持学习过程的稳定。ML-10M 数据集是四个数据集中最大的。当 α 增加到 0.05 时，在 ML-10M 数据集上首先可以观察到推荐性能下降的趋势。为了权衡准确度和算法训练时间，保证实验的公正性，本章后面的实验将 α 设为 0.005。

表 10-3　不同数据集下参数 α 的不同取值对应的 RMSE

数据集	α					
	0.001	0.005	0.01	0.02	0.05	0.1
ML-100K	0.9023	0.9020	0.9057	0.9093	0.9347	1.0857
ML-1M	0.8697	0.8517	0.8394	0.8429	0.8606	1.1955
ML-10M	0.7841	0.7776	0.7801	0.7864	0.8159	2.5962
Ciao	0.9328	0.9326	0.9357	0.9417	0.9432	0.9513

表 10-4　不同数据集下参数 α 的不同取值对应的 MAE

数据集	α					
	0.001	0.005	0.01	0.02	0.05	0.1
ML-100K	0.7029	0.7018	0.7035	0.7049	0.7180	0.7581
ML-1M	0.6530	0.6528	0.6539	0.6565	0.6702	0.9330
ML-10M	0.5920	0.5930	0.5951	0.6000	0.6252	2.2436
Ciao	0.7031	0.7030	0.7034	0.7041	0.7143	0.7216

（2）参数 k。参数 k 是矩阵分解中的潜在因子数量。本实验将 k 取 5～100 的不同值，测试该参数对本章所提 avgSVD 算法的性能影响。从表 10-5 和表 10-6 中可以得出，在 k 取值为 100 时，本章提出的 avgSVD 算法能够取得最优的性能，本章后续对比实验中为缩短实验花费时间，设置 $k = 20$。

表 10-5　不同数据集下参数 k 的不同取值对应的 RMSE

数据集	k					
	5	10	15	20	50	100
ML-100K	0.9118	0.9074	0.9059	0.9019	0.8989	0.8985
ML-1M	0.8593	0.8438	0.8417	0.8369	0.8335	0.8315
ML-10M	0.8132	0.7951	0.7866	0.7841	0.7716	0.7694
Ciao	0.9625	0.9436	0.9366	0.9341	0.9277	0.9247

表 10-6　不同数据集下参数 k 的不同取值对应的 MAE

数据集	k					
	5	10	15	20	50	100
ML-100K	0.7075	0.7060	0.7042	0.7021	0.6998	0.6991
ML-1M	0.6704	0.6582	0.6559	0.6528	0.6499	0.6485
ML-10M	0.6156	0.6013	0.5951	0.5925	0.5882	0.5868
Ciao	0.7097	0.7078	0.7062	0.7035	0.6983	0.6980

（3）参数 edge。[−edge，edge]是引入的截断区间，训练模型时将误差 e_{ui} 固定到[−edge，edge]。本实验将 edge 的取值范围设置为 1～3 并以 0.5 为步长，测试该参数对本章所提 avgSVD 算法的性能影响，从表 10-7 和表 10-8 中可以得出，在 edge 取值为 1.0 时，本章提出的 avgSVD 算法能够取得最优的推荐准确度和性能。本章后续对比实验中，设置 edge = 1.0（在将 avgSVD 算法应用到本地差分隐私时，评分范围由[1, 5]缩小至[0, 1]，所以需要重新确定 edge 的取值，此时的 edge 取 0.2）。

表 10-7　不同数据集下参数 edge 的不同取值对应的 RMSE

数据集	edge				
	1.0	1.5	2.0	2.5	3.0
ML-100K	0.9043	0.9046	0.9029	0.9085	0.9042
ML-1M	0.8369	0.8443	0.8453	0.8514	0.8458
ML-10M	0.7836	0.7855	0.7868	0.7876	0.7885
Ciao	0.9312	0.9380	0.9381	0.9426	0.9407

表 10-8　不同数据集下参数 edge 的不同取值对应的 MAE

数据集	edge				
	1.0	1.5	2.0	2.5	3.0
ML-100K	0.7020	0.7068	0.7052	0.7067	0.7097
ML-1M	0.6530	0.6562	0.6582	0.6586	0.6583
ML-10M	0.5925	0.5952	0.5968	0.5973	0.5974
Ciao	0.7032	0.7180	0.7208	0.7287	0.7189

2. 实验结果对比

本章提出的 avgSVD 算法与传统的 MF 算法、经典的偏见奇异值分解（biasSVD）算法均做了比较，结果如表 10-9 和表 10-10 所示。

表 10-9　不同数据集下不同算法对应的 RMSE

数据集	MF	biasSVD	avgSVD
ML-100K	0.9081	0.9151	0.9029
ML-1M	0.8510	0.8435	0.8369
ML-10M	0.7810	0.7921	0.7761
Ciao	1.3900	0.9146	0.9312

表 10-10　不同数据集下不同算法对应的 MAE

数据集	MF	biasSVD	avgSVD
ML-100K	0.7126	0.7216	0.7020
ML-1M	0.6608	0.6580	0.6533
ML-10M	0.6030	0.5969	0.5925
Ciao	1.3854	0.6977	0.7026

在 ML-100K、ML-1M、ML-10M 数据集上 avgSVD 的性能优于 biasSVD，biasSVD 的性能也优于 MF。由于 Ciao 数据集非常稀疏，本章提出的 avgSVD 仅更新训练 P、Q 矩阵，biasSVD 的 b_u、b_i、P、Q 都训练。然而，biasSVD 的收敛性较差，需要多次迭代训练。在相同的参数设置下，本章提出的 avgSVD 收敛速度更快。

为了进一步证明本章提出的算法的可行性和验证 Private-avgSVD 算法的性能，隐私保护参数设置为 0.01~6，训练集与测试集的比例设置为 9∶1。

图 10-3 为对比实验的 RMSE，图 10-3（a）为 7 种算法在 ML-100K 数据集上

的 RMSE。图 10-3（b）为 7 种算法在 ML-1M 数据集上的 RMSE。图 10-3（c）为 6 种算法在 ML-10M 数据集上的 RMSE。图 10-3（d）为 6 种算法在 Ciao 数据集上的 RMSE［由于计算机内存的限制，在图 10-3（c）和（d）中 ML-10M 和 Ciao 数据集上没有显示 Private-GD 方法的结果曲线］。

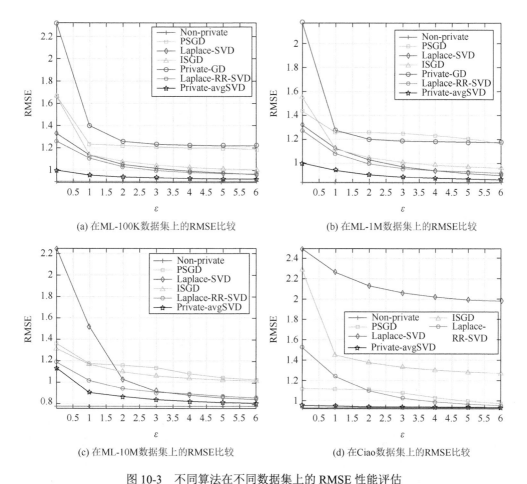

图 10-3　不同算法在不同数据集上的 RMSE 性能评估

Non-private 表示未添加噪声的 avgSVD 推荐算法；Private-GD 表示训练过程中部分梯度添加 Laplace 噪声的
SVD 推荐算法

图 10-4 为对比实验的 MAE，图 10-4（a）为 7 种算法在 ML-100K 数据集上的 MAE。图 10-4（b）为 7 种算法在 ML-1M 数据集上的 MAE。图 10-4（c）为 6 种算法在 ML-10M 数据集上的 MAE。图 10-4（d）为 6 种算法在 Ciao 数据集上的 MAE［由于计算机内存的限制，在图 10-4（c）和（d）中 ML-10M 和 Ciao 数据集上没有显示 Private-GD 方法的结果曲线］。

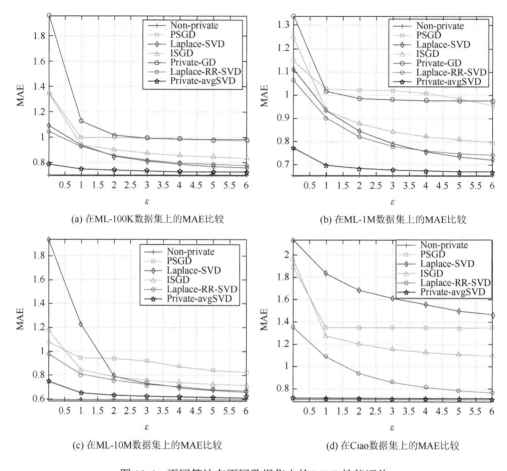

(a) 在ML-100K数据集上的MAE比较　　　　　(b) 在ML-1M数据集上的MAE比较

(c) 在ML-10M数据集上的MAE比较　　　　　(d) 在Ciao数据集上的MAE比较

图 10-4　不同算法在不同数据集上的 MAE 性能评估

从图 10-3 和图 10-4 可以看出，本章提出的 Private-avgSVD 算法在 RMSE 和 MAE 方面的性能是最好的。实验结果表明，随着 ε 值的增大，推荐的准确度也随之提高。但是，在 ε 取相同值的情况下，private-avgSVD 算法的推荐效果优于现有的几种推荐算法，尤其是在 ε 很小时。对于 PSGD 算法，梯度下降法将梯度分布在每次迭代中，直接影响最终的更新方向。对于 ISGD 算法，虽然对数据进行了预处理，降低了敏感度，但是所有的评级都加入了相同的扰动，误差较大。Laplace-SVD 算法对所有评级都添加了相同的噪声，即使是不敏感的信息也会受到很大的扰动，模型不具有个性化，准确度不高。对于 Laplace-RR-SVD 算法，数据聚合器虽然在一定概率下获得了用户的评级信息，但并不能保证保护敏感数据。本章提出的 Private-avgSVD 算法利用 avgSVD 算法预测用户对项目的评价，进一步提高了推荐准确度。将本地数据分为敏感数据和非敏感数据，在敏感数据上添加噪声，满足了用户对敏感数据的个性化需求。因此，与其他算法相比，本章提出的推荐算法可以获得更好的推荐准确度。

3. 显著性实验

为了验证本章提出的算法与已有的方法是否存在显著性差异，采用 t 检验统计方法进行验证。

当 $p \leqslant 0.05$ 时，存在显著差异。本章使用 90%的评分数据作为训练集，10%的评分数据作为测试集。在不同的数据集上，将本章提出的算法与性能最好的基线模型进行比较，结果如表 10-11 所示。可以看出，在指标 RMSE 和指标 MAE 上的 p 值均小于 0.05，所以本章提出的算法与对比方法存在显著差异。

表 10-11　不同数据集下 RMSE 和 MAE 指标在四个数据集上的 p 值

数据集	RMSE	MAE
ML-100K	$\approx 5 \times 10^{-8}$	$\leqslant 10^{-8}$
ML-1M	$\leqslant 10^{-8}$	$\leqslant 10^{-8}$
ML-10M	$\leqslant 10^{-8}$	$\leqslant 10^{-8}$
Ciao	$\leqslant 10^{-8}$	$\leqslant 10^{-8}$

10.5　本 章 小 结

本章提出了一种基于保护用户敏感数据的本地差分隐私联邦推荐算法。首先提出了 avgSVD 矩阵分解算法，该算法用全局平均评分、项目平均评分、用户平均评分与矩阵分解的值线性加权的结果来预测用户评分，提高了模型准确度。其次结合 avgSVD 算法提出了一种基于本地差分隐私的矩阵分解推荐算法，用户对所有的本地数据进行预处理，对所有的评级进行归一化设置，以降低全局敏感度，然后为自身的敏感数据添加 Laplace 噪声后发送给数据聚合器。本章所提出的算法在实验中使用了 ML-100K、ML-1M 等公开数据集，与已有算法进行对比，结果表明，本章提出的算法在保护用户敏感数据的同时能保持较好的推荐准确度。

第 11 章　基于秘密共享的联邦推荐

11.1　问题定义

传统的推荐系统需要用户上传本地数据给服务器生成推荐结果，在这一过程中用户的隐私易受到威胁。联邦推荐中各个参与方根据本地评分训练私有模型，只需要上传梯度参数给服务器，可以解决本地数据隐私泄露的问题，但梯度值没有得到保护，从梯度中依旧可以推出用户的原始评分信息，所以要保护过程隐私。

现有工作主要通过加密或者扰动方案保护过程隐私，但是对真实数据添加扰动会导致模型推荐准确度下降，对梯度加密后再发送给服务器会引入额外的计算代价，模型训练时间变长。另外，当前方法主要集中于保护过程隐私，从用户实际需求出发，并不想暴露交互过的项目信息，因为交互过的项目可能会涉及敏感信息的泄露，所以要保护用户与项目的交互行为。针对上述问题，本章展开了研究。

11.2　基于秘密共享技术保护用户隐私

11.2.1　相关数学定义

本章提出了一种基于秘密共享的联邦矩阵分解算法。该算法在联邦学习（FL）框架下训练矩阵分解模型，用户原始评分数据没有离开本地，传递中间参数至服务器。在该算法中，首先，各参与方将计算好的项目梯度分片；然后将分片信息共享给随机选择的用户，保护了过程隐私和存在隐私，为了确保模型推荐准确度，提出了用户项目交互信息，该交互信息作为私有参数与项目梯度一起发送给其他参与方；最后，各参与方计算需要发送给服务器的虚假信息，包括虚假的梯度值和虚假的交互值，在私有信息共享后，服务器使用 FedAvg 算法聚合参数时可以得到真实的平均项目梯度，确保了模型推荐准确度。表 11-1 列出了在本章使用的符号及其含义。

表 11-1　符号及其含义

符号	含义
R	用户项目评分矩阵
U	用户潜在因子矩阵

续表

符号	含义
V	项目潜在因子矩阵
r_{ij}	用户 i 对项目 j 的实际评分
$\hat{r}_{ij}$	用户 i 对项目 j 的预测评分
u_i	用户 i
v_j	项目 j
U_i	用户 i 的潜在因子向量
V_j	项目 j 的潜在因子向量
$\nabla U_i(j)$	根据 r_{ij} 得到更新 U_i 向量的梯度
$\nabla V_j(i)$	根据 r_{ij} 得到更新 V_j 向量的梯度
$\nabla V_j'(i)$	u_i 发送给服务器的更新 V_j 向量的虚假梯度
$\nabla V_j^r(i)$	u_i 共享给 u_r 的更新 V_j 向量的随机梯度
k	潜在因子数
α	学习率
λ	正则项系数
S_{ij}	u_i 与 v_j 的交互信息
S_{ij}^r	u_i 共享给 u_r 与 v_j 的交互值
S_{ij}'	u_i 发送给服务器的与 v_j 的虚假交互值
p	随机共享用户个数
max iter	最大迭代次数
$U(u_i, p)$	u_i 选择的要共享信息的 p 个用户集合
$\{U \setminus i\}$	用户集中除 u_i 以外的用户集合
D_{test}	测试数据集

11.2.2 联邦矩阵分解方法

假设用户项目评分矩阵 $R^{m \times n}$，m 代表用户数量，n 代表项目数量，R 是稀疏的，将 R 分解成两个低维的矩阵乘积即 $R \approx U^{\mathrm{T}} \cdot V$，$U$ 的维度是 $m \times k$，V 的维度是 $n \times k$，其中 k 是潜在因子数。已知 $r_{ij} \in R$ 是用户 i 对项目 j 的实际评分，我们的目标是预测所有用户对其未评分项目的评分 $\hat{r}_{ij}$，即要训练 U、V 矩阵。目标函数如式（11-1）所示：

$$\Phi = \arg\min_{U_i, V_j} \frac{1}{2} \sum_{<i,j> \in R} (r_{ij} - <U_i, V_j>)^2 + \lambda \cdot (\| U_i \|_2^2 + \| V_j \|_2^2) \qquad (11\text{-}1)$$

使用 SGD 方法更新模型 V_j 和 U_i：

$$V_j^t \leftarrow V_j^{t-1} - \alpha \cdot \nabla V_j^{t-1} \qquad (11\text{-}2)$$

$$U_i^t \leftarrow U_i^{t-1} - \alpha \cdot \nabla U_i^{t-1} \qquad (11\text{-}3)$$

$$\nabla V_j^{t-1} \leftarrow \lambda \cdot V_j^{t-1} - e_{ij} \cdot U_i^{t-1} \qquad (11\text{-}4)$$

$$\nabla U_i^{t-1} \leftarrow \lambda \cdot U_i^{t-1} - e_{ij} \cdot V_j^{t-1} \qquad (11\text{-}5)$$

式中，U_i^t 为第七轮用户 i 的潜在因子向量；e_{ij} 为误差，$e_{ij} = r_{ij} - \hat{r}_{ij}$，$\hat{r}_{ij} = U_i \cdot V_j^{\mathrm{T}}$；$\alpha$ 为学习率；λ 为正则项系数。服务器收到各方发送的参数见下文，使用 FedAvg 算法聚合参数，更新项目矩阵，更新方法如式（11-6）所示：

$$\nabla V_j^{t-1} = \frac{\sum_{u_i \in U} \nabla V_j^{\prime t-1}(i)}{\sum_{u_i \in U} S_{ij}^{\prime t-1}} \qquad (11\text{-}6)$$

式中，$S_{ij}^{\prime t-1}$ 为第 t-1 轮用户 i 发送给服务器的与项目 j 的虚假交互值。

在联邦学习框架下训练矩阵分解模型可以有效保护用户隐私，一个典型的联邦矩阵分解框架如图 11-1 所示。

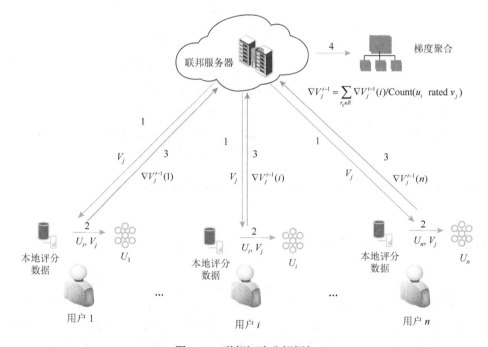

图 11-1　联邦矩阵分解框架

联邦矩阵分解一轮更新的过程：用户和服务器初始化本地的模型，服务器发出更新请求（以项目 j 为例），所有用户下载最新的 V_j 向量，根据本地数据计算梯度 $\nabla U_i(j)$［参照式（11-5）］更新 U_i 向量［参照式（11-3）］。然后计算服务器更新项目 V_j 所需要的梯度 $\nabla V_j(i)$［参照式（11-4）］，将项目梯度发送给服务器。服务器收到对项目 j 有过评分行为的用户发送的项目梯度信息，使用 FedAvg 算法聚合参数，更新 V_j［参照式（11-2）］。在这一过程中虽然用户的原始数据没有离开本地，保护了值隐私，但是用户的梯度信息却泄露给服务器。本章中假设用户是诚实的，但是服务器是半诚实的，所以服务器可能会根据用户发来的梯度信息推测出原始评分信息，除此之外，从用户需求角度出发，用户不想暴露自己对哪些项目评过分，因此需要保护存在隐私。

11.2.3　保护隐私的联邦矩阵分解框架

由于联邦矩阵分解方法有着中间参数隐私泄露的风险，为了保护过程隐私，本章提出了一种使用秘密共享技术的梯度分解算法。图 11-2 为用户间秘密共享梯度信息框架图，该过程的具体描述如下：服务器发出更新请求（假设是项目 j），用户下载最新的 V_j 向量，根据本地的数据更新 U_i，计算需要发送给服务器的项目梯度［参照式（11-2）］。

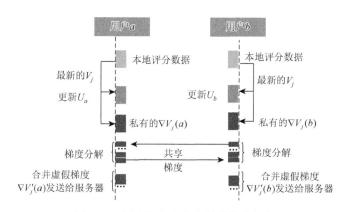

图 11-2　用户间秘密共享梯度信息框架

在本章提出的算法中，用户不是直接将梯度发送给服务器，而是将梯度随机划分为 $p+1$ 份，然后随机选择 p 个用户，将其中 p 个梯度值发送给这 p 个随机用户（在图 11-2 的示例中，用户 a 随机选择的用户包括用户 b，用户 b 随机选择的用户包含用户 a，实际上每轮更新时选择共享梯度信息的用户都是随机的），并且本地保留一份。然后用户合并本地的梯度值以及收到的其他用户共享的梯度值发送给服务器。而服务器收到梯度值后通过平均聚合后总的梯度值与秘密共享梯度信息前的梯度值是相同的，服务器不能推断出到底原始梯度是属于哪个用户的，因此可以保护用户存在隐私。

11.2.4　算法流程

本章提出的基于秘密共享的算法中，服务器端模型训练的具体过程如算法 11-1 所示。

算法 11-1　服务器端联邦矩阵分解

输入：α，λ，k，V，max iter //最大迭代次数
输出：优化后的 V
1：服务器初始化项目配置文件 V
2：服务器发出项目 j 的更新请求
3：**for** round　$t \leftarrow 1, 2, \cdots,$ max iter　**do**:
4：　　　**for** j in Items **do**:
5：　　　　　**for** each Client i in parallel **do**:
6：　　　　　　　更新本地模型并上传梯度
7：　　　　　**end for**
8：　　　　　$\nabla V_j^{t-1} = \sum\limits_{i \in U} \nabla V_j'^{t-1}(i) \, / \sum\limits_{i \in U} S_{ij}'$
9：　　　　　$V_j^t = V_j^{t-1} + \alpha \cdot \nabla V_j^{t-1}$
10：　　　**end for**
11：**end for**

算法 11-1 是服务器端模型训练的过程，输入是学习率 α、正则项系数 λ、潜在因子数 k 以及服务器初始化项目配置文件 V，输出是优化后的项目矩阵。服务器预先设置迭代阈值 max iter，直至训练次数达到要求。第一轮训练时服务器初始化 V，发出更新项目的请求，客户端根据算法 11-2 训练本地模型并得到项目梯度，将梯度发送至服务器，服务器使用 FedAvg 算法更新 V［参照式（11-2）与式（11-3）］，在后面轮数的更新中，服务器基于上一轮训练的项目矩阵 V，重复以上过程。

算法 11-2　客户端联邦矩阵分解

输入：α，λ，k，U_i，p
输出：梯度值：$\nabla V_j'(i)$
1：初始化 U_i
2：下载最新的 V_j
3：**if** u_i rated v_j：
4：　　计算预测评分 $\hat{r}_{ij} \leftarrow \ <V_j, U_i>$
5：　　计算 $e_{ij} \leftarrow r_{ij} - \hat{r}_{ij}$

6:　本地更新：$U_i \leftarrow U_i - \alpha \cdot (\lambda \cdot U_i - e_{ui} \cdot V_j)$

7:　计算梯度：$\nabla V_j^{t-1}(i) = e_{ij} \cdot U_i^{t-1} - \lambda \cdot V_j^{t-1}$

8:　产生 p 个随机整数 $\in [0, n-1]$，将本地梯度随机共享给 $U(u_i, p)$，满足：

$$\nabla V_j(i) = \nabla V_j^i(i) + \nabla V_j^{r_1}(i) + \cdots + \nabla V_j^{r_{p-1}}(i) + \nabla V_j^{r_p}(i)$$

9: **end if**

10: **if** u_i 收到了来自其他用户共享的信息

11:　$\nabla V_j'(i) \leftarrow \nabla V_j^i(i) + \sum_{\bar{i} \in \{U \setminus i\}} \nabla V_j^i(\bar{i})$

12: **end if**

13: 上传 $\nabla V_j'(i)$ 给服务器

注：p 是随机数，从 $[0, n-1]$ 区间产生。

　　本章提出的基于秘密共享的算法在客户端的具体过程如算法 11-2 所示。该算法对应到算法 11-1 中第 6 步的用户方更新本地模型并上传梯度。算法的输入是学习率 α、正则项系数 λ、潜在因子数 k 以及本地初始化的用户配置文件 U_i，输出是需要发送给服务器的项目梯度。每轮训练时客户端收到服务器发出的更新请求，对请求项目有交互行为的用户根据本地数据更新 U_i^t ［参照式（11-3）和式（11-5）］，然后计算需要发送给服务器的梯度 ∇V_j^{t-1}，再随机选择其他用户满足 $U(u_i, p)$，将本地私有梯度共享给这些用户，并在本地保留一份，最后所有的用户计算需要发送给服务器的梯度 $\nabla V_j'$，等待下一项目更新请求。

11.3　融入用户项目交互值的推荐方法

11.3.1　问题分析

　　上节提出的使用秘密共享技术的联邦矩阵分解推荐算法可以保护用户的值隐私、过程隐私、存在隐私，但是在这一过程中会出现精度降低的问题。服务器收到所有梯度值后要聚合参数得到平均梯度，共享前的平均梯度由总的梯度和除以拥有这些梯度的用户数量，如式（11-7）所示。使用秘密共享后的梯度值总和不会改变，但是在更新项目 j 时，存在着未对该项目评分的用户，在后面的共享信息过程中，用户共享信息给其他用户导致服务器收到的梯度数量比实际梯度数量多，在聚合时得到的平均梯度［参照式（11-8）］是小于真实的平均梯度的，所以推荐准确度低于共享前联邦矩阵分解方法的准确度。

$$\nabla V_j^{t-1} = \frac{\sum\limits_{r_{ij} \in R} \nabla V_j^{t-1}(i)}{\sum\limits_{r_{ij} \in R} u_i \text{ rated } v_j} \tag{11-7}$$

式中，$u_i \text{ rated } v_j$ 为用户 u_i 评价过项目 v_j。

$$\nabla V_j''^{-1} = \frac{\sum_{r_{ij} \in R} \nabla V_j^{t-1}(i)}{\sum_{r_{ij} \in R} (u_i \text{ rated } v_j) \bigcup \sum_{u_{\bar{i}} \in U \& u_{\bar{i}} \in U(u_i, p)} (u_{\bar{i}} \text{ not rated } v_j)} \tag{11-8}$$

11.3.2　引入用户项目交互值

根据 11.3.1 节的分析，基于秘密共享的联邦矩阵分解（FMFSS）算法可以有效解决隐私泄露问题，但是服务器收到虚假的梯度数量导致了推荐准确度的降低。为了使服务器根据用户发来的虚假信息获得真实的梯度数量，本章提出了引入用户项目交互值的基于秘密共享的联邦矩阵分解算法。FMFSS 算法的框架如图 11-3 所示。

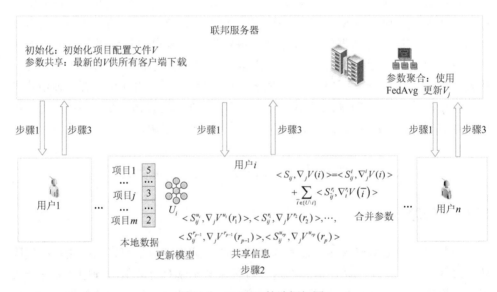

图 11-3　FMFSS 算法框架图

图 11-3 中 S_{ij} 代表 u_i 与 v_j 的交互信息，即 u_i 如果对 v_j 有过评分行为，那么 S_{ij} 的值为 1，否则为 0。算法步骤分为三部分，即客户端更新、客户端共享信息、服务器更新，具体描述如下。

（1）客户端更新：服务器首先初始化项目配置文件 V，该文件可供所有客户端下载，服务器发出更新 V_j 请求。对项目 j 有过评分行为的用户须在本地计算梯度 $\nabla U_j^{t-1}(i)$，并更新用户配置文件 U_i；然后计算需要发送给服务器的梯度。

（2）客户端共享信息：用户将本地信息 $<S_{ij}, \nabla_j V(i)>$ 通过秘密共享的方式发送至随机选择的 p 个用户，$\nabla V_j(i)$ 是服务器更新 V_j 向量所需的梯度信息，共享的信息满足式（11-9）和式（11-10）。所有用户计算修改后的信息［式（11-11）］，然后将修改后的信息发送给服务器。

$$S_{ij} = S_{ij}^i + S_{ij}^{r_1} + \cdots + S_{ij}^{r_{p-1}} + S_{ij}^{r_p} \tag{11-9}$$

$$\nabla V_j(i) = \nabla V_j^i(i) + \nabla V_j^{r_1}(i) + \cdots + \nabla V_j^{r_{p-1}}(i) + \nabla V_j^{r_p}(i) \tag{11-10}$$

$$< S_{ij}', \nabla V_j'(i) > = < S_{ij}^i, \nabla V_j^i(i) > + \sum_{\bar{i} \in \{U \setminus i\}} < S_{ij}^i, \nabla V_j^i(\bar{i}) > \tag{11-11}$$

（3）服务器更新：服务器使用 FedAvg 算法聚合所有用户发来的信息更新 V_j 向量：$V_j^t = V_j^{t-1} - \alpha \cdot \nabla V_j^{t-1}$，其中，$\nabla V_j^{t-1}$ 的计算方式如式（11-12）所示：

$$\nabla V_j^{t-1} = \frac{\sum\limits_{u_i \in U} \nabla V_j'^{t-1}(i)}{\sum\limits_{i \in U} S_{ij}'} \tag{11-12}$$

11.3.3　算法流程

本节提出的 FMFSS 算法在服务器端的具体步骤如算法 11-1 所示，在客户端的具体步骤如算法 11-3 所示。

算法 11-3　客户端联邦矩阵分解（FMFSS-Client）

输入：α，λ，k，U_i，p

输出：虚假的梯度值：$\nabla V_j'(i)$ 和虚假的交互值：S_{ij}'

1：初始化 U_i

2：下载最新的 V_j

3：**if** u_i 对 v_j 有评分行为：

4：　　$S_{ij} \leftarrow 1$

5：　　计算预测评分 $\hat{r}_{ij} \leftarrow < V_j, U_i >$

6：　　计算 $e_{ij} \leftarrow r_{ij} - \hat{r}_{ij}$

7：　　本地更新：$U_i \leftarrow U_i - \alpha \cdot (\lambda \cdot U_i - e_{ij} \cdot V_j)$

8：　　计算梯度：$\nabla V_j^{t-1}(i) \leftarrow e_{ij} \cdot U_i^{t-1} - \lambda \cdot V_j^{t-1}$

9：**else**：

10：　　$S_{ij} \leftarrow 0$

11：　　$\nabla V_j^{t-1}(i) \leftarrow 0$

12：**end if**

13：产生 p 个随机整数 $\in [0, n-1]$，将本地梯度和交互值随机共享给这 p 个用户，满足下列条件：

　　$S_{ij} = S_{ij}^i + S_{ij}^{r_1} + \cdots + S_{ij}^{r_{p-1}} + S_{ij}^{r_p}$ 和

　　$\nabla V_j(i) = \nabla V_j^i(i) + \nabla V_j^{r_1}(i) + \cdots + \nabla V_j^{r_{p-1}}(i) + \nabla V_j^{r_p}(i)$

14：**if** u_i 收到了来自其他用户共享的信息：

15：　　$S_{ij}' \leftarrow S_{ij}^i + \sum\limits_{\bar{i} \in \{U \setminus i\}} S_{ij}^i$ 和

$$\nabla V_j'(i) \leftarrow \nabla V_j'(i) + \sum_{\overline{I} \in \{U \setminus i\}} \nabla V_j'(\overline{I})$$

16:　**end if**
17:　上传 $< S_{ij}', \nabla V_j'(i) >$ 给服务器

算法 11-3 是 FMFSS 算法中客户端的模型训练过程，输入是学习率 α、正则项系数 λ、潜在因子数 k 以及本地初始化的用户配置文件 U_i。每轮训练时客户端收到服务器发出的更新请求，下载最新的项目潜在因子向量 V_j'，与请求项目有过交互行为的用户根据本地数据更新 U_i'，与算法 11-2 不同的是，算法 11-3 引入了用户项目交互值 S_{ij}，用户 i 如果对项目 j 有评分行为，S_{ij} 的值为 1，否则为 0。使用秘密共享技术在用户间传递私有参数时，S_{ij} 和私有梯度 ∇V_j^{i-1} 同时作为私有参数发送给随机选择的用户，然后用户计算本地与其他方发送的共享信息和，即将所有私有信息的分片 S_{ij}' 和 $\nabla V_j'$ 发送给服务器，等待下一项目更新请求。

11.3.4　复杂度及安全性分析

空间复杂度：通过以上分析可知，在本算法中，当一个用户更新一个项目时，每次上传的数据由两部分组成：一个是项目梯度，另一个是交互值信息 S_{ij}'。项目梯度数量为 k，要上传的数据大小是 $(1 + k) \cdot float$，所以整个模型更新需要上传的数据大小是 $O(C \cdot mn \cdot (1 + k) \cdot float)$。服务器开辟项目矩阵所需空间为 $O(n \times k)$，用户开辟矩阵所需空间为 $O(m \times k)$，所以总的空间复杂度为 $O(k \times (m + n))$。

时间复杂度：分析一轮迭代本算法的时间复杂度，主要由两部分组成：客户端训练模型与服务器端训练模型。首先服务器发出训练请求，客户端根据请求读取本地数据更新本地模型；其次计算需要发送给服务器的私有梯度，这一过程的时间复杂度是 $O(n)$；然后客户端将私有信息（包括交互值）分解，随机选择 p 个用户共享私有信息，这一过程的时间复杂度是 $O(p)$；最后所有用户计算本地虚假信息发送给服务器。由于所有客户端的行为都是并行的，n 是项目数量，m 是用户数量，p 是远小于 m 的，并且服务器控制迭代次数，因此所有客户端时间复杂度之和为 $O(np)$。

安全分析：本节通过值隐私、过程隐私、存在隐私三个方面来分析算法的安全性，具体如下。

（1）值隐私：算法在 FL 场景下训练矩阵分解模型，所有参与者的数据都不离开本地，与传统的服务器集中数据收集训练模型相比，大大提高了安全性，保护了值隐私。

（2）过程隐私：参与者根据本地数据计算出梯度后，不是直接发送给服务器，

而是将梯度分解后随机发送给其他参与者，避免了不可信服务器获取梯度信息后推断用户原始数据的风险，从而保护了过程隐私。

（3）存在隐私：服务器接收所有用户发送的参数信息，包括梯度信息和交互值。在这个过程中，服务器无法推断梯度实际上来自哪一方，因此存在隐私得到了保护。

精度分析：以下是本章提出的 FMFSS 算法的精度分析。服务器使用 FedAvg 算法聚合虚假平均梯度： $\nabla V_j''^{-1} = \sum_{i\in U} \nabla V_j'(i) / \sum_{i\in U} \nabla S_{ij}' = \left(\sum_{i\in U} \nabla V_j^i(i) + \sum_{\bar{i}\in\{U\setminus i\}} \nabla V_j^i(\bar{i}) \right) \Big/$

$\left(\sum_{i\in U} S_{ij}^i + \sum_{\bar{i}\in\{U\setminus i\}} S_{\bar{i}j}^i \right)$，因此服务器聚合来自各方的梯度而得到的平均梯度是真实的。

11.4　实验结果及分析

11.4.1　实验设置

1）数据集及相关设置

数据集：为了验证本章提出的 FMFSS 算法的推荐准确度及模型更新所花费的时间，本章在 3 个公开数据集上进行实验，分别是 ML-100K 数据集、FilmTrust 数据集和从 Epinions 数据集中 49 289 个用户对 139 738 个项目的 664 824 个评分数据中采集的子数据集，数据集的相关属性如表 11-2 所示。

表 11-2　数据集及属性

属性	ML-100K	FilmTrust	Epinions
用户数/个	943	1508	1024
项目数/个	1648	2071	2048
评分数/条	100 000	35 497	8032
稀疏度/%	6.28	1.14	0.38

参数设置：所有矩阵分解的学习率 α 设置为 0.05，正则项系数 λ 设置为 0.03，使用的同态加密方法是 Paillier，密钥长度为 1024，实验中随机划分训练集和测试集比例为 9：1，添加的差分隐私噪声的隐私预算 ε 取值为 $\varepsilon_p = 2\varepsilon_i$，$\varepsilon_i = 0.25$。

实验环境：本章的所有实验都是在一台具有 2.50GHz 8 核 CPU 和 32GB RAM 的电脑上进行的。

2）评价指标

衡量准确度的指标为 MAE 和 RMSE，具体计算方法见式（1-8）和式（1-9）。

3）对比模型

本章就不同的保护隐私方法展开对比实验，分别是基于扰动的算法、基于加密的算法、全部加密的算法、部分加密的算法和最先提出的没有添加任何隐私保护的算法。

（1）联邦协同过滤（FCF）：在联邦学习环境下训练矩阵分解模型，没有添加任何隐私保护的方法。

（2）部分文本同态加密联邦推荐（FedMF-PartText）：用户上传梯度是根据评过分的项目来计算的，所有梯度值使用同态加密方式传输，训练联邦矩阵分解模型。

（3）全部文本同态加密联邦推荐（FedMF-FullText）：上传所有梯度，对于没有评分的项目的梯度用 0 来代替，所有的梯度值使用同态加密方式传输，训练联邦矩阵分解模型。

（4）两阶段随机加噪联邦推荐（two stage RR）：两阶段随机响应方法和联邦学习结合到矩阵分解框架中，在模型训练中添加噪声。两阶段分别满足 ε-DP，使用加法同态加密传递中间参数。

（5）FMFSS：本章提出的基于秘密共享的联邦矩阵分解算法，用户先将本地梯度、存在信息分解共享给其他用户，使用秘密共享技术传输虚假参数。

11.4.2　实验结果

1. 敏感性分析

参数 k。该参数是 MF 中的潜在因子数，影响模型推荐准确度和训练时间。使用三个真实数据集验证不同 k 的取值对 FMFSS 模型推荐准确度的影响，具体结果如图 11-4 所示（100 次迭代，$\alpha = 0.05$）。

图 11-4 中的（a）、（b）和（c）为 k 的不同取值在 ML-100K、FilmTrust、Epinions 数据集上使用 FMFSS 算法训练的模型推荐准确度曲线图。

k 的取值为{5、10、20、50、100}，由图 11-4 可知，随着 k 的增大，FMFSS 算法训练的模型在指标 RMSE 和 MAE 上的推荐效果均越来越好，当 $k = 100$ 时，FMFSS 算法的精度达到最高的水平。潜在因子数 k 越大，模型训练中矩阵的维度也越大，模型训练时间越长，所以为了在推荐准确度与模型训练时间之间进行折中，本章后续所有实验的 k 均取 50。

2. 实验结果

为了验证本章提出算法的推荐准确度，在 3 个真实数据集上分别就不同的算法最大迭代次数验证算法的 RMSE 和 MAE，具体结果如图 11-5～图 11-7 所示。

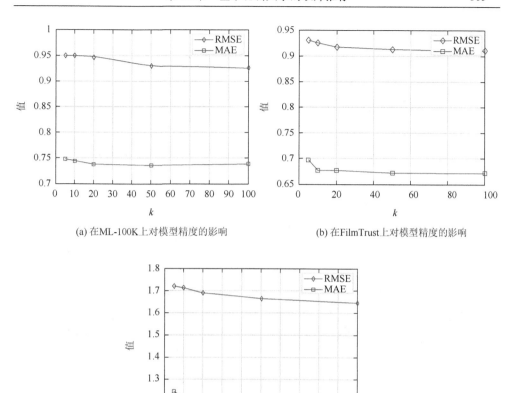

(a) 在ML-100K上对模型精度的影响　　　　　　　(b) 在FilmTrust上对模型精度的影响

(c) 在Epinions上对模型精度的影响

图 11-4　参数 k 在不同数据集上对模型精度的影响

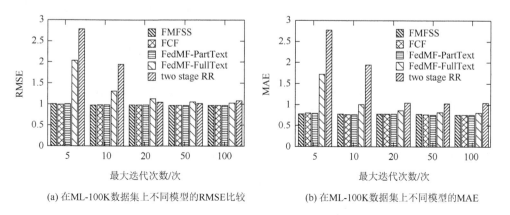

(a) 在ML-100K数据集上不同模型的RMSE比较　　　(b) 在ML-100K数据集上不同模型的MAE

图 11-5　在 ML-100K 数据集上各个模型的对比结果

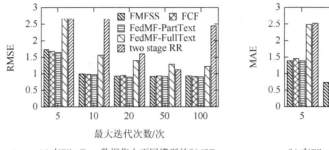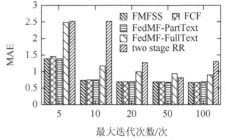

(a) 在FilmTrust数据集上不同模型的RMSE　　(b) 在FilmTrust数据集上不同模型的MAE

图 11-6　在 FilmTrust 数据集上各个模型的对比结果

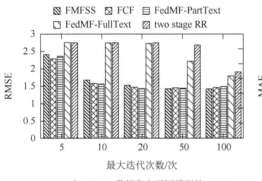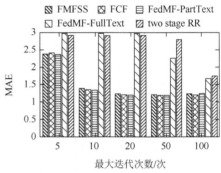

(a) 在Epinions数据集上不同模型的RMSE　　(b) 在Epinions数据集上不同模型的MAE

图 11-7　在 Epinions 数据集上各个模型的对比结果

图 11-5（a）、图 11-6（a）、图 11-7（a）为 FCF、FedMF-PartText、FedMF-FullText、two stage RR 和本章提出的 FMFSS 算法的 RMSE 对比图，图 11-5（b）、图 11-6（b）、图 11-7（b）为 FCF、FedMF-PartText、FedMF-FullText、two stage RR 和本章提出的 FMFSS 算法的 MAE 对比图。

由图 11-5～图 11-7 可以得出结论，本章提出的 FMFSS 算法与 FCF、FedMF-PartText 的 RMSE、MAE 值相差不大，三者的精度要优于 FedMF-FullText、two stage RR。但是在隐私保护方面：FCF 仅仅是在 FL 框架下训练推荐模型，保护了值隐私，中间计算值直接发送至不可信服务器，泄露了过程隐私，且发送真实梯度的同时也间接泄露了存在隐私；FedMF-PartText 使用加法同态加密的方法加密真实梯度值，这减弱了评分的存在性；FedMF-FullText 将用户未评分项目的梯度值设置为 0，服务器收到总的梯度值不变，但是聚合参数时，梯度数量大大增加，导致平均参数变小，从而导致模型推荐准确度下降；two stage RR 为了保护过程隐私和存在隐私，对用户原始二进制矩阵加入噪声产生虚假的评分交互值，在训练模型时，向没有评分行为却有交互值的项目发送虚假梯度，从而导致推荐准确度下降。所以本章提出的 FMFSS 算法可以在保护模型隐私的情况下不牺牲推荐准确度。

为了验证本章提出算法的时间效率，使用从 ML-100K、FilmTrust 和 Epinions 数据集采样的子数据集（子数据集属性如表 11-3～表 11-5 所示），测试不同的算法每次迭代所需时间。具体结果如表 11-6 所示（$k = 50$）。

表 11-3　ML-100K 上的 5 个子数据集属性

属性	子数据集				
	D0	D1	D2	D3	D4
用户数/个	511	511	533	658	769
项目数/个	1529	1591	1617	1624	1657
评分数/条	10 000	20 000	30 000	40 000	50 000
最大评分数	160	263	343	423	510

表 11-4　FilmTrust 上的 5 个子数据集属性

属性	子数据集				
	D5	D6	D7	D8	D9
用户数/个	146	258	363	490	617
项目数/个	660	936	1206	1304	1375
评分数/条	3000	6000	9000	12 000	15 000
最大评分数	193	197	244	244	244

表 11-5　Epinions 上的 5 个子数据集属性

属性	子数据集				
	D10	D11	D12	D13	D14
用户数/个	15	28	198	334	440
项目数/个	989	1953	2048	2048	2048
评分数/条	1000	2000	3000	4000	5000
最大评分数	234	598	598	598	598

从表 11-6 可知，使用同态加密方法的算法（FedMF-PartText、FedMF-FullText、two stage RR）的训练时间要远远多于其余两种未使用同态加密方法的算法（FMFSS、FCF）。本章提出的 FMFSS 算法的训练时间较 FCF 算法稍多，因为本

章提出的基于秘密共享技术的 FMFSS 算法在用户-用户、用户-服务器共享私有信息时要花费一定时间，但花费的时间并不多；FedMF-PartText 算法使用同态加密技术传输有用户项目交互的中间参数信息，增大了算法训练时间；FedMF-FullText 算法使用同态加密技术传输全部的中间参数信息（包括用户项目没有交互值的信息）的通信代价非常大，在现实中被认为是不可接受的；two stage RR 算法的参数传输同样使用同态加密技术，需要高昂的通信代价。本章提出的 FMFSS 算法要求用户在发送私有梯度至服务器前，通过秘密共享技术随机选择用户，将梯度分发给这些用户，服务器收到来自所有用户的梯度信息后，使用 FedAvg 算法聚合参数，这一过程中服务器无法推出用户的实际梯度值，且服务器收到的梯度信息在聚合后和真实的梯度信息是相同的，保护了过程隐私和存在隐私。FMFSS 算法引入了用户项目交互值，使得服务器在聚合模型时可以得到真实的梯度数量，确保了推荐准确度，且所有信息均是通过随机参数分片的方式传输的，并不会引入额外的加密运算。综上所述，本章提出的算法权衡了隐私保护、推荐准确度和通信效率，三者都达到了较好的水平。

表 11-6　在 15 个子数据集上不同算法每轮训练所需时间　　　　（单位：s）

子数据集	模型				
	FMFSS	FCF	FedMF-PartText	FedMF-FullText	two stage RR
$D0$	3.19	3.19	69.04	2187.45	551.53
$D1$	3.46	3.35	116.82	2245.96	637.43
$D2$	3.62	3.50	148.88	2265.35	609.48
$D3$	4.20	4.20	192.40	2229.47	669.12
$D4$	5.14	4.58	221.62	2385.95	689.36
$D5$	0.46	0.38	83.02	819.45	265.41
$D6$	1.14	1.05	87.05	1134.94	399.23
$D7$	2.00	1.90	106.53	1559.71	491.10
$D8$	2.76	2.60	107.37	1861.88	525.25
$D9$	4.06	3.26	110.91	1964.33	537.01
$D10$	0.23	0.16	124.13	1339.33	372.34
$D11$	0.58	0.45	323.28	2757.87	814.52
$D12$	2.76	2.36	324.12	2896.98	819.52
$D13$	4.56	4.06	324.45	2921.24	815.06
$D14$	5.71	5.39	331.53	2927.96	810.68

11.5　本　章　小　结

　　本章提出了一个基于秘密共享的联邦矩阵分解算法，该算法首先在用户端将本地梯度分解，使用秘密共享技术在用户间传输中间参数；然后引入了用户项目交互值，该值分解后和虚假梯度一起共享给随机选择的用户；最后服务器收到用户发来的虚假信息，聚合后得到真实的更新值，并未降低推荐准确度。该算法保护了用户值隐私、过程隐私、存在隐私，在用户-用户、用户-服务器间传递的信息均以随机参数分片的方式传输，并没有引入额外的加密运算。

第12章 基于迁移学习的跨组织联邦矩阵分解推荐

12.1 问 题 定 义

现有的联邦矩阵分解推荐方法大多是针对用户方参与训练模型的情形，在实际应用中，一个用户在不同的地方可能会有不同类型的数据记录。例如，在亚马逊上，用户通过二进制数据表示对商品的偏好，而在淘宝上，用户可以对一些商品给出五星级评分表示偏好。单个组织内部的数据大多是稀疏的，若将用户在不同组织的评分记录集中到一起，然后进行联合建模为用户推荐可能感兴趣的项目，可以有效改善组织的推荐效果。由于国家法律的限制或公司出于商业保密的需要，一般公司不会直接交换组织内的原始评分记录来联合建模用户的喜好，组织间难以协作训练模型，组织内训练模型精度较低。针对上述问题，本章展开了面向组织级的联邦矩阵分解推荐算法的研究。

12.2 单方跨组织联邦矩阵分解推荐算法

12.2.1 相关数学定义

针对组织间信息迁移导致隐私泄露问题，本章提出一种基于迁移学习的联邦矩阵分解推荐算法，根据辅助方数量不同，可以分为单方跨组织联邦矩阵分解推荐算法和多方跨组织联邦矩阵分解推荐算法。在模型训练前，辅助方根据目标方的数据类型对齐评分数据。随后，在组织内部均使用第11章提出的基于秘密共享的联邦矩阵分解算法预训练用户潜在因子矩阵和项目潜在因子矩阵，辅助方将训练好的最新的项目梯度加密后发送至目标方，目标方在已有成熟模型的基础上，将收到的加密梯度进行解密操作更新本地的项目矩阵，在这个过程中，保证了组织间信息安全传输。由于组织内部数据稀疏，目标方收到辅助方发送的潜在信息可以有效改善组织内推荐准确度较低的问题。表 12-1 列出了本章使用的符号及其含义。

表 12-1　符号及其含义

符号	含义
R	目标方的用户项目评分矩阵
U	目标方的用户潜在因子矩阵
A	辅助方的用户潜在因子矩阵

续表

符号	含义
$\tilde{R}$	辅助方的用户项目评分矩阵
V	目标方的项目潜在因子矩阵
$\tilde{V}$	辅助方的项目潜在因子矩阵
$\tilde{r}_{ui}$	辅助方的用户 u 对项目 j 的预测评分
u_i	目标方的用户 i
v_j	目标方的项目 j
U_i	目标方 u_i 的潜在因子向量
V_j	项目 j 的潜在因子向量
$\nabla U_i(j)$	目标方根据 r_{ij} 得到更新 U_i 向量的梯度
$\nabla U_j(i)$	目标方根据 r_{ij} 得到更新 V_j 向量的梯度
$\nabla U_j'(i)$	u_i 发送给服务器的更新 V_j 向量的虚假梯度
k	潜在因子数
α	学习率
λ	正则项系数
max iter	最大迭代次数
G_{sum}	目标方聚合后的梯度和
D_{test}	测试数据集

12.2.2　基于迁移学习的单方跨组织联邦矩阵分解推荐算法

图 12-1 是本章提出的基于迁移学习的单方跨组织联邦矩阵分解推荐算法的框架图。

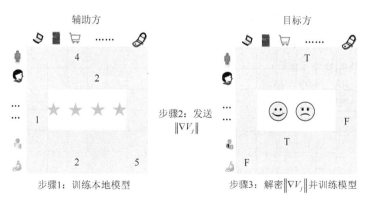

图 12-1　基于迁移学习的单方跨组织联邦矩阵分解推荐算法框架图

T 表示好评，F 表示差评

该算法可以分为两部分：辅助方训练和目标方训练，下面分别介绍两方的具体训练过程。

（1）辅助方：组织内部使用 FMFSS 算法训练本地模型，使用到的矩阵分解方法是 FunkSVD。在更新模型之前，根据目标方的数据类型对齐本地的评分数据。具体的更新参数方法为：$\nabla A_u = -e_{ui} \cdot \tilde{V}_i + \lambda \cdot A_u, \nabla \tilde{V}_i = -e_{ui} \cdot A_u + \lambda \cdot \tilde{V}_i$。其中，$\nabla A_u$ 表示辅助方本地更新用户 u 的特征向量的梯度；$\nabla \tilde{V}_i$ 表示辅助方本地计算的更新 v_i 特征向量的梯度；e_{ui} 表示误差，$e_{ui} = \tilde{r}_{ui} - A_u \cdot \tilde{V}_i^{\mathrm{T}}$，$\tilde{r}_{ui}$ 是辅助方的实际评分矩阵 $\tilde{R}$ 中的值，即用户对项目的评分，其中 $\tilde{R} = A \cdot \tilde{V}^{\mathrm{T}}$。辅助方得到成熟模型后（成熟模型指组织内训练次数达到预设阈值、模型误差达到预设阈值或模型过拟合），将 $[\![\nabla \tilde{V}_i]\!]$ 发送给目标方（$[\![\nabla \tilde{V}_i]\!]$ 是梯度 $\nabla \tilde{V}_i$ 使用加法同态加密后的值）。

（2）目标方：组织内部使用 FMFSS 算法训练部分本地模型，使用到的矩阵分解方法是 FunkSVD，更新参数的方法为：$U_u = U_u - \alpha \cdot \nabla U_u, V_i = V_i - \alpha \cdot \nabla V_i$。其中，$\nabla U_u = -e_{ui} \cdot V_i + \lambda \cdot U_u, \nabla V_i = -e_{ui} \cdot U_u + \lambda \cdot V_i$，$\nabla U_u$ 是目标方中用户 u 的用户潜在因子向量更新所需梯度，∇V_i 是目标方 v_i 的项目潜在因子向量更新所需梯度，在已有成熟模型的基础上，将收到的辅助方发送的项目梯度的密文解密，更新项目矩阵。

12.2.3　算法流程

算法 12-1 是基于迁移学习的单方跨组织联邦矩阵分解在辅助方的具体推荐算法，辅助方在本地使用 FMFSS 算法训练组织内的模型，当组织内训练停止后，计算最新一轮的项目梯度，将最新的项目梯度加密后的值发送给目标方。

算法 12-1　基于迁移学习的单方跨组织联邦矩阵分解推荐算法（辅助方）

输入：α，λ，k，V，最大迭代次数— max iter

输出：发送给目标方的 $[\![\nabla \tilde{V}]\!]$

1：服务器初始化项目配置文件 $\tilde{V}$

2：　**for** round $t \leftarrow 1, 2, \cdots, \mathrm{max\ iter}$ **do**：

3：　　　**for** j in Items **do**：

4：　　　　　**for** each Client i in 辅助方并行 **do**：

5：　　　　　　　**if** u_i 对 v_j 有评分行为：

6：　　　　　　　　$S_{ij} \leftarrow 1$

7：　　　　　　　　计算预测评分 $\hat{r}_{ij} \leftarrow <V_j, U_i>$

8：　　　　　　　　计算 $e_{ij} \leftarrow \tilde{r}_{ij} - \hat{r}_{ij}$

9：　　　　　　　　本地更新：$A_i \leftarrow A_i - \alpha \cdot \left(\lambda \cdot A_i - e_{ij} \cdot \tilde{V}_j \right)$

10: 　　　　　　　　　计算梯度：$\nabla \tilde{V}_j^{t-1}(i) \leftarrow e_{ij} \cdot A_i^{t-1} - \lambda \cdot \tilde{V}_j^{t-1}$

11: 　　　　　　　**else**:

12: 　　　　　　　　　$S_{ij} \leftarrow 0$

13: 　　　　　　　　　$\nabla \tilde{V}_j^{t-1}(i) \leftarrow 0$

14: 　　　　　　　**end if**

15: 　　　　　　　产生 p 个随机整数 $\in [0, n-1]$，将本地梯度和交互值随机共享给这 p 个用户，满足下列条件：

$$\nabla \tilde{V}_j(i) = \nabla \tilde{V}_j^{i}(i) + \nabla \tilde{V}_j^{r_1}(i) + \cdots + \nabla \tilde{V}_j^{r_{p-1}}(i) + \nabla \tilde{V}_j^{r_p}(i)$$

$$\text{and} \quad S_{ij} = S_{ij}^{i} + S_{ij}^{r_1} + \cdots + S_{ij}^{r_{p-1}} + S_{ij}^{r_p}$$

16: 　　　　　　　**if** u_i 收到了来自其他用户共享的信息：

17: 　　　　　　　　　$S_{ij}' \leftarrow S_{ij}^{i} + \sum_{\bar{I} \in \{U \setminus i\}} S_{ij}^{i}$,

$$\nabla \tilde{V}_j'(i) \leftarrow \nabla \tilde{V}_j^{i}(i) + \sum_{\bar{I} \in \{U \setminus i\}} \nabla \tilde{V}_j^{i}(\bar{I})$$

18: 　　　　　　　　**else** 　$S_{ij}' \leftarrow S_{ij}^{i}, \nabla \tilde{V}_j'(i) \leftarrow \nabla \tilde{V}_j^{i}(i)$

19: 　　　　　　　**end if**

20: 　　　　　　　上传 $< S_{ij}', \nabla \tilde{V}_j'(i) >$ 给服务器

21: 　　　　　**end for**

22: 　　　　$\nabla \tilde{V}_j^{t-1} = \sum_{i \in U} \nabla \tilde{V}_j^{t-1}(i) / |\nabla \tilde{V}'|$

23: 　　　　$\tilde{V}_j^{t} = \tilde{V}_j^{t-1} - \alpha \cdot \nabla \tilde{V}_j^{t-1}$

24: 　　　**end for**

25: **end for**

26: 最后一次训练最新梯度值 $\nabla \tilde{V}$

27: 　加密 $\nabla \tilde{V}$，发送 $[\![\nabla \tilde{V}]\!]$ 给目标方

　　算法12-2是基于迁移学习的单方跨组织联邦矩阵分解在目标方的具体推荐算法，目标方在本地使用 FMFSS 算法训练组织内的模型，当组织内训练停止后，将收到的项目梯度的加密值解密后更新项目矩阵。

算法 12-2　基于迁移学习的单方跨组织联邦矩阵分解推荐算法（目标方）

输入：α ，λ ，k ，V ，最大迭代次数— max iter

输出：最新项目矩阵 V

1: 服务器初始化项目配置文件 V

2: 　**for** round $t \leftarrow 1, 2, \cdots, \max$ iter **do**:

3: 　　**for** j in Items **do**:

4: 　　　　**for** each Client i in目标方并行 **do**:

5: 　　　　　　**if** u_i 对 v_j 有评分行为：

6: 　　　　　　　$S_{ij} \leftarrow 1$

7: 　　　　　　　计算预测评分 $\hat{r}_{ij} \leftarrow <V_j, U_i>$

8: 　　　　　　　计算 $e_{ij} \leftarrow r_{ij} - \hat{r}_{ij}$

9:　　　　　　　　　　本地更新：$U_i \leftarrow U_i - \alpha \cdot (\lambda \cdot U_i - e_{ij} \cdot V_j)$

10:　　　　　　　　　　计算梯度：$\nabla V_j^{t-1}(i) \leftarrow e_{ij} \cdot U_i^{t-1} - \lambda \cdot V_j^{t-1}$

11:　　　　　　　**else：**

12:　　　　　　　　　　$S_{ij} \leftarrow 0$

13:　　　　　　　　　　$\nabla V_j^{t-1}(i) \leftarrow 0$

14:　　　　　　　**end if**

15:　　　　　产生 p 个随机整数 $\in [0, n-1]$，将本地梯度和交互值随机共享给这 p 个用户，满足下列条件：

$$S_{ij} = S_{ij}^i + S_{ij}^n + \cdots + S_{ij}^{r_{p-1}} + S_{ij}^{r_p} \qquad\qquad \text{and}$$

$$\nabla V_j(i) = \nabla V_j^i(i) + \nabla V_j^n(i) + \cdots + \nabla V_j^{r_{p-1}}(i) + \nabla V_j^{r_p}(i)$$

16:　　　　　　　**if** u_i 收到了来自其他用户共享的信息：

17:　　　　　　　　　　$S_{ij}' \leftarrow S_{ij}^i + \sum\limits_{\bar{i} \in \{U \setminus i\}} S_{ij}^i$ ，

$$\nabla V_j'(i) \leftarrow \nabla V_j^i(i) + \sum\limits_{\bar{i} \in \{U \setminus i\}} \nabla V_j^i(\bar{i})$$

18:　　　　　　　**else** $S_{ij}' \leftarrow S_{ij}^i, \nabla V_j'(i) \leftarrow \nabla V_j^i(i)$

19:　　　　　　　**end if**

20:　　　　　上传 $< S_{ij}', \nabla V_j'(i) >$ 给服务器

21:　　　**end for**

22:　　　$\nabla V_j^{t-1} = \sum\limits_{i \in U} \nabla V_j^{t-1}(i) / |\nabla V'|$

23:　　　$V_j^t = V_j^{t-1} - \alpha \cdot \nabla V_j^{t-1}$

24:　　**end for**

25: **end for**

26: 收到辅助方发送的最新的 $\llbracket \nabla \tilde{V} \rrbracket$

27: 解密 $\llbracket \nabla \tilde{V} \rrbracket$ 得到 $\nabla \tilde{V}$

28:　训练本地项目配置矩阵，得到最新模型

12.3　多方跨组织联邦矩阵分解推荐算法

12.3.1　基于迁移学习的多方跨组织联邦矩阵分解推荐算法

12.2 节讨论了两个组织间进行迁移学习训练模型的算法，目标方只收到一个辅助方的加密梯度，本节将共同训练矩阵的组织数扩展到多方的场景，多方中任意两方间的交互使用 12.2 节中的单方跨组织传递信息的算法。所有共同协作训练模型的参与方中有一个目标方，其余为辅助方，目标方会收到多个辅助方发送的梯度的加密值，分别解密后聚合参数，然后更新项目矩阵，图 12-2 是基于迁移学习的多方跨组织联邦矩阵分解推荐的框架图。

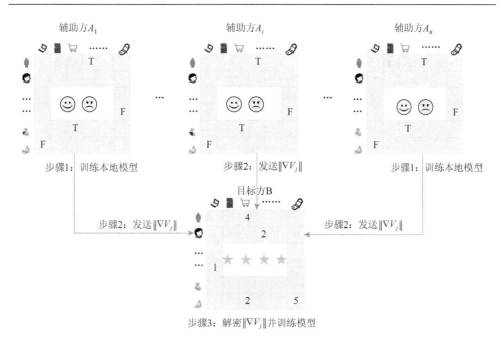

图 12-2　基于迁移学习的多方跨组织联邦矩阵分解推荐框架

12.3.2　算法流程

基于迁移学习的多方跨组织联邦矩阵分解推荐算法在目标方的训练过程如算法 12-3 所示。多个辅助方在本地使用 FMFSS 算法训练组织内的模型，然后将项目梯度的加密值发送给目标方。目标方收到来自各方的梯度加密值后对其解密聚合参数，最后更新本地矩阵。

（1）辅助方：多方跨组织中各个组织内部更新模型的方法和单方跨组织的辅助方更新模型方法相同，参照算法 12-1。

（2）目标方：如算法 12-3 所示，组织内部使用 FMFSS 算法训练部分本地模型，更新参数如下：$U_u = U_u - \alpha \cdot \nabla U_u$，$V_i = V_i - \alpha \cdot \nabla V_i$。其中，$\nabla U_u = -e_{ui} \cdot V_i + \lambda \cdot U_u$，$\nabla V_i = -e_{ui} \cdot U_u + \lambda \cdot V_i$，$\nabla U_u$ 是目标方用户 u 的用户潜在因子向量更新所需梯度，∇V_i 是目标方 v_i 的项目潜在因子向量更新所需梯度。训练得到成熟模型后，目标方根据收到的各个辅助方发来的项目梯度的加密值，分别解密后聚合参数，更新项目矩阵 V。

算法 12-3　基于迁移学习的多方跨组织联邦矩阵分解推荐算法（目标方）

输入：α，λ，k，V，辅助方个数—s，最大迭代次数— max iter
输出：最新项目矩阵 V

1: 服务器初始化项目配置文件 V，$G_{\text{sum}} = \{0\}$
2: **for** round $t \leftarrow 1, 2, \cdots, \text{max iter}$ **do**:
3: 　　　**for** j in Items **do**:
4: 　　　　　**for** each Client i in 并行 **do**:
5: 　　　　　　　**if** u_i 对 v_j 有评分行为:
6: 　　　　　　　　　$S_{ij} \leftarrow 1$
7: 　　　　　　　　　计算预测评分 $\hat{r}_{ij} \leftarrow <V_j, U_i>$
8: 　　　　　　　　　计算 $e_{ij} \leftarrow r_{ij} - \hat{r}_{ij}$
9: 　　　　　　　　　本地更新：$U_i \leftarrow U_i - \alpha \cdot (\lambda \cdot U_i - e_{ij} \cdot V_j)$
10: 　　　　　　　　　计算梯度：$\nabla V_j^{t-1}(i) \leftarrow e_{ij} \cdot U_i^{t-1} - \lambda \cdot V_j^{t-1}$
11: 　　　　　　　**else**:
12: 　　　　　　　　　$S_{ij} \leftarrow 0$
13: 　　　　　　　　　$\nabla V_j^{t-1}(i) \leftarrow 0$
14: 　　　　　　　**end if**
15: 　　　　　　　产生 p 个随机整数 $\in [0, n-1]$，将本地梯度和交互值随机共享给这 p 个用户，满足下列
　　　条件：

$$S_{ij} = S_{ij}^i + S_{ij}^{r_1} + \cdots + S_{ij}^{r_{p-1}} + S_{ij}^{r_p} \quad \text{and}$$

$$\nabla V_j(i) = \nabla V_j^i(i) + \nabla V_j^{r_1}(i) + \cdots + \nabla V_j^{r_{p-1}}(i) + \nabla V_j^{r_p}(i)$$

16: 　　　　　　　**if** u_i 收到了来自其他用户共享的信息:

17: 　　　　　　　　　$S_{ij}' \leftarrow S_{ij}^i + \sum_{\overline{i} \in \{U \setminus i\}} S_{ij}^i \quad \text{and}$

$$\nabla V_j^i(i) \leftarrow \nabla V_j^i(i) + \sum_{\overline{i} \in \{U \setminus i\}} \nabla V_j^i(\overline{i})$$

18: 　　　　　　　**end if**
19: 　　　　　　　上传 $\langle S_{ij}', \nabla V_j'(i) \rangle$ 给服务器
20: 　　　　　**end for**
21: 　　　　　$\nabla V_j^{t-1} = \sum_{i \in U} \nabla V_j^{t-1}(i) / |\nabla V|$
22: 　　　　　$V_j^t = V_j^{t-1} - \alpha \cdot \nabla V_j^{t-1}$
23: 　　　**end for**
24: **end for**
25: **for** each 辅助方 i in 并行 **do**:
26: 　　　收到辅助方发送的最新的 $[\![\nabla \tilde{V}_i]\!]$
27: 　　　解密 $[\![\nabla \tilde{V}_i]\!]$
28: 　　　$G_{\text{sum}} \mathrel{+}= \nabla \tilde{V}_i$
29: **end for**
30: 使用 G_{sum} / s 更新本地项目矩阵，得到最新模型

12.4　实验结果及分析

为了验证本章提出的基于迁移学习的单方和多方跨组织联邦矩阵分解推荐算法的有效性，本节将在 3 个公开数据集上进行实验。

12.4.1　实验设置

1）数据集及相关设置

数据集：为了验证本章提出的跨组织联邦矩阵分解推荐算法的推荐准确度，在 3 个真实数据集（ML-100K、ML-1M、FilmTrust）上进行实验，数据集属性如表 12-2 所示。

表 12-2　数据集属性

属性	ML-100K	ML-1M	FilmTrust
用户数/个	943	6 040	1 508
电影数/个	1 648	3 952	2 071
评分数/条	100 000	1 000 209	35 497

参数设置：在本章实验中，矩阵分解模型训练的学习率 α 取 0.03，正则项系数 λ 取 0.03，潜在因子数 k 取 20，秘密共享数量 p 取 10，使用的同态加密方法是 Paillier，密钥长度为 1024，实验中随机划分训练集和测试集比例为 9：1。

实验环境：本章所有实验都是在一台具有 2.50GHz 8 核 CPU 和 32GB RAM 的电脑上进行的。

单方跨组织子数据集：将原始数据集按照不同评分数划分成多个无交集的子数据集，划分比例分别是 1：1、1：2、1：4，在 6 个子数据集上模拟真实世界中不同组织间的协作训练。子数据集的相关属性如表 12-3～表 12-5 所示。

表 12-3　ML-100K 子数据集属性（单方跨组织）

数据集比例	子数据集	用户数/个	项目数/个	评分数/条
1：1	ML-100K_D1	943	1 607	50 000
	ML-100K_D2	943	1 616	50 000
1：2	ML-100K_D3	943	1 564	33 333
	ML-100K_D4	943	1 682	66 667
1：4	ML-100K_D5	940	1 484	20 000
	ML-100K_D6	943	1 653	80 000

表 12-4　ML-1M 子数据集属性（单方跨组织）

数据集比例	子数据集	用户数/个	项目数/个	评分数/条
1：1	ML-1M_D1	6040	3649	500 104
	ML-1M_D2	6040	3649	500 105

数据集比例	子数据集	用户数/个	项目数/个	评分数/条
1：2	ML-1M_D3	6040	3592	333 403
	ML-1M_D4	6040	3676	666 806
1：4	ML-1M_D5	6037	3522	200 041
	ML-1M_D6	6040	3682	800 168

表 12-5　**FilmTrust 子数据集属性（单方跨组织）**

数据集比例	子数据集	用户数/个	项目数/个	评分数/条
1：1	FilmTrust_D1	1425	1746	17 747
	FilmTrust_D2	1422	1748	17 747
1：2	FilmTrust_D3	1360	1429	11 831
	FilmTrust_D4	1457	1851	23 663
1：4	FilmTrust_D5	1252	1044	7098
	FilmTrust_D6	1486	1940	28 396

多方跨组织子数据集：将原始数据集按照不同评分数比例来划分子数据集，划分比例分别是 1：1：1：1 和 1：2：4：8，在 8 个子数据集上模拟真实世界中不同组织间的共享推荐。子数据集的相关属性如表 12-6～表 12-8 所示。

表 12-6　**ML-100K 子数据集属性（多方跨组织）**

数据集比例	子数据集	用户数/个	项目数/个	评分数/条
1：1：1：1	ML-100K_1	942	1531	25 000
	ML-100K_2	943	1522	25 000
	ML-100K_3	942	1523	25 000
	ML-100K_4	942	1533	25 000
1：2：4：8	ML-100K_5	889	1262	6666
	ML-100K_6	931	1306	13 334
	ML-100K_7	943	1388	26 668
	ML-100K_8	943	1542	53 332

表 12-7　**ML-1M 子数据集属性（多方跨组织）**

数据集比例	子数据集	用户数/个	项目数/个	评分数/条
1：1：1：1	ML-1M_1	6040	3558	250 052
	ML-1M_2	6040	3567	250 053
	ML-1M_3	6038	3574	250 052
	ML-1M_4	6039	3563	250 052

续表

数据集比例	子数据集	用户数/个	项目数/个	评分数/条
1∶2∶4∶8	ML-1M_5	5824	3332	66 680
	ML-1M_6	6010	3390	133 362
	ML-1M_7	6039	3461	266 724
	ML-1M_8	6040	3581	533 443

表 12-8　FilmTrust 子数据集属性（多方跨组织）

数据集比例	子数据集	用户数/个	项目数/个	评分数/条
1∶1∶1∶1	FilmTrust_1	1315	1206	8873
	FilmTrust_2	1317	1213	8874
	FilmTrust_3	1307	1205	8874
	FilmTrust_4	1313	1210	8873
1∶2∶4∶8	FilmTrust_5	936	477	2366
	FilmTrust_6	1138	603	4734
	FilmTrust_7	1324	867	9466
	FilmTrust_8	1432	1360	18 928

2）评价指标

衡量推荐准确度指标为 MAE 和 RMSE，具体计算方法见第 1 章式（1-8）和式（1-9）。

3）对比模型

（1）FMFSS：本书提出的基于秘密共享的保护用户隐私的联邦矩阵分解推荐算法。

（2）跨组织联邦推荐（COFR）：本章提出的基于迁移学习跨组织的保护用户隐私的联邦矩阵分解推荐算法。

12.4.2　实验结果

1）基于迁移学习的单方跨组织联邦矩阵分解推荐算法

比较迁移学习前后组织内的推荐准确度变化，迁移前使用的是 FMFSS 算法，使用 COFR 算法进行组织间的迁移学习。图 12-3～图 12-5 为本章提出的基于迁移学习的单方跨组织联邦矩阵分解推荐算法在子数据集评分数量比例为 1∶1、1∶2、1∶4 条件下进行迁移学习后的 RMSE 对比。图 12-6～图 12-8 为本章提出的基于迁移学习的单方跨组织联邦矩阵分解推荐算法在子数据集评分数量比例为 1∶1、1∶2、1∶4 条件下进行迁移学习后的 MAE 对比。

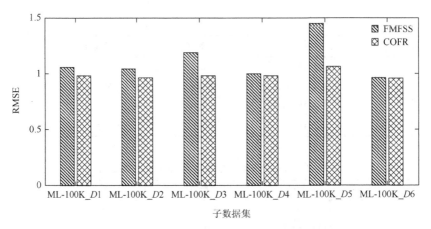

图 12-3　不同算法在 ML-100K 子数据集上的 RMSE 值

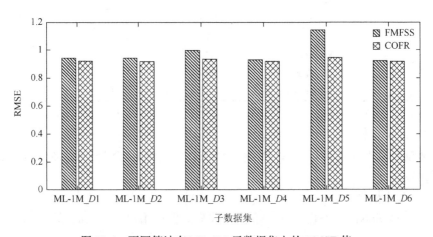

图 12-4　不同算法在 ML-1M 子数据集上的 RMSE 值

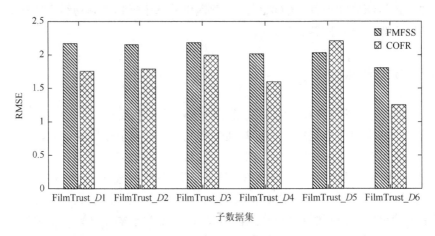

图 12-5　不同算法在 FilmTrust 子数据集上的 RMSE 值

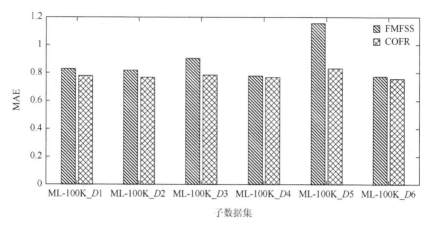

图 12-6　不同算法在 ML-100K 子数据集上的 MAE 值

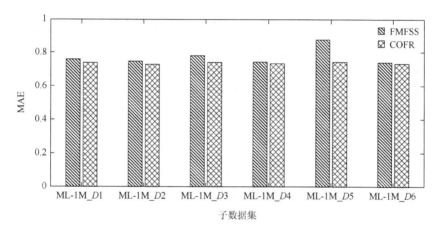

图 12-7　不同算法在 ML-1M 子数据集上的 MAE 值

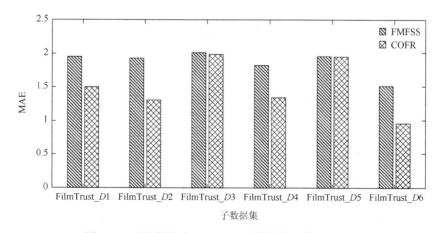

图 12-8　不同算法在 FilmTrust 子数据集上的 MAE 值

由图 12-3～图 12-8 可以得出结论,本章提出的基于迁移学习的单方跨组织联邦矩阵分解推荐算法在数据集 FilmTrust、ML-1M、ML-100K 的子数据集上的 RMSE、MAE 值比未使用迁移学习的算法要好。在同一数据集的不同比例的子数据集中,较大数据集向较小数据集迁移的结果要优于较小数据集向较大数据集迁移的结果,如图 12-4 和图 12-7 所示,当迁移目标方与辅助方数据集评分数量比例相同时,双方模型推荐准确度提升效果差距不大。具体说来,比例为 1∶1 的子数据集提升的推荐准确度近似相同,ML-100K、ML-1M、FilmTrust 数据集的 6 个子数据集的 MAE 值提升比例分别为 6.7%、3%、30%,RMSE 值提升比例分别为 8%、2.3%、20%。比例为 1∶2 的子数据集的 MAE 值提升比例分别为 FilmTrust 子数据集:35%、1.2%,ML-1M 子数据集:5%、1.3%,ML-100K 子数据集:12%、1.5%,RMSE 值提升比例分别为 FilmTrust 子数据集:26%、9%,ML-1M 子数据集:6%、1.2%,ML-100K:21%、1.7%。比例为 1∶4 的子数据集的 MAE 值提升比例分别为 FilmTrust 子数据集:50%、1%,ML-1M 子数据集:18%、1%,ML-100K 子数据集:39%、2%,RMSE 值提升比例分别为 FilmTrust 子数据集:50%、0.2%,ML-1M 子数据集:19.8%、0.5%,ML-100K 子数据集:36%、0.4%。分析上述结果,当目标方与辅助方数据集数量相同时,二者迁移到对方的梯度信息数量相差不多,提升的推荐准确度近似相等。当二者数据集数量差距较大,较大数据集作为辅助方时,目标方收到的梯度信息多于本地信息,推荐准确度提升的效果较好。

2)基于迁移学习的多方跨组织联邦矩阵分解推荐算法

比较迁移学习前后组织内的推荐准确度变化,迁移前使用的是 FMFSS 算法,使用 COFR 算法进行组织间的迁移学习。

图 12-9(a)、图 12-11(a)、图 12-13(a)为本章提出的基于迁移学习的多方跨组织联邦矩阵分解推荐算法在子数据集评分数量比例为 1∶1∶1∶1 条件下进行迁移学习后的 RMSE 值。图 12-9(b)、图 12-11(b)、图 12-13(b)为本章提出的基于迁移学习的多方跨组织联邦矩阵分解推荐算法在子数据集评分数量比例为 1∶1∶1∶1 条件下进行迁移学习后的 MAE 值。图 12-10(a)、图 12-12(a)、图 12-14(a)为本章提出的基于迁移学习的多方跨组织联邦矩阵分解推荐算法在子数据集评分数量比例为 1∶2∶4∶8 条件下进行迁移学习后的 RMSE 值。图 12-10(b)、图 12-12(b)、图 12-14(b)为本章提出的基于迁移学习的多方跨组织联邦矩阵分解推荐算法在子数据集评分数量比例为 1∶2∶4∶8 条件下进行迁移学习后的 MAE 值。

由图 12-9～图 12-14 可以得出结论,本章提出的基于迁移学习的多方跨组织联邦矩阵分解推荐算法在数据集 ML-100K、ML-1M、FilmTrust 的子数据集上的

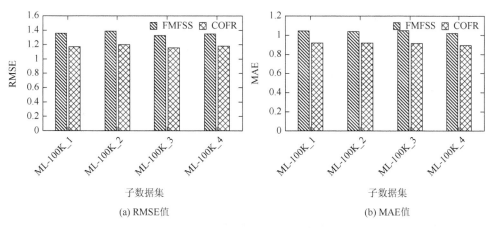

(a) RMSE值　　　　　　　　　　　　　　　(b) MAE值

图 12-9　不同算法在 ML-100K 子数据集评分数量比例为 1：1：1：1 时的结果

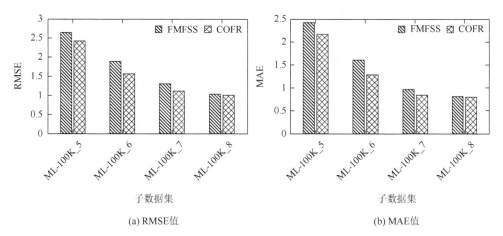

(a) RMSE值　　　　　　　　　　　　　　　(b) MAE值

图 12-10　不同算法在 ML-100K 子数据集评分数量比例为 1：2：4：8 时的结果

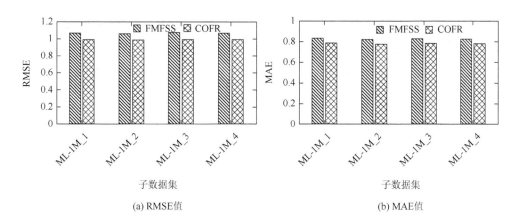

(a) RMSE值　　　　　　　　　　　　　　　(b) MAE值

图 12-11　不同算法在 ML-1M 子数据集评分数量比例为 1：1：1：1 时的结果

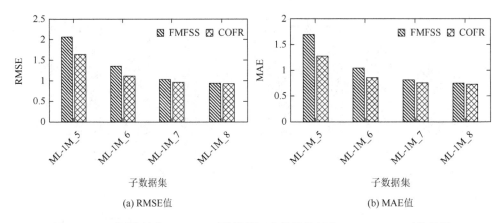

(a) RMSE值   (b) MAE值

图 12-12　不同算法在 ML-1M 子数据集评分数量比例为 1∶2∶4∶8 时的结果

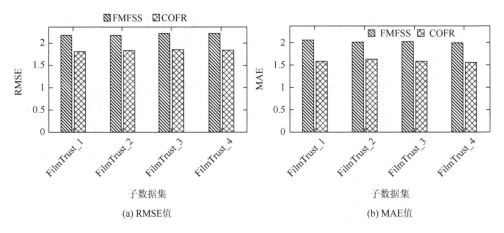

(a) RMSE值   (b) MAE值

图 12-13　不同算法在 FilmTrust 子数据集评分数量比例为 1∶1∶1∶1 时的结果

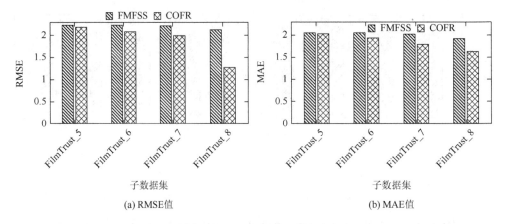

(a) RMSE值   (b) MAE值

图 12-14　不同算法在 FilmTrust 子数据集评分数量比例为 1∶2∶4∶8 时的结果

RMSE、MAE 值比未使用迁移学习的算法要好。在同一数据集的不同比例的子数据集中，较大数据集向较小数据集迁移的结果要优于较小数据集向较大数据集迁移的结果，当迁移目标方与辅助方数据集评分数量比例相同时，双方模型推荐准确度提升效果相差不多。更具体地说，1：1：1：1 比例下三个数据集推荐准确度提升的 MAE 值分别为 FilmTrust 子数据集：30.9%、23.4%、27.9%、27.5%，ML-1M 子数据集：5.7%、4.5%、5.6%、5.7%，ML-100K 子数据集：13.4%、13%、14.5%、13.9%。1：2：4：8 比例下三个数据集推荐准确度提升的 MAE 值分别为 FilmTrust 子数据集：17.8%、12.9%、6.3%、0.8%，ML-1M 子数据集：32.3%、21.2%、7.2%、2.9%，ML-100K 子数据集：25.1%、11.8%、14.2%、1.7%。分析上述结果，当目标方与多个辅助方数据集数量相同时，辅助方迁移到目标方的梯度信息数量相差不多，提升的推荐准确度近似相等。当辅助方的数据集数量大于目标方时，那么目标方收到的梯度信息多于本地信息，获得了更多的信息，推荐准确度提升的效果较好。

12.5　本　章　小　结

针对跨组织联邦矩阵分解推荐中的隐私保护和推荐准确度较低的问题，本章设计出一种基于迁移学习的跨组织联邦矩阵分解推荐算法，该算法中各个参与方在组织内部使用基于秘密共享的联邦矩阵分解推荐算法预训练用户潜在因子矩阵和项目潜在因子矩阵，辅助方将最新的训练好的项目梯度加密发送至目标方，最后目标方在已有成熟模型的基础上，将项目梯度的加密值进行解密操作更新本地的项目矩阵，保证组织间信息传输安全并提高了组织内的推荐准确度。

第 13 章 基于单稀疏辅助域的跨域推荐

13.1 问 题 定 义

密码本迁移（codebook transfer，CBT）算法是传统的单辅助域的迁移推荐算法，它从单个辅助域中迁移类簇级评分模式到目标域。多非密集域的迁移学习推荐（MINDTL-Single）算法对 CBT 算法中的正交非负矩阵三因式分解算法进行改进，提出了针对非密集域的非稠密正交非负矩阵三因式分解（IONMTF）算法，提高了针对非密集域的推荐准确度。上述的两种算法只对单个辅助域的信息进行迁移，目标域推荐性能提升十分有限，也易产生过拟合的情况。CBT 算法和 MINDTL-Single 算法建立在辅助域评分矩阵包含大量待迁移知识的基础上，即辅助域评分矩阵是密集的，而目标域评分矩阵是稀疏的。在实际需要迁移大量知识时，评分密集的辅助域评分矩阵难以获取，所以针对稀疏的辅助域矩阵提取可迁移信息是本章的研究重点。为了解决对稀疏辅助域的信息提取问题，本章的研究如下。

本章提出了基于单稀疏辅助域的用户特异性跨域推荐（SDCR）算法，该算法在 CBT 算法和 MINDTL-Single 算法的基础上，改进了针对稀疏的辅助域的知识提取方法，并且通过用户评分稀疏程度的差异来划分目标域的知识迁移的方法。SDCR 算法首先采用 FunkSVD 对辅助域进行分解，获取用户潜在因子矩阵和项目潜在因子矩阵，再使用自动选取聚类中心的密度峰聚类算法（ADPCA）对二者分别进行聚类，获取用户簇矩阵和项目簇矩阵，二者点积获取基于辅助域信息的类簇级评分矩阵，将此矩阵定义为密码本矩阵。

SDCR 算法与 CBT 算法、MINDTL-Single 算法最大的区别在对辅助域的处理方式上。CBT 算法直接采用正交非负矩阵三因式分解（ONMTF）的方法，相当于在辅助域的用户和项目两个维度上进行 k 均值聚类；而 MINDTL-Single 算法针对非密集的辅助域进行了改进，采用 IONMTF 算法，即在 ONMTF 聚类前，提取出用户评分密集且项目评分密集的行列，重新组合成辅助域矩阵，再进行双向 k 均值聚类。这两种算法在面对稀疏程度较高的辅助域时效果较差，并且随着辅助域稀疏程度越高，迁移后推荐的准确度越低。此外，由于 ONMTF 算法和 IONMTF 算法都是基于双向的 k 均值聚类算法，所以聚类中心的选取会对迁移的精度产生较大的影响。

　　图 13-1 是密码本构建算法的示例图。假设稀疏辅助域为 $X_{\text{source}}(p \times q)$，目标域为 $X_{\text{target}}(m \times n)$，图 13-1 中矩阵的行、列分别表示用户和项目，矩阵中数字代表用户对某个项目的评分，空白处表示用户未对该项目进行评分。在迁移过程中，首先通过 FunkSVD 的方法将原矩阵分解成两个矩阵，即用户潜在因子矩阵和项目潜在因子矩阵。然后通过自动选取聚类中心的密度峰聚类算法对两个矩阵分别进行聚类，在这一步中算法会自动选取合适的聚类数。使用得到的用户潜在因子矩阵 ($U_{\text{source-cluster}}$) × 项目潜在因子矩阵 ($V_{\text{source-cluster}}$) 获取密码本。

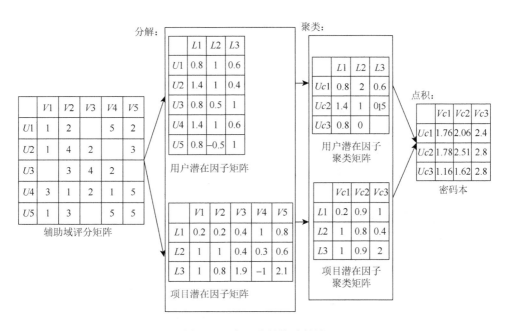

图 13-1　密码本的构建算法

　　图 13-2 是用户特异性密码本迁移算法示例图，该算法将包含辅助域信息的密码本迁移到目标域中。将每个用户的评分数据作为一个独立的个体，由于每个用户看待项目所属的类别是不同的，所以可以定义多个目标域项目种属矩阵。最后将迁移的单个用户的评分结合成整个目标域用户评分矩阵，再进行二进制加权处理。

　　如图 13-3 所示，在获取了每个目标域用户对应的迁移评分后，再通过 FunkSVD 训练目标域数据，获取基于目标域用户已有评分的推荐评分，判断迁移后的精准度和基于目标域评分迁移的精准度，重构目标域矩阵。

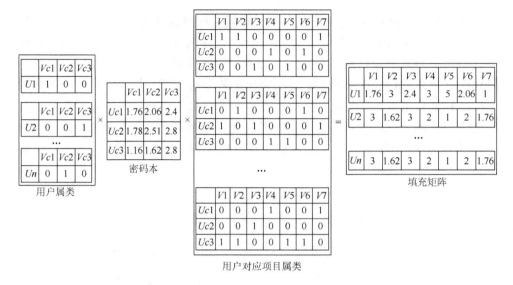

图 13-2　用户特异性密码本迁移算法

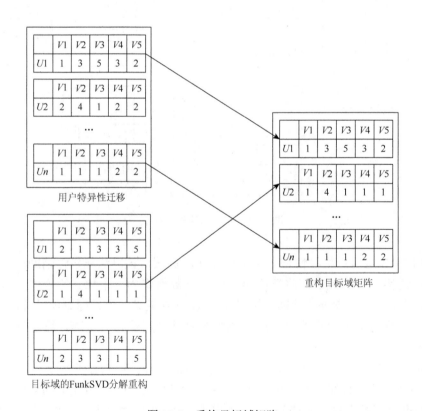

图 13-3　重构目标域矩阵

13.2 单稀疏辅助域的跨域推荐

为了缓解跨域推荐算法在稀疏辅助域情况下精度不高的问题，提出了 SDCR 算法，本节将从问题描述、算法设计和算法分析出发，详细阐述 SDCR 算法的构建过程和构建方法，最后通过伪代码的形式展示算法的具体流程步骤。此外，也对算法的时间复杂度进行了分步分析。

13.2.1 问题描述

给定一个稀疏辅助域矩阵 X_{source} ［规模为 $(n \times n)$］和一个目标域矩阵。算法的目标是在当前稀疏程度或稀疏程度更小的辅助域矩阵中学习知识，并顺利迁移到目标域，以缓解目标域的稀疏性和冷启动问题。

13.2.2 算法设计

为了解决稀疏辅助域的跨域推荐问题,本书采用 FunkSVD 算法先对辅助域矩阵进行分解，获取分解后辅助域的用户潜在因子矩阵 U_{source} 和项目潜在因子矩阵 V_{source}，再将二者分别使用 ADPCA 进行聚类，获取类簇级评级潜在因子矩阵 $U_{source-cluster}$ 和 $V_{source-cluster}$，最后点积得到类簇级评级模式密码本矩阵 B。根据目标域矩阵的稀疏程度，决定是否将迁移信息扩展至目标域矩阵中。SDCR 算法将迁移分为两步：首先构造密码本，然后将密码本矩阵中的信息迁移扩充到目标域。下面是 SDCR 算法的详细阐述。

通过 FunkSVD 算法将原评分矩阵 X 分解为两个低维矩阵，分别是用户潜在因子矩阵 U 和项目潜在因子矩阵 V。为了让用户已有评分和预测评分残差尽可能小，采用均方差作为损失函数。原评分矩阵 X 经过分解投射到 k 维空间，得到用户潜在因子矩阵 U、项目潜在因子矩阵 V，两个向量中的元素分别意味着用户 u 和项目 i 对各项潜在因子的符合程度。假设稀疏的辅助域矩阵为 X_{source}，优化下列损失函数获取用户潜在因子矩阵 U_{source} 和项目潜在因子矩阵 V_{source}，如式（13-1）所示：

$$X_{source} = \min_{U_{source}, V_{source}} \sum \left(X_{source} - U_{source} \cdot V_{source}^{T} \right)^{2} + \lambda \left(\left\| U_{source} \right\|^{2} + \left\| V_{source} \right\|^{2} \right) \quad (13\text{-}1)$$

对式（13-1）使用梯度下降迭代获取 U_{source} 和 V_{source}，如式（13-2）和式（13-3）所示：

$$U_{source} = U_{source} + \alpha_{1} \left[\left(X_{source} - U_{source} \cdot V_{source}^{T} \right) V_{source} - \lambda U_{source} \right] \quad (13\text{-}2)$$

$$V_{\text{source}} = V_{\text{source}} + \alpha_2 \left[\left(X_{\text{source}} - U_{\text{source}} \cdot V_{\text{source}}^{\text{T}} \right) U_{\text{source}} - \lambda V_{\text{source}} \right] \qquad (13\text{-}3)$$

式中，α_1 和 α_2 分别为两个矩阵更新过程中的学习率。获取 U_{source} 和 V_{source} 之后，分别使用密度峰聚类算法[106]（density peak clustering algorithm，DPCA）进行聚类。将 U_{source} 和 V_{source} 的每一行分别看成是一个用户向量和一个项目向量，即 $U = \{U_1, U_2, \cdots, U_n\}$，$V = \{V_1, V_2, \cdots, V_n\}$。

DPCA 相比 k 均值聚类算法搜寻聚类中心更快，经过改进后可以自动选取聚类中心。DPCA 认为聚类中心处的样本相对密集，且不同的两个聚类中心之间距离较远。因此，对于一个数据集 $A = \{P_1, P_2, \cdots, P_n\}$ 中的每一个点 P_i，计算每一个点局部密度 ρ_i 和相邻密度点距离 δ_i。

定义每个用户向量所对应的局部密度 ρ_i 为以 d_c 为半径的圆中点的个数，计算方法如式（13-4）所示：

$$\rho_i = \sum_j x(d_j - d_c) \qquad (13\text{-}4)$$

$x(d_j - d_c)$ 的取值如式（13-5）所示：

$$x(d_j - d_c) = \begin{cases} 1, & d_j - d_c < 0 \\ 0, & d_j - d_c \geqslant 0 \end{cases} \qquad (13\text{-}5)$$

式中，d_c 为距离阈值，即截断距离。

通过计算可以找到中心点与第 i 个数据点之间的距离小于截断距离 d_c 的数据点的个数，并将其作为第 i 个数据点的真实密度。关于 ρ_i 和 d_c 的具体计算方式可以采用类高斯公式。对于 U_{source}，首先计算每个向量对应的局部密度 ρ_i 和截断距离 d_c，ρ_i 使用式（13-6）计算，即

$$\rho_i = \sum_{j=1}^{N} e^{-\left(\frac{d_j}{d_c} \right)} \qquad (13\text{-}6)$$

根据局部密度的定义，计算出数据集中每个点的密度，依照密度确定聚类中心距离 δ_i，定义为相邻密度点距离 δ_i，δ_i 是在比点 U_i 密度高的数据点中和 U_i 最相邻的点到 U_i 的距离。δ_i 的计算如式（13-7）所示：

$$\delta_i = \min_{j:\rho_j > \rho_i} (d_j) \qquad (13\text{-}7)$$

ADPCA 基于相邻密度点距离 δ_i 和局部密度 ρ_i 的归一化乘积评测聚类点的差异度。簇中心权值 γ_i 的计算如式（13-8）所示：

$$\gamma_i = \delta_i \cdot \rho_i \qquad (13\text{-}8)$$

用两点之间线段的斜率表示簇中心权值的下降趋势，计算方法如式（13-9）所示：

$$k_i^m = \frac{\delta_{i+m} - \delta_i}{m} \qquad (13\text{-}9)$$

式中，k_i^m 为在区间$[i, i+m]$内的簇中心权值的平均变化率，是 γ_i 的变化趋势。拐点表示偏离度的"总体"趋势变化最快的临界点，计算方法如式（13-10）所示：

$$\chi = \arg\left(\max \frac{k_i^1}{k_1^{i-1}}\right) \tag{13-10}$$

拐点之前的点作为簇中心点，即聚类中心点，计算出聚类中心点后，分别将每个用户向量归入相应的用户类中，将评分进行均一化处理后的矩阵即为类簇级评级用户潜在因子矩阵 $U_{\text{source-cluster}}$，同理对 V_{source} 采用相同的方法可以得到 $V_{\text{source-cluster}}$。通过式（13-11）获取待迁移的类簇级评级模式密码本矩阵 B：

$$B = U_{\text{source-cluster}} \cdot V_{\text{source-cluster}}^{\text{T}} \tag{13-11}$$

密码本构建算法的具体流程和步骤如算法 13-1 所示。

算法 13-1　密码本构建算法

输入：$k \times l$ 的评分矩阵 X_{source}，迭代次数 T

输出：$p \times q$ 的密码本矩阵 B

1. 分配 U_{source} 和 V_{source}

2. 随机初始化 $U_{\text{source}}^{(0)}$ 和 $V_{\text{source}}^{(0)}$

3. **for** $t \leftarrow 1, \cdots, T$ **do**

4. 　　通过式（13-2）和式（13-3）更新 $U_{\text{source}}^{(t-1)}$ 和 $V_{\text{source}}^{(t-1)}$，得到 $U_{\text{source}}^{(t)}$ 和 $V_{\text{source}}^{(t)}$

5. **end for**

6. 分配 $U_{\text{source-cluster}}$ 和 $V_{\text{source-cluster}}$

7. 计算 U_{source} 的 d_c，聚类中心数占总点数的 2%

8. **for** $i \leftarrow 1, \cdots, p$ **do**

9. 　　通过式（13-6）计算 ρ_i

　　　　通过式（13-7）计算 δ_i

10. **end for**

11. **for** $i \leftarrow 1, \cdots, p$ **do**

12. 　　通过式（13-8）计算 γ_i

13. **end for**

14. **for** $i \leftarrow 1, \cdots, p$ **do**

15. 　　通过式（13-9）计算 $\dfrac{k_i^1}{k_1^{i-1}}$，保存在 k 中

16. **end for**

17. 通过式（13-10）对 k 进行排序，选择 χ 之前的点作为聚类中心点

18. 计算同一簇内的平均值并与 $U_{\text{source-cluster}}$ 相加

19. 对 V_{source} 采用同样的方法，得到 $V_{\text{source-cluster}}$

20. 通过式（13-11）计算 B

通过算法 13-1，可以获得一个来自辅助域并且包含丰富信息的类簇级评级模式密码本矩阵 B。

SDCR 算法接下来的目标是将类簇级评级模式密码本矩阵 B 中的评分信息通

过迁移扩充到目标矩阵中。对此，针对用户评分稀疏程度的不同，SDCR 算法设计了两种不同的方法。算法 13-2 在用户评分稀疏程度小于或等于 λ 时，采用迁移后的数据。此时，由于目标域的用户信息较少，目标域用户本身的评分不足以描述用户的偏好。但当目标域的稀疏程度大于 λ 时，目标域用户的评分数据较为密集，使用目标域用户的评分数据推荐的准确度大于迁移后的推荐准确度，这时选择目标域该用户的评分数据进行推荐的准确度较高。不同目标域对迁移稀疏程度的敏感度是不同的，所以在进行迁移工作前要判断合适的 λ。用户对项目拥有足够多的评分信息时，可以找出针对不同用户差异性的对应项目分类。这样等同于在不同用户的视角，不同的项目属于不同的类别，具有更好的推荐效果。

算法 13-2　用户特异性密码本迁移算法

输入： $m \times n$ 的目标域矩阵 X_{tgt}，$m \times n$ 的二进制加权矩阵 W，$p \times q$ 的密码本矩阵 B，最大迭代次数 T

输出： $m \times n$ 的填充重构矩阵 $\widetilde{X}_{tgt}$

1. 为 U_{tgt} 和 V_{list} 分配空间

2. **for** $l \leftarrow 1, \cdots, m$ **do**

3. 　　**for** $i \leftarrow 1, \cdots, m$ **do**

4. 　　　　从 $\{1, \cdots, l\}$ 中随机选择 $\hat{j}$；

5. 　　　　$\left[V_{list_l}^{(0)}\right]_{i\hat{j}} \leftarrow 1$，$\left[V_{list_l}^{(0)}\right]_{i\hat{j}} \leftarrow 0$ **for** $j \in \{1, \cdots, q\} / \hat{j}$

6. 　　**end for**

7. 　　**for** $t \leftarrow 1, \cdots, T$ **do**

8. 　　　　**for** $i \leftarrow 1, \cdots, p$ **do**

9. 　　　　　　通过式（13-13）计算用户属于哪一类

10. 　　　　　　$\left[U_{tgt_l}^{(t)}\right]_{i\hat{j}} \leftarrow 1$，$\left[U_{tgt_l}^{(t)}\right]_{i\hat{j}} \leftarrow 0$ **for** $j \in \{1, \cdots, p\} / \hat{j}$

11. 　　　　**end for**

12. 　　　　**for** $i \leftarrow 1, \cdots, q$ **do**

13. 　　　　　　通过式（13-14）计算该项目属于哪个类别

14. 　　　　　　$\left[V_{list_l}^{(t)}\right]_{i\hat{j}} \leftarrow 1$，$\left[V_{list_l}^{(t)}\right]_{i\hat{j}} \leftarrow 0$ **for** $j \in \{1, \cdots, k\} / \hat{j}$

15. 　　　　**end for**

16. 　　**end for**

17. 　　利用式（13-17）计算重构矩阵 $\widetilde{X}_{tgt_l}$

18. **end for**

19. 利用式（13-18）计算重构矩阵 $\widetilde{X}_{tgt}$

　　类似于 CBT 算法的步骤，辅助域和目标域对应的用户与项目集群有隐式对应关系，是指目标域 $X_{tgt}(m \times n)$ 中的用户对项目行为与辅助域中的用户对项目行为类似。目标可以通过拓展密码本来重构目标矩阵。此外，采用与 $X_{tgt}(m \times n)$ 大小相同的二进制加权矩阵 W 来掩盖目标域 $X_{tgt}(m \times n)$ 中已有的评分项目，避免对其产生影响。在二进制加权矩阵 W 中，如果 $X_{tgt}(m \times n)$ 中有评分，则为 1；如果没有，则为 0。U_{tgt} 和 V_{tgt} 中每一行表示的分别是目标域的用户与用户集群、项目和

项目集群之间的关系。在该算法中，用户只属于某个确定的用户集群，项目只属于某个确定的项目集群，这具有现实意义。由于 U_{tgt} 和 V_{tgt} 都是一个二进制加权矩阵，所以，优化该函数等同于一个二进制整数规划问题。在该算法的迭代过程中，最终会趋于收敛。

将目标域采用 FunkSVD 算法进行矩阵分解，针对每个单独的用户计算评分的准确度。在用户评分稀疏程度小于 λ 的情况下，采用迁移后的评分数据效果较好。在对 CBT 算法和 MINDTL-Single 算法进行分析和修改时，发现目标域的稀疏程度会对迁移的准确性产生影响，在目标域某一用户评分较多的情况下，使用该用户目标域数据协同过滤的评分精度较高，即每个用户对项目的分类都具有独特性和唯一性。基于上述想法，SDCR 算法改进了传统的整体只应用迁移后评分的方法。在算法 13-2 中，U_{tgt} 和 V_{tgt} 不再是单一的只包含所有集群目标的整体的矩阵。将 U_{tgt} 按用户数拆分成 m 个独立的 $l \times k$ 的用户向量，每个用户向量对应一个 $V_{\text{tgt}}(n \times q)$，与 CBT 算法中迁移相同的是，仍然采用二进制加权矩阵 W 来加权所得到的目标函数。算法 13-2 的目标函数如式（13-12）所示：

$$J = \min_{U_{\text{tgt}} \in \{0,1\}^{l \times k}, V_{\text{tgt}_n} \in \{0,1\}^{n \times q}} \left\| \left[X_{\text{tgt}_n} - U_{\text{tgt}_n} B V_{\text{tgt}_n} \right] \circ W_n \right\|_{\text{F}}^2 \tag{13-12}$$

$$U_{\text{tgt}_n} \in U_{\text{tgt}}, V_{\text{tgt}_n} \in V_{\text{list}}$$

式中，U_{tgt_n} 为 U_{tgt} 矩阵中的第 n 行，即代表第 n 个用户；V_{tgt_n} 为第 n 个用户对应的第 n 个项目集群矩阵，V_{tgt_n} 存储在 V_{list} 中；X_{tgt_n} 和 W_n 分别为矩阵 X_{tgt} 和 W 的第 n 行，即 X_{tgt_n} 表示用户 n 对全体项目的评分项目，W_n 表示第 n 行权重；。为点积运算。

在进行迭代时，首先初始化每个用户的 U_{tgt_n} 和对应的 V_{list} 矩阵。在初始化完成后，通过对应的 V_{list} 矩阵和密码本矩阵 B，计算 U_{tgt_n} 中用户 n 对应目标域所属的某个用户类。通过判断 $B \cdot V_{\text{list}_l}^{\text{T}}$ 与目标域中相似度最近的用户列，确定目标域用户所属类，将用户所属的第 n 列 U_{tgt_n} 设置为 1，计算方法如式（13-13）所示：

$$\hat{J} = \arg\min_j \left\| \left[X_{\text{tgt}} \right]_{i \cdot} - \left[B \left[V_{\text{list}_l}^{(t-1)} \right]^{\text{T}} \right]_{j \cdot} \right\|_{W_j^\bullet}^2 \tag{13-13}$$

同样地，通过已经选取的用户类可以更新 U_{tgt_n} 矩阵和密码本矩阵 B，计算 V_{list_n} 中该用户在看待该项目时对应目标域所属的某个项目类。通过判断 $U_{\text{tgt}_n} B$ 与目标域中相似度最近的项目列，确定目标域项目所属类，将项目所属的第 n 行设置为 1，计算方法如式（13-14）所示：

$$\hat{J} = \arg\min_j \left\| \left[X_{\text{tgt}} \right]_{i \cdot} - \left[U_{\text{tgt}_l}^{(t)} B \right]_{j \cdot} \right\|_{W_i^\bullet}^2 \tag{13-14}$$

上述方法的目的是获取每一个用户的集群和该用户集群对应的项目集群。在获取用户 n 的上述两个集群后，将 U_{tgt_n} 合成 U_{tgt}，将 V_{tgt_n} 合成 V_{list}，如式（13-15）和式（13-16）所示：

$$U_{\text{tgt}} = \begin{bmatrix} U_{\text{tgt}_1} \in 0,1^{1\times k} \\ \vdots \\ U_{\text{tgt}_n} \in 0,1^{1\times k} \end{bmatrix} \tag{13-15}$$

$$V_{\text{list}} = \begin{bmatrix} V_{\text{tgt}_1} \in \{0,1\}^{l\times n}, \cdots, V_{\text{tgt}_n} \in \{0,1\}^{l\times n} \end{bmatrix} \tag{13-16}$$

在算法 13-2 中，获取 U_{tgt} 和 V_{list} 之后，对 X_{tgt} 进行重构。由于采用了用户特异性迁移方式，该填充的目标函数如式（13-17）和式（13-18）所示：

$$\widetilde{X}_{\text{tgt}_n} = W_n \times X_{\text{tgt}_n} + [1 - W_n] \times \begin{bmatrix} U_{\text{tgt}_n} B V_{\text{tgt}_n} \end{bmatrix} \tag{13-17}$$

$$\widetilde{X}_{\text{tgt}_n} = \begin{bmatrix} \widetilde{X}_{\text{tgt}_1} \\ \vdots \\ \widetilde{X}_{\text{tgt}_m} \end{bmatrix} \tag{13-18}$$

用户特异性密码本迁移算法的具体步骤如算法 13-2 所示。

跨域推荐算法向目标域迁移辅助域信息，填充稀疏的目标域矩阵，从而缓解目标域矩阵的稀疏问题。通过算法 13-1 和算法 13-2 可以获得一个填充重构的目标域矩阵，此时目标域矩阵是密集的评分矩阵。

13.2.3　算法分析

SDCR 算法包含两个具体的算法步骤。

第一步是获取类簇级评级模式密码本矩阵 B。在算法 13-1 中包含分解和聚类两个步骤。分解时使用梯度下降法进行迭代，并使用密度峰聚类算法进行聚类。时间复杂度为 $O(T(n^3) + n^2)$。

第二步是将密码本迁移到目标域中，U_{tgt} 和 V_{tgt} 中的每一行分别是目标域用户与用户集群、目标域项目和项目集群之间的关系。本算法中，一个用户只属于一个确定的用户类，一个项目只属于一个确定的项目类。算法 13-2 的时间复杂度为 $O(m \times T(qn))$，将每个用户额外创建一个单独的 V_{list}，在时间复杂度上有所提升。因为 m 是单独计算的用户总数，总体迭代仍然收敛较为迅速。所以在随机初始化后，在迭代轮数少于 10 次的情况下完成收敛。算法训练总体的时间复杂度为 $O(T(n^3))$。

13.3　实验设置和分析

实验基于 PyCharm 开发工具，采用 Python 3.7 编程语言实现，配置为 Windows 10

操作系统，16GB 物理内存，CPU 为 Inter(R)Core i5-9400，GPU 为 NVIDIA-GTX 1650。下文将从实验设置和实验分析两个方面展开。实验设置包括实验数据集预处理和针对改进内容设置的三个验证实验。实验分析主要从跨域推荐后的准确度入手，选取 RMSE 为对比指标，详细分析相关数据，验证猜想，并且根据实验数据解释算法内容。最后通过对比其他的单稀疏辅助域迁移推荐算法验证 SDCR 算法的优越性。

13.3.1　实验设置

1. 实验数据集

为了区分实验的辅助域和目标域，使用了 4 个来自不同域的数据集，下文分别进行介绍。

（1）Jester：笑话评分数据集，包含 100 个笑话和 73 421 个用户。其中有很多用户都对大多数笑话进行了评分，所以抽取的子集相对密集。从中抽取 500 个用户、100 个项目，总共 50 000 个评分。随机删除抽取的子集中的评分，得到稀疏程度为 5%、23%、43%、73% 的不同数据集。最后将评分标准化为 1～5。

（2）EachMovie：该数据集包含 72 916 个用户和 1628 个不同的电影项目。在此数据集中抽取 500 个用户以及 500 个电影。其中，有的用户对某些电影的评分为空，不为空的部分将其统一为 1～5 的评分。

（3）BookCrossing：书籍评分数据集，包含 278 858 个用户、271 379 本书籍，总计 1 100 000 条评分数据。由于数据集巨大，并且评分稀疏，所以该数据集可以用于模拟极端稀疏情况下的辅助域数据集。随机抽取 500 个用户和 500 本书，以稀疏程度为 0.31% 的数据作为辅助域。最后将 1～10 的评分标准化为 1～5。

（4）MovieLens：包含 943 个用户、1682 部电影的评分。随机抽取 500 个用户和 500 部电影，分别构成稀疏程度为 3%、12%、25%、43% 的 4 个目标域数据集。

通过以上方法，得到了 4 个不同域，共计 10 个不同稀疏程度的数据集。值得注意的是，虽然在各数据集选取的用户和项目数多少是一样的，但是由于是不同域的数据集，所以它们是互相不重叠的。表 13-1 是对数据集的直观描述。

表 13-1　实验数据集

数据集	域信息	用户量（或项目量）/个	数据稀疏程度/%
Jester	笑话	500（或 100）	5、23、43、73
EachMovie	电影	500（或 500）	3、25、45、63
BookCrossing	书籍	500（或 500）	0.31
MovieLens	电影	500（或 500）	3、12、25、43

2. 实验设置

为了验证本书提出的 SDCR 算法的有效性，本书设计了三个对比实验。下文分别介绍三个实验的实验目的和实验方案。

（1）实验 1：在获取密码本矩阵 B 的过程中，传统的 CBT 算法和改进后的 MINDTL-Single 算法都需要对密码本的长和宽，即辅助域用户、项目的聚类数进行定义。因为使用了双向 k 均值聚类的方法，所以上述方法只能手动选取聚类中心。选取过少的聚类数不利于辅助域的知识提取，而过多的聚类数将会增加运算难度，导致目标域与辅助域过拟合，降低准确度。而且在手动选取聚类中心时带有主观性，不利于程序的自动化和可解释性。针对以上问题对传统的选取算法进行了改进，如算法 13-1 示例，ADPCA 可以自动选取聚类中心并进行聚类。为了验证自动选取聚类中心算法的可行性，设置此对比实验。辅助域为 EachMovie 评分矩阵，目标域是稀疏程度为 12% 的 MovieLens 数据集和 23% 的 Jester 数据集。此实验的目的主要是验证自动选取聚类中心的聚类方法的可行性。

（2）实验 2：为了应对目标域用户评分密集和稀疏的两种情况设计了算法 13-2。算法 13-2 可以利用用户已经评分的数据，观察用户的特异性，站在不同用户的角度上对项目进行分类，利用单个用户对项目的评分集群进行迁移。为了验证本章提出的 SDCR 算法的优越性，选取 EachMovie 为辅助域，同时选取了 MovieLens 数据集下 4 个稀疏程度不同的评分矩阵作为目标域。聚类中心数为算法自动选取。此实验的目的主要是验证本章提出的 SDCR 算法在不同稀疏程度下的性能。

（3）实验 3：为了验证 SDCR 算法整体的优越性，将 SDCR 算法与当前常用的单稀疏辅助域迁移推荐算法 CBT 算法和 MINDTL-Single 算法进行对比。对照方法的具体描述如下。

CBT 算法：传统的单稀疏辅助域迁移推荐算法。该算法首先通过 ONMTF 的分解方法，得到含丰富聚类信息的密码本矩阵 B，再将密码本矩阵迁移到目标矩阵，从而使原来稀疏的目标矩阵变为一个完整的评分矩阵，提高其推荐性能。

MINDTL-Single 算法：在 CBT 算法上加以改进的单稀疏辅助域迁移推荐算法。使用 IONMTF 算法从原来稀疏的辅助域矩阵提取出评分密集的行列，在此基础上生成密码本矩阵 B，再进行迁移。

选择 CBT 算法进行对比，是因为 CBT 算法作为经典的单稀疏辅助域迁移推荐算法，可以作为基线（baseline），对比 SDCR 算法在面对非稀疏辅助域时的准确性。

而选择 MINDTL-Single 算法进行对比，是因为 MINDTL-Single 算法针对稀疏辅助域做了特别的处理和优化，可以对比 SDCR 算法在面对稀疏辅助域时的准确性表现。

13.3.2　实验分析

1. 自动选取聚类中心实验

将自动选取聚类中心与手动选取聚类中心的效果进行对比实验，选取的辅助域为 EachMovie 数据集和 23% 的 Jester 数据集，目标域为稀疏程度为 12% 的 MovieLens 数据集。由于辅助域和目标域的相关性较大，在迁移的过程中可以产生更少的负迁移信息，更有利于研究 k、l 值的选取对迁移推荐的准确度的影响。实验中，选取 k、l 为用户、项目总数的 3%、5%、8%、10%、15%、20%、30% 的 7 组数据，对比本章 SDCR 算法中自动选取的 k、l 值。通过对比自动选取和手动选取的差距大小，从而验证自动选取的可行性和优越性。分别对上述 k、l 和自动选取的 k、l 进行 10 次实验，然后加权平均，得到的结果如表 13-2 所示。图 13-4（a）和（b）中，虚线是手动选取 k、l 的结果，实线是自动选取 k、l 的结果，横坐标表示选取的 k、l 大小，纵坐标是 RMSE 评价指标，RMSE 越小，算法表现越好。

表 13-2　自动选取和手动选取聚类中心 RMSE 对比

数据集	自动选取	手动选取						
		3%	5%	8%	10%	15%	20%	30%
EachMovie	1.017	1.873	1.352	1.12	1.018	1.019	1.057	1.112
Jester	1.043	1.93	1.43	1.194	1.041	1.044	1.093	1.237

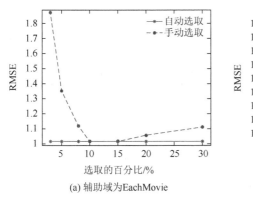
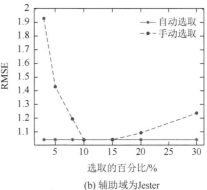

(a) 辅助域为EachMovie　　　　　　(b) 辅助域为Jester

图 13-4　自动选取和手动选取聚类中心 RMSE 对比

由表 13-2 和图 13-4 可得出下列结论。

对于 CBT 算法，MINDTL-Single 算法 k、l 的大小选取，会直接影响迁移后的跨域推荐算法的准确度。k、l 的值越大，从辅助域获取的可迁移知识越多，迁移后推荐的准确度越高,反之则越低。在 CBT 算法和 MINDTL-Single 算法中,随着 k、l 的增大，用户簇和项目簇变得更多，密码本矩阵 B 的大小也增加，迁移后推荐的准确度在逐渐增加。在 k、l 大小为辅助域数据集的用户和项目总数的 10%时，即聚类的用户簇和项目簇个数约为总用户个数和项目个数的 10%时，增大 k、l 带来的准确度提升幅度会减小；但是由此带来的时间开销和空间开销会增大。例如，在 EachMovie 数据集中，当聚类数 k、l 约为总用户、项目数的 10%时，此时增大 k、l 的值对迁移后的推荐准确度的影响巨大，推荐准确度随着 k、l 的增大急剧下降；当聚类数 k、l 大于 10%时，此时增大 k、l，虽然推荐准确度依旧在下降，但下降的幅度较低，时间和空间开销增大很多。聚类数继续增大时，推荐的准确度将会下降，这是因为过大的聚类数导致了目标域与辅助域过拟合。SDCR 算法在自动选取聚类中心时，k、l 的值都大约在数据集总用户数、项目数的 10%处，可以在获取相对高的推荐准确度的同时，尽可能地减小算法的时间和空间开销，同时避免因 k、l 过大带来的过拟合问题。

综上所述，SDCR 算法相较于传统的手动选取 k、l 值的算法具有自动选取的能力，实验结果也说明了 SDCR 算法自动选取的可靠性。

2. 针对不同稀疏程度目标域实验

稀疏目标域算法的对比实验验证了本书提出的 SDCR 算法在密码本矩阵迁移过程中相较于传统的密码本矩阵迁移具有更高的精度。对于此实验，本书选取的辅助域为 EachMovie 数据集，目标域为稀疏程度分别为 3%、12%、25%的 MovieLens 数据集和稀疏程度分别为 5%、23%、43%的 Jester 数据集，如表 13-3 和表 13-4 所示。选取 EachMovie 数据集，以及不同稀疏程度的 MovieLens 数据集和 Jester 数据集，可以更好地对比算法在不同稀疏程度的不同数据集上的表现。

表 13-3　MovieLens 数据集上不同迁移算法的 RMSE

迁移方式	稀疏程度		
	3%	12%	25%
普通迁移	1.083	1.079	1.076
用户特异性密码本迁移	1.115	1.109	1.054

表 13-4　Jester 数据集上不同迁移算法的 RMSE

迁移方式	稀疏程度		
	5%	23%	43%
普通迁移	1.132	1.130	1.123
用户特异性密码本迁移	1.150	1.135	1.098

　　分别选取来自两个域的总计 6 个不同稀疏程度的目标域，以便于验证算法 13-2 提出的对密集目标域使用用户特异性方法的优越性。表 13-3 和表 13-4 中分别给出了同一个辅助域迁移至不同目标域的两种迁移算法的 RMSE 指标，其中 RMSE 越小代表迁移后的准确度越高，反之则越低。可以通过普通迁移和用户特异性密码本迁移后推荐的准确度确定在不同稀疏程度时应该采用哪种迁移方式。图 13-5（a）和（b）中，实线表示普通迁移，虚线表示用户特异性密码本迁移，横坐标是不同稀疏程度的目标域，纵坐标是各迁移方式下的 RMSE 值。通过表 13-3、表 13-4 和图 13-5 可以直观地观察算法的结果。

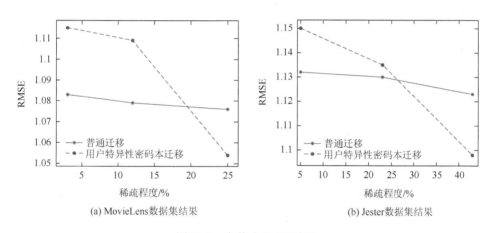

(a) MovieLens数据集结果　　　　　　　　　　(b) Jester数据集结果

图 13-5　参数选取对比实验

　　由表 13-3、表 13-4 和图 13-5 可得出以下结论。对于两种不同的迁移方式，在目标域稀疏程度不同时，各有优势。在目标域用户评分稀疏时，普通迁移的数据准确度较高，具有一定的优势，相较于用户特异性密码本迁移有 3%左右的准确度提升；在目标域稀疏程度高于某一个值时，用户特异性密码本迁移有一定的优势，此时相较于普通迁移有 3%左右的精度提升。

　　对于 SDCR 算法中对目标域稀疏程度的界定，λ 是一个超参数，针对不同的数据集，λ 是变化的。MovieLens 数据集的 λ 在 20%左右，当所取 MovieLens 数据集的稀疏程度超过 20%时，采用用户特异性密码本迁移算法的精度将会更大。而对于 Jester 数据集，激活用户特异性密码本迁移算法的 λ 在 30%左右，当所取 Jester 数据集的稀疏程度大于此数值时，建议采用用户特异性密码本迁移算法。总而言之，SDCR 算法可以很好地应对各种不同稀疏程度的目标域。

　　对于跨域迁移推荐算法，由于密集目标域的用户对项目的评价较多，且不同的用户对不同项目的分类也不尽相同，目标域用户评分越多，带来的影响也就越大。所以，在针对密集的用户评分时，基于目标域的矩阵分解推荐算法会具有更好的性能，实验也验证了这一猜想。针对不同的目标域，通过实验可以获取准确的 λ 值。

本节在真实数据集上测试了 λ 值，并通过分析 λ 值对算法准确度的影响，最后选取更优的 λ 值提高算法的推荐准确度。

3. 对比实验

算法的有效性对比实验用于验证 SDCR 算法相对现有的单稀疏辅助域迁移推荐算法的提升。本节针对 SDCR 算法在稀疏辅助域情况下的性能进行了深度的实验探索，判断 SDCR 算法在多个不同辅助域、不同稀疏程度下是否能缓解目标域数据稀疏问题，提高目标域推荐准确度。对比实验采用了稀疏程度为 3% 的 MovieLens 数据集作为目标域，并且使用稀疏程度为 63%、45%、25%、3% 的 EachMovie 数据集和稀疏程度为 73%、43%、23%、5% 的 Jester 数据集来验证 SDCR 算法在不同稀疏程度的辅助域下的跨域推荐性能，从而验证 SDCR 算法在提取稀疏辅助域聚类信息时的优越性。此外，还采用了稀疏程度为 0.31% 的 BookCrossing 数据集来验证在面对极端稀疏的辅助域时不同算法的性能。表 13-5 是相对应的实验设置，第一列是稀疏程度不同、来源不同的多个辅助域评分矩阵，第二列选取稀疏程度为 3% 的 MovieLens 作为目标域评分矩阵，第三列至第五列是三种不同的单稀疏辅助域的跨域推荐算法在不同稀疏程度的辅助域向目标域迁移时所对应的 RMSE 值。通过判断 RMSE 确定迁移后评分的准确度。

表 13-5　SDCR 算法迁移对比

辅助域 （稀疏程度）	目标域 （稀疏程度）	RMSE		
		CBT	MINDTL-Single	SDCR
Jester（73%）		1.083	1.035	1.017
Jester（43%）		1.132	1.089	1.041
Jester（23%）		1.334	1.157	1.050
Jester（5%）	MovieLens （3%）	1.893	1.260	1.072
EachMovie（63%）		1.039	1.013	1.002
EachMovie（45%）		1.158	1.057	1.015
EachMovie（25%）		1.360	1.109	1.046
EachMovie（3%）		1.530	1.238	1.094
BookCrossing（0.31%）		—	—	1.180

图 13-6 中，横坐标按不同辅助域的稀疏程度从小到大进行排列，分别是 5% Jester、23% Jester、43% Jester、73% Jester，3% EachMovie、25% EachMovie、45%

EachMovie、63% EachMovie，0.31% BookCrossing 共 9 个数据集，纵坐标是不同算法对应的 RMSE 值，RMSE 越小，表示算法迁移学习后的跨域推荐准确度越高。

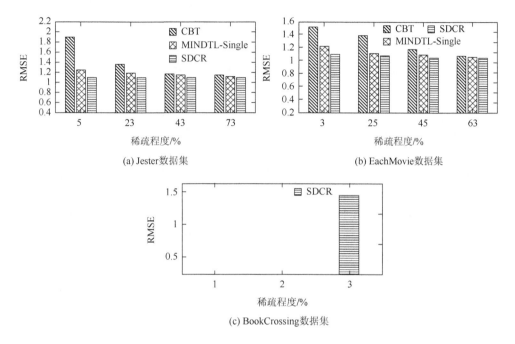

(a) Jester数据集　　　　　　　　　　　(b) EachMovie数据集

(c) BookCrossing数据集

图 13-6　SDCR 算法迁移对比

　　本实验针对的是单稀疏辅助域的跨域推荐算法。由图 13-6 可知，在应对不同稀疏程度的辅助域时，SDCR 算法都能展现出更好的性能。此外，在 Jester 和 EachMovie 数据集中，随着辅助域数据稀疏程度的减小，传统的 CBT 和 MINDTL-Single 算法的迁移学习推荐性能和准确度急剧下降。由于 MINDTL-Single 算法采用 IONMTF 方法，性能较 CBT 算法有 3%～5% 的提高。但是随着辅助域的稀疏程度越来越小，数据稀疏程度越来越高，性能提升不断减小。但不论是在稀疏目标域还是密集目标域中，SDCR 算法相对于传统的 CBT 和 MINDTL-Single 算法性能都有提升。随着辅助域数据的稀疏性增加，SDCR 算法相较于传统 CBT 算法的提升幅度增加。在图 13-6（c）中，辅助域是稀疏程度为 0.31% 的 BookCrossing 数据集，传统的 CBT 和 MINDTL-Single 算法已经无法进行信息提取，这是由于该数据集稀疏程度过低，接近每行每列只有一个数据的极值 0.25%。CBT 算法使用的 ONMTF 算法已经无法进行双向 k 均值聚类，也就无法找到相似的用户簇和项目簇。MINDTL-Single 算法在使用的 IONMTF 算法获取密集行列的重组辅助域矩阵时，由于提取后的重组辅助域矩阵维度过小，损失了大量信息，也使跨域推荐失去了意义。此时只有 SDCR 算法可以保证在精度稍低的情况下，仍能提取该辅助域中的相关知识。

传统的 CBT 和 MINDTL-Single 算法对辅助域稀疏程度较为敏感，当辅助域稀疏程度降低时，算法的迁移推荐性能会下降。而 SDCR 算法相较于上述两种算法准确度衰减的幅度较小，即 SDCR 算法在应对稀疏程度从大到小的辅助域时稳定性较高。SDCR 算法对比 CBT 算法和 MINDTL-Single 算法的普适性和稳定性更高，有利于实际应用。

在上述实验中，可以得到以下结论：单稀疏辅助域的跨域推荐算法中，SDCR 算法表现最好，MINDTL-Single 算法次之，CBT 算法最差。随着辅助域的稀疏程度减小，MINDTL-Single 和 CBT 算法性能和精度不断减小，SDCR 算法依然保持较为稳定的迁移精度和性能。SDCR 算法可以在辅助域数据稀疏程度接近临界值时提取信息，并且保持精度的损失最高不超过 15%。SDCR 算法在单稀疏辅助域跨域推荐的性能高于传统的 CBT 和 MINDTL-Single 算法，辅助域越稀疏，SDCR 算法相对其他两种算法提升越大。另外，在辅助域极端稀疏的情况下，SDCR 算法也表现出较好的性能。

13.4　本　章　小　结

本章主要考虑了如何应用单稀疏辅助域来解决跨域推荐算法中难以获取密集辅助域的情况。为了提高算法在面对单稀疏辅助域时的推荐性能，本章提出了基于单稀疏辅助域的用户特异性跨域推荐算法，SDCR 算法不仅改进了对稀疏辅助域的知识的利用，还考虑了自动获取聚类的用户簇、项目簇。同时，考虑到不同用户之间的特异性差异，在密码本矩阵迁移的过程中利用了目标域的用户信息，改进了目标域用户分类的准确度。在 Jester、EachMovie、MovieLens 和 BookCrossing 4 个真实的数据集上进行的实验，验证了 SDCR 算法的有效性。

第14章 基于多稀疏辅助域的自适应跨域推荐

14.1 问 题 定 义

多稀疏辅助域迁移学习的研究是为了解决单稀疏辅助域与跨域推荐的知识不丰富和易产生过拟合的问题。多个辅助域的信息提取和聚集更有利于知识迁移、提高目标域推荐的准确度。不同的辅助域和目标域之间的相关性是不同的，单稀疏辅助域的跨域推荐算法在辅助域与目标域关系不密切的情况下，会造成负迁移，即利用辅助域中的用户行为帮助目标域做用户行为预测会导致负面效果。多稀疏辅助域迁移推荐算法的目标是从多个来源不同的域中提取有效的知识，再迁移扩充到目标域中，帮助目标域解决因评分缺失而导致的预测准确度低的问题。传统的多稀疏辅助域迁移推荐算法将多个辅助域同时平衡权重，忽视了辅助域和目标域之间的亲疏关系，导致多稀疏辅助域迁移推荐算法的精度不高。

为了缓解多稀疏辅助域迁移推荐算法的推荐精度不高问题，本书提出了基于多稀疏辅助域的自适应跨域推荐（MDCR）算法。该算法相较于传统的多稀疏辅助域迁移推荐算法最大的不同在于，从多个辅助域自动选择相关性大的辅助域，并且区分和其他辅助域的权重界定方式。

图 14-1 是 MDCR 算法的一个简单示例。对于多个辅助域 $X_{source1}$、$X_{source2}$、$X_{sourcen}$，分别通过 SDCR 算法迁移计算出三个不同的 X_{tgt}，然后通过目标域测试

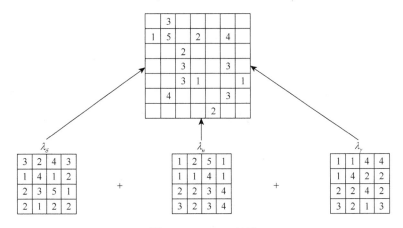

图 14-1　MDCR 算法

集误差判断初始化权重 λ。获取了重建的目标域矩阵后，再将目标域矩阵作为待迁移目标，采用权重计算公式。不同于多域迁移学习（TALMUD）和多非密集域的迁移学习推荐（MINDTL-Multiple）的仅加权方式，MDCR 算法可以区分相关性不同的辅助域并分别进行加权，更精确地线性加权了多个稀疏辅助域的评分结果，所以实验表现较好。

14.2　多稀疏辅助域的自适应跨域推荐

本节将从问题描述、算法设计和算法分析出发，详细阐述 MDCR 算法的构建过程和构建方法，优化 MDCR 算法的目标函数，得到迭代公式和步骤，最后通过伪代码的形式展示了算法的具体流程步骤。此外，也对算法的时间复杂度进行了分步分析。

14.2.1　问题描述

选取多个来源不同、稀疏程度也不同的辅助域评分矩阵和一个目标域评分矩阵。MDCR 算法的目标是在给定的多个辅助域评分矩阵中学习知识，协调不同辅助域评分矩阵之间的迁移关系，使其顺利迁移到目标域，缓解目标域的数据稀疏和冷启动问题。

14.2.2　算法设计

MDCR 算法从多个来源不同的辅助域中学习有效信息，通过 SDCR 算法单个迁移后，计算最相关辅助域和其他相关辅助域的权重关系。基于这样的思路，MDCR 算法调节辅助域的权重并寻找最优权重。权重初始化值是各辅助域通过 SDCR 算法迁移后根据训练集计算的 RMSE 误差值。权重表示从该辅助域向目标域迁移的重要程度。

假设每个辅助域都向目标域产生正迁移，且每个辅助域的相关性都是相同的，那么每个辅助域迁移的程度也应当是相同的，意味着如果有 n 个辅助域同时向目标域进行迁移，那么在上述情况下，每个辅助域的权重都应该为 $1/n$。但事实上，不同的辅助域和目标域之间的相关性是不同的。相关性较高的辅助域提取的知识对目标域产生正迁移的比例应当较大，相关性低的应当较小。TALMUD 算法和多非密集域的迁移学习推荐（MINDTL-Multiple）算法也利用了这一思想，MINDTL-Multiple 算法规定了 λ_n 为第 n 个辅助域的权重，利用 λ_n 来最小化模型误差，找到最优的线性组合，使目标域在多个辅助域中提取知识，最后通过多个 λ_n 的线性最优解来组合填充目标

域评分矩阵 X_{tgt}。将 λ_n 的范围定义为 $\left(0, \lambda_{n_{\text{init}}}\right]$，且满足式（14-1）：

$$\sum_{n=1}^{N} \lambda_n = 1 \qquad\qquad (14\text{-}1)$$

MDCR 算法进一步改进了权重参数的计算方法，将权重放宽到[-1,1]。权重在[-1,0) 表示当前的辅助域会产生负迁移，权重在 (0,1] 表示当前的辅助域会产生正向迁移。MDCR 算法首先通过单个辅助域迁移后的 RMSE 初始化权重，判断辅助域和目标域的相关性，在获取了最大相关性，即正向迁移最大的辅助域后，将其权重标记为 δ。同时会得到一个最不相关的辅助域，将其权重标记为 γ，其余的辅助域权重为 λ_n。

假设有 N 个辅助域，权重初始化如式（14-2）所示。首先对全部辅助域，根据目标域已经存在的评分计算 RMSE 和误差值，判断出最不相关辅助域 I_γ，计算方法如式（14-2）所示：

$$I_\gamma = \text{MAX}\left(I_{\text{rmse}_n} - \frac{\sum_{n=1}^{N} I_{\text{rmse}_n}}{N} \right) \qquad\qquad (14\text{-}2)$$

式中，I_{rmse_n} 为第 n 个域计算所得的 RMSE 值。

然后用剩下的辅助域计算权重偏移，寻找最大相关辅助域的权重 δ，计算方法如式（14-3）所示：

$$\delta = \frac{1}{N-1}\left(1 + \frac{I_{\text{rmse}_n} - \dfrac{\sum_{n=1}^{\frac{N}{I_\gamma}} I_{\text{rmse}_n}}{N-1}}{\dfrac{\sum_{n=1}^{\frac{N}{I_\gamma}} I_{\text{rmse}_n}}{N-1}} \right)$$

$$= \frac{I_{\text{rmse}_n}}{\sum_{n=1}^{\frac{N}{I_\gamma}} I_{\text{rmse}_n}} \qquad\qquad (14\text{-}3)$$

此时，除了最大相关辅助域和最小相关辅助域外，还有 $N-2$ 个辅助域，权重定义为 λ_n。定义最不相关辅助域权重（γ）如式（14-4）所示：

$$\gamma = 1 - \left(\delta + \sum_n \lambda_n \right) \qquad\qquad (14\text{-}4)$$

对于 MDCR 算法，同样是线性回归问题，使用二次函数作为损失函数。定义下列目标函数，如式（14-5）所示：

$$J = \min_{\substack{U_n \in \{0,1\}^{p \times q_n} \\ V_n \in \{0,1\}^{q \times l_n} \\ a_n \in R, \forall n \in N}} \left\| \left[X_{\text{tgt}} - \left(\delta \left(U_{\text{tgt}_\delta} B_\delta V_{\text{tgt}_\delta}^{\text{T}} \right) + \sum_{n=1}^{N, I_\gamma} \lambda_n \left(U_{\text{tgt}_n} B_n V_{\text{tgt}_n}^{\text{T}} \right) + \gamma \left(U_{\text{tgt}_\gamma} B_\gamma V_{\text{tgt}_\gamma}^{\text{T}} \right) \right) \right] \circ W \right\|_F^2$$

$$+ \beta_1 \left(\left\| U_{\text{tgt}_\delta} \right\|^2 + \left\| B_\delta \right\|^2 + \left\| V_{\text{tgt}_\delta} \right\|^2 \right) + \beta_2 \left(\sum_{n=1}^{N, I_\gamma} \left(\left\| U_{\text{tgt}_n} \right\|^2 + \left\| B_n \right\|^2 + \left\| V_{\text{tgt}_n} \right\|^2 \right) \right) \quad (14\text{-}5)$$

$$\text{s.t. } U_{\text{tgt}_\delta} 1 = 1, \ V_{\text{tgt}_\delta} 1 = 1, \ U_{\text{tgt}_n} 1 = 1, \ V_{\text{tgt}_n} 1 = 1, \ U_{\text{tgt}_\gamma} 1 = 1, \ V_{\text{tgt}_\gamma} 1 = 1$$

式中，X_{tgt} 为迁移的目标域评分矩阵；I_δ 和 I_γ 分别为最大相关辅助域评分矩阵和最小相关辅助域评分矩阵；W 为对应的目标域评分矩阵的标记矩阵，有评分的位置设为 1，否则为 0；B_δ、B_n、B_γ 为从对应的辅助域中分解后得到的可以对应目标域评分模式的待迁移评分模式矩阵，即密码本矩阵；U_{tgt_δ}、V_{tgt_δ}，U_{tgt_n}、V_{tgt_n}，U_{tgt_γ}、V_{tgt_γ} 为对应目标域的用户索引矩阵和项目索引矩阵。与 CBT 算法类似，针对以下 U_{tgt_δ}、V_{tgt_δ}，U_{tgt_n}、V_{tgt_n}，U_{tgt_γ}、V_{tgt_γ} 矩阵中的每一行都仅有一列值为 1，其余的值都为 0，以此表示在待迁移评分模式矩阵确定后，每一个用户或者每一个项目，只能属于同一用户类或项目类。公式（14-5）中等号右边第二项和第三项是正则项，防止算法在训练过程中出现过拟合的情况。

为了提高 MDCR 算法的泛化能力，对权重参数采用式（14-6）的相关约束条件：

$$\begin{cases} \delta + \sum_n \lambda_n + \gamma = 1 \\ \delta \in [\delta_{\text{init}}, 1] \\ \lambda_n \in \left(0, \lambda_{n_{\text{init}}} \right] \\ \gamma \in [-1, 0) \end{cases} \quad (14\text{-}6)$$

本书采用梯度下降方法对目标函数求解，首先对 MDCR 的目标函数求导，如式（14-7）～式（14-12）所示：

$$\frac{\partial J}{\partial U_{\text{tgt}_\delta}} = -2 \left(W \circ \left[U_{\text{tgt}_\delta} B_\delta V_{\text{tgt}_\delta}^{\text{T}} \right] V_{\text{tgt}_\delta} B_\delta^{\text{T}} - X_{\text{tgt}} V_{\text{tgt}_\delta} B_\delta^{\text{T}} \right) + 2\beta_1 U_{\text{tgt}_\delta} \quad (14\text{-}7)$$

$$\frac{\partial J}{\partial V_{\text{tgt}_\delta}} = -2 \left(W \circ \left[U_{\text{tgt}_\delta} B_\delta V_{\text{tgt}_\delta}^{\text{T}} \right]^{\text{T}} U_{\text{tgt}_\delta} B_\delta - X_{\text{tgt}}^{\text{T}} U_{\text{tgt}_\delta} B_\delta \right) + 2\beta_1 V_{\text{tgt}_\delta} \quad (14\text{-}8)$$

$$\frac{\partial J}{\partial U_{\text{tgt}_n}} = -2 \left(W \circ \left[U_{\text{tgt}_n} B_n V_{\text{tgt}_n}^{\text{T}} \right] V_{\text{tgt}_n} B_n^{\text{T}} - X_{\text{tgt}} V_{\text{tgt}_n} B_n^{\text{T}} \right) + 2\beta_2 U_{\text{tgt}_n} \quad (14\text{-}9)$$

$$\frac{\partial J}{\partial V_{\text{tgt}_n}} = -2 \left(W \circ \left[U_{\text{tgt}_n} B_n V_{\text{tgt}_n}^{\text{T}} \right]^{\text{T}} U_{\text{tgt}_n} B_n - X_{\text{tgt}}^{\text{T}} U_{\text{tgt}_n} B_n \right) + 2\beta_2 V_{\text{tgt}_n} \quad (14\text{-}10)$$

$$\frac{\partial J}{\partial U_{\mathrm{tgt}_\gamma}} = -2\left(W \circ \left[U_{\mathrm{tgt}_\gamma} B_\gamma V_{\mathrm{tgt}_\gamma}^{\mathrm{T}}\right] V_{\mathrm{tgt}_\gamma} B_\gamma^{\mathrm{T}} - X_{\mathrm{tgt}} V_{\mathrm{tgt}_\gamma} B_\gamma^{\mathrm{T}}\right) \tag{14-11}$$

$$\frac{\partial J}{\partial V_{\mathrm{tgt}_\gamma}} = -2\left(W \circ \left[U_{\mathrm{tgt}_\gamma} B_\gamma V_{\mathrm{tgt}_\gamma}^{\mathrm{T}}\right]^{\mathrm{T}} U_{\mathrm{tgt}_\gamma} B_\gamma - X_{\mathrm{tgt}}^{\mathrm{T}} U_{\mathrm{tgt}_\gamma} B_\gamma\right) \tag{14-12}$$

由求导公式可以得出以上变量迭代的公式，如式（14-13）～式（14-18）所示：

$$U_{\mathrm{tgt}_\delta} \leftarrow U_{\mathrm{tgt}_\delta} \circ \left\{\left(X_{\mathrm{tgt}} V_{\mathrm{tgt}_\delta} B_\delta^{\mathrm{T}}\right) \varnothing \left(W \circ \left[U_{\mathrm{tgt}_\delta} B_\delta V_{\mathrm{tgt}_\delta}^{\mathrm{T}}\right] V_{\mathrm{tgt}_\delta} B_\delta^{\mathrm{T}} + \beta_1 U_{\mathrm{tgt}_\delta}\right)\right\} \tag{14-13}$$

$$V_{\mathrm{tgt}_\delta} \leftarrow V_{\mathrm{tgt}_\delta} \circ \left\{\left(X_{\mathrm{tgt}}^{\mathrm{T}} U_{\mathrm{tgt}_\delta} B_\delta\right) \varnothing \left(W \circ \left[U_{\mathrm{tgt}_\delta} B_\delta V_{\mathrm{tgt}_\delta}^{\mathrm{T}}\right]^{\mathrm{T}} U_{\mathrm{tgt}_\delta} B_\delta + \beta_1 V_{\mathrm{tgt}_\delta}\right)\right\} \tag{14-14}$$

$$U_{\mathrm{tgt}_n} \leftarrow U_{\mathrm{tgt}_n} \circ \left\{\left(X_{\mathrm{tgt}} V_{\mathrm{tgt}_n} B_n^{\mathrm{T}}\right) \varnothing \left(W \circ \left[U_{\mathrm{tgt}_n} B_n V_{\mathrm{tgt}_n}^{\mathrm{T}}\right] V_{\mathrm{tgt}_n} B_n^{\mathrm{T}} + \beta_2 U_{\mathrm{tgt}_n}\right)\right\} \tag{14-15}$$

$$V_{\mathrm{tgt}_n} \leftarrow V_{\mathrm{tgt}_n} \circ \left\{\left(X_{\mathrm{tgt}}^{\mathrm{T}} U_{\mathrm{tgt}_n} B_n\right) \varnothing \left(W \circ \left[U_{\mathrm{tgt}_n} B_n V_{\mathrm{tgt}_n}^{\mathrm{T}}\right]^{\mathrm{T}} U_{\mathrm{tgt}_n} B_n + \beta_2 V_{\mathrm{tgt}_n}\right)\right\} \tag{14-16}$$

$$U_{\mathrm{tgt}_\gamma} \leftarrow U_{\mathrm{tgt}_\gamma} \circ \left\{\left(X_{\mathrm{tgt}} V_{\mathrm{tgt}_\gamma} B_\gamma^{\mathrm{T}}\right) \varnothing \left(W \circ \left[U_{\mathrm{tgt}_\gamma} B_\gamma V_{\mathrm{tgt}_\gamma}^{\mathrm{T}}\right] V_{\mathrm{tgt}_\gamma} B_\gamma^{\mathrm{T}}\right)\right\} \tag{14-17}$$

$$V_{\mathrm{tgt}_\gamma} \leftarrow V_{\mathrm{tgt}_\gamma} \circ \left\{\left(X_{\mathrm{tgt}}^{\mathrm{T}} U_{\mathrm{tgt}_\gamma} B_\gamma\right) \varnothing \left(W \circ \left[U_{\mathrm{tgt}_\gamma} B_\gamma V_{\mathrm{tgt}_\gamma}^{\mathrm{T}}\right]^{\mathrm{T}} U_{\mathrm{tgt}_\gamma} B_\gamma\right)\right\} \tag{14-18}$$

式中，$\varnothing$ 代表集群评分模式；$\circ$ 代表与二进制加权矩阵 W 进行叠加。

对上述 U_{tgt_δ}、V_{tgt_δ}，U_{tgt_n}、V_{tgt_n}，U_{tgt_γ}、V_{tgt_γ} 的具体更新方法和第 13 章中单稀疏辅助域的迭代更新方法是一样的。

在进行迭代时，首先初始化每个用户的 U_{tgt} 和对应的 V_{tgt} 矩阵。初始化完成后，通过对应的 V_{tgt} 矩阵和密码本矩阵 B，计算 U_{tgt} 中用户 n 对应目标域所属的某个用户类。通过判断 $B \cdot V_{\mathrm{tgt}}^{\mathrm{T}}$ 与目标域中相似度最近的用户列，确定目标域用户所属类，将用户所属的第 n 列 U_{tgt} 设置为 1。同样地，通过已经选取的用户类可以更新 U_{tgt} 矩阵和密码本矩阵 B，计算 V_{tgt} 中该用户在看待该项目时对应目标域所属的某个项目类。通过判断 $U_{\mathrm{tgt}} B$ 与目标域中相似度最近的项目列，确定目标域项目所属类，将项目所属的第 n 行设置为 1。

对于权重的更新方式定义如下。在每轮迭代的最开始，首先更新 λ_δ，在达到所设定的上限 1 或是迭代次数上限时，λ_δ 停止更新。在每一轮完成 λ_δ 的更新后，依次更新 λ_n，分别在达到上限或迭代次数后停止更新。每一轮迭代在最后更新 λ_γ，通过最小相关辅助域控制迁移的精度。在每次迭代的过程中，设置一个三元组 $\left\{\lambda_\delta^t, \lambda_n^t, \lambda_\gamma^t\right\}$ 来暂存目前的最优解，当满足约束条件时再赋值给相应的 λ_δ、λ_n、λ_γ，达到更新效果。否则，继续迭代以更新 λ_δ、λ_n、λ_γ。

更新 λ_δ 时，令 $M_\delta = U_{\mathrm{tgt}_\delta} B_\delta V_{\mathrm{tgt}_\delta}^{\mathrm{T}}$，如式（14-19）～式（14-21）所示：

$$F = \sum_{i,j}(X_{\mathrm{tgt}} - \lambda_\delta M_\delta)_{ij}^2 \tag{14-19}$$

$$\frac{\partial F}{\partial \lambda_\delta} = -2\sum_{i,j}(X_{\text{tgt}} - \lambda_\delta M_\delta)_{ij}(M_\delta)_{ij} \tag{14-20}$$

$$\lambda_\delta^t \leftarrow \lambda_\delta^{t-1} - \alpha_\delta \frac{\partial F}{\partial \lambda_\delta^{t-1}} \tag{14-21}$$

式中，α_δ 为最大相关辅助域迭代学习率，由于与目标域的相关性较大，大多数情况下 λ_δ 远大于 $\lambda_{\delta_{\text{init}}}$，所以将 α_δ 设置得更大，加快迭代速度，收敛更快。

对于 λ_n 的更新，令 $M_n = U_{\text{tgt}_n} B_n V_{\text{tgt}_n}^{\text{T}}$，如式（14-22）～式（14-24）所示：

$$F = \sum_{i,j}\left(X_{\text{tgt}} - \sum_{n=1}^{N-2}\lambda_n M_n\right)_{ij}^2 \tag{14-22}$$

$$\frac{\partial F}{\partial \lambda_n} = -2\sum_{i,j}(X_{\text{tgt}} - \lambda_n M_n)_{ij}(M_n)_{ij} \tag{14-23}$$

$$\lambda_n^t \leftarrow \lambda_n^{t-1} - \alpha_n \frac{\partial F}{\partial \lambda_n^{t-1}} \tag{14-24}$$

式中，α_n 为学习率，由于对 λ_n 的要求较为严苛，按照经验一般将 α_n 设置成 0.001，在多次迭代后会发现局部最优解。对于 λ_γ 的更新，为了满足式（14-6），使用式（14-4）更新 λ_γ。

本章提出的 MDCR 算法适用多个辅助域共同迁移，对辅助域的权重进行优化的同时进行迭代训练，算法收敛后会得到多组变量 $\left\{U_{\text{tgt}_\delta}, V_{\text{tgt}_\delta}, U_{\text{tgt}_n}, V_{\text{tgt}_n}, U_{\text{tgt}_\gamma}, V_{\text{tgt}_\gamma}\right\}$，最后重构目标域评分矩阵，利用二进制加权矩阵 W 来保证目标域评分矩阵中已经有的真实值不会受到预测值的影响，同时填充目标域评分矩阵中缺失的评分数据。具体在更新时可以采用式（14-25）来填充目标域评分矩阵，获取完整评分：

$$\widetilde{X}_{\text{tgt}} = X_{\text{tgt}} + (1-W) \circ \left(\delta\left(U_{\text{tgt}_\delta} B_\delta V_{\text{tgt}_\delta}^{\text{T}}\right) + \sum_{n=1}^{\frac{N}{I_\gamma}, I_\gamma} \lambda n\left(U_{\text{tgt}_n} B_n V_{\text{tgt}_n}^{\text{T}}\right) + \gamma\left(U_{\text{tgt}_\gamma} B_\gamma V_{\text{tgt}_\gamma}^{\text{T}}\right)\right) \tag{14-25}$$

MDCR 算法根据辅助域和目标域的相关性，提取出最大相关辅助域作为主要的知识迁移辅助域，将最小相关辅助域作为抵消负迁移的辅助域，将剩下的辅助域协同最大相关辅助域进行迁移，以实现提高迁移前的正向性和提高目标域的推荐准确度。算法 14-1 是 MDCR 算法的具体流程。

算法 14-1　　多稀疏辅助域的自适应跨域推荐算法

输入：密码本的数目 N，$m \times n$ 的目标域评分矩阵 X_{tgt}，$m \times n$ 的二进制加权矩阵 W，$k \times q$ 的密码本矩阵 B

输出：$m \times n$ 的填充目标域评分矩阵 $\widetilde{X}_{\text{tgt}}$

1. 选择相关性最大的辅助域 I_δ 和相关性最小的辅助域 I_γ，然后根据式（14-3）和式（14-4）得到 δ 和 γ

2. 分配 $U_{\text{tgt}_\delta}^{(0)}, V_{\text{tgt}_\delta}^{(0)}, U_{\text{tgt}_\gamma}^{(0)}$ 和 $V_{\text{tgt}_\gamma}^{(0)}$

---

3. 随机初始化 $V_{\mathrm{tgt}_\delta}^{(0)}$，$V_{\mathrm{tgt}_\gamma}^{(0)}$

4. **for** $n \leftarrow 1, \cdots, N-2$ **do**

5.　　分配 $V_{\mathrm{tgt}_n}^{(0)}$，$U_{\mathrm{tgt}_n}^{(0)}$

6.　　随机初始化 $V_{\mathrm{tgt}_n}^{(0)}$

7. **end for**

8. **for** $t \leftarrow 1, \cdots, T$ **do**

9.　　根据式（14-15）更新 U_{tgt_n}

10.　　根据式（14-16）和式（14-24）更新 V_{tgt_n} 和 λ_n

11.　　根据式（14-13）更新 U_{tgt_δ}

12.　　根据式（14-14）和式（14-21）更新 V_{tgt_δ} 和 λ_δ

13.　　根据式（14-17）更新 U_{tgt_γ}

14.　　根据式（14-18）和式（14-4）更新 V_{tgt_γ} 和 λ_γ

15.　　**for** $n \leftarrow 1, \cdots, N-2$ **do**

16.　　　　$\left\{\lambda_\delta^t, \lambda_n^t, \lambda_\gamma^t\right\} \leftarrow \lambda_\delta, \lambda_n, \lambda_\gamma$

17.　　　　**if** $\delta^{(t)} \in [\delta_{\mathrm{init}}, 1]$ **and** $\lambda_n^{(t)} \in \left(0, \lambda_{n_{\mathrm{init}}}\right]$ **and** $\delta^{(t)} + \sum\limits_{n=1}^{N-2} \lambda_n^{(t)} + \gamma^{(t)} = 1$ **then**

18.　　　　　　$\delta \leftarrow \delta^{(t)}, \lambda_n \leftarrow \lambda_n^{(t)}, \gamma \leftarrow \gamma^{(t)}$

19.　　　　**else**

20.　　　　　　**continue**；

21.　　**end for**

22. **end for**

23. 使用式（14-25）计算重构矩阵 $\widetilde{X}_{\mathrm{tgt}}$

　　MDCR 算法从多个辅助域中自动识别出每个辅助域的相关性，加大了最大相关辅助域向目标域迁移的幅度。同时，为了减少负迁移的产生，使用与目标域相关性最小的辅助域抵消误差值。对比现有的多稀疏辅助域迁移学习推荐算法，其预测结果更加准确。

14.2.3　算法分析

　　通过 MDCR 算法的流程可知，本算法的时间复杂度主要分为三个部分。

　　第一部分是获取密码本矩阵时的时间复杂度。这一步和 SDCR 算法在原理上是完全一致的，针对 N 个辅助域，其时间复杂度是 N 乘以单个辅助域的时间复杂度。这部分的时间复杂度为 $O(N \times T(n^3) + n^2)$，由分解矩阵的时间复杂度和聚类的时间复杂度组成。

　　第二部分由最大相关辅助域和最小相关辅助域的优化迭代组成，这部分的时间复杂度和算法 13-2 针对单个辅助域密码本迁移矩阵的时间复杂度相似，都是将类簇级评级模式密码本矩阵 B 扩展到目标域评分矩阵中。获取了用户类对项目类的评分模式后，在目标域使用密码本算法的迭代步骤，进而获取用户类

的索引矩阵和项目类的索引矩阵。根据 CBT 算法和 SDCR 算法，该部分的时间复杂度为 $O(|U_{\max}| \cdot |V_{\max}|)$，$|U_{\max}|$ 和 $|V_{\max}|$ 分别是这两个矩阵的用户类最大数目和项目类最大数目。

第三部分对剩下的 $N-2$ 个辅助域计算权重，这部分的时间复杂度为 $O\big((N-2)k^2 \cdot X_{\text{tgt}}^p\big)$。MDCR 算法是对 SDCR 算法的补充，利用 SDCR 算法可针对稀疏辅助域的特性，进一步在多稀疏辅助域的情况下改善跨域推荐的准确度。

14.3 实验设置和分析

实验基于 PyCharm 开发工具，采用 Python 3.7 编程语言实现，配置为 Windows 10 操作系统，16GB 内存，CPU 为 Inter(R)Core i5-9400，GPU 为 NVIDIA-GTX 1650。下文将从实验设置和实验分析两个方面展开，包括实验数据集预处理、参数选取实验和对比验证实验。实验主要从跨域推荐的准确度出发，选取 RMSE 为对比指标，详细分析相关数据，验证猜想，并且根据实验数据解释算法内容。最后通过对比其他的多稀疏辅助域迁移推荐算法验证 MDCR 算法的优越性。

14.3.1 实验设置

1. 实验数据集

为了验证 MDCR 算法的有效性，本书选取了 4 个不同域的稀疏程度各不相同的数据集，数据集的描述如表 14-1 所示。

表 14-1　数据集描述

数据集	域信息	用户量（或项目量）/个	稀疏程度/%
Jester	笑话	500（或 100）	23
EachMovie	电影	500（或 500）	25
BookCrossing	书籍	500（或 500）	0.31
MovieLens	电影	500（或 500）	12

（1）Jester：笑话评分数据集，包含 100 个笑话和 73 421 个用户。其中有很多用户都对大多数的笑话进行了评分，所以抽取的子集相对密集。从中抽取 500 个用户、100 个项目，总共 50 000 个评分。选取稀疏程度为 23% 的数据集，将评分标准化为 1~5。

（2）EachMovie：该数据集包含 72 916 个用户和 1628 个不同的电影项目。在此数据集中抽取 500 个用户和 500 个电影。其中，有的用户对某些电影的评分为空，不为空的部分将其统一为 1~5 的评分。

（3）BookCrossing：书籍评分数据集，包含 278 858 个用户、271 379 本书籍，总计 1 100 000 条评分数据。由于数据集巨大，并且评分稀疏，该数据集用于模拟极端稀疏情况下的辅助域数据集。随机抽取 500 个用户和 500 本书籍，包含 775 个用户评分数据，用稀疏程度为 0.31% 的数据集作为辅助域。最后将 1～10 的评分标准化为 1～5。

（4）MovieLens：包含 943 个用户、1682 部电影的评分。随机抽取 500 个用户和 500 部电影，构成稀疏程度为 12% 的目标域数据集。

2. 实验设计

TALMUD 算法是多稀疏辅助域的经典算法，适合作为 baseline。因为 MINDTL-Multiple 算法针对稀疏的辅助域做了特别的处理和优化，针对稀疏辅助域时对比传统的跨域推荐算法优势较大，适合作为本书提出算法的对比算法。对比算法介绍如下。

（1）TALMUD 算法：首先在每个单一的辅助域上分别使用 CBT 算法，在获取密码本矩阵 B 后，为每个辅助域的预测评分矩阵分配不同权重，最后将结果线性整合。TALMUD 算法较 CBT 算法利用了多稀疏辅助域的信息，使模型可以自动地学习多个辅助域的知识，有效地提高了推荐效果。

（2）MINDTL-Multiple 算法：该算法在构建密码本矩阵时对辅助域评分矩阵进行预处理，使用 IONMTF 分解，使其能够更有效地利用不完全稠密的辅助域的信息。与 TALMUD 算法一样，该算法利用了多稀疏辅助域的信息，规定权重的范围，使信息正迁移比例增加，提高了迁移推荐算法对辅助域的普适性和推荐的准确度。

本书将实验的数据集按 8：2 划分训练集和测试集，进行有效性验证时，将随机抽取 10 次实验数据，最终取平均数为结果，以保证实验的准确性。将 BookCrossing 作为辅助域时，针对 CBT 算法无法提取密码本的情况，本书将在 TALMUD 算法和 MINDTL-Multiple 算法中移除该辅助域，保证这两个算法的有效性，并且验证稀疏辅助域是否会对迁移产生影响。由于 TALMUD 算法和 MINDTL-Multiple 算法需要人工设置聚类数，本书将统一采用和 MDCR 算法同样的聚类数，避免由密码本矩阵大小带来的实验误差。

14.3.2　实验分析

1. 参数选取实验

影响 MDCR 算法性能的主要参数有五个：δ、λ_n、γ、β_1、β_2。其中，δ、

λ_n 和 γ 为多稀疏辅助域的权重权衡参数。具体地，δ 为最大相关辅助域的权重；γ 为最小相关辅助域的权重，此权重可以用来抑制最大相关辅助域的过拟合问题；λ_n 为其余辅助域的权重信息；β_1 和 β_2 是正则化项，控制着 MDCR 算法的方差，具体是控制最大相关辅助域，以及除最小相关辅助域外的其他辅助域，避免出现过拟合。

调整 β_1 和 β_2 对 RMSE 的影响如图 14-2 所示。由图 14-2 可知，β_1 和 β_2 对 MDCR 算法产生了巨大的影响。β_1 控制着最大相关辅助域的正则化项，在配合最小相关辅助域避免过拟合情况时，效果良好。β_2 控制着多个辅助域的正则化项，在 β_1 和 β_2 的变化中，如果任意一项过大，将会使该项成为迁移效果的主导，而在定义最大相关辅助域的权重 δ 时，已经对 δ 做了扩大化处理，这将进一步导致 MDCR 算法过拟合，削弱了多稀疏辅助域迁移的效果。当 β_1 和 β_2 同时偏大时，削弱了最小相关辅助域的过拟合控制，使算法效果较差。当 β_1 和 β_2 同时偏小时，最大相关辅助域的正向性被最小相关辅助域的正向性取代，使得算法对辅助域的相关性判断失去作用。

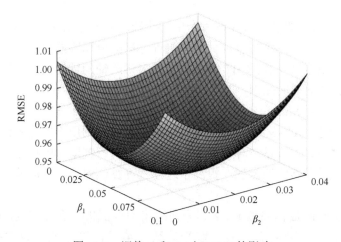

图 14-2　调整 β_1 和 β_2 对 RMSE 的影响

综合实验结果，在 β_1 和 β_2 分别取 0.05 和 0.025 时，MDCR 算法能取得较好的结果，因此在后续的有效性实验中，将此数据集的参数设置为：$\beta_1 = 0.05$，$\beta_2 = 0.025$。

2. 对比实验

利用 4 个数据集（Jester、EachMovie、BookCroosing、MovieLens），设计进行四次实验，分别将其作为目标域，当其中一个为目标域时，另外三者就为辅助域。同时，为了验证实验的有效性，每个算法都进行 10 次运算取平均值，最后结果如表 14-2～表 14-6 所示。表 14-2～表 14-5 中每个表对应一个目标域，表中左侧是对应的算法，中间是各辅助域所占的权重，右侧是测试的 RMSE。图 14-3 显示了不同算法的 RMSE 比较。

表 14-2　Jester 为目标域

算法	权重			RMSE
	EachMovie	BookCrossing	MovieLens	
TALMUD	3.90	—	−2.70	1.103
MINDTL-Multiple	0.47	—	0.53	1.083
MDCR	0.27	0.79	−0.06	0.972

表 14-3　EachMovie 为目标域

算法	权重			RMSE
	Jester	BookCrossing	MovieLens	
TALMUD	−5.40	—	6.30	1.105
MINDTL-Multiple	0.22	—	0.78	1.055
MDCR	−0.23	0.35	0.88	0.975

表 14-4　BookCrossing 为目标域

算法	权重			RMSE
	Jester	EachMovie	MovieLens	
TALMUD	−0.14	−0.38	1.21	0.994
MINDTL-Multiple	0.10	0.43	0.47	0.987
MDCR	−0.05	0.49	0.56	0.957

表 14-5　MovieLens 为目标域

算法	权重			RMSE
	Jester	EachMovie	BookCrossing	
TALMUD	−0.37	1.32	—	1.112
MINDTL-Multiple	0.36	0.64	—	1.092
MDCR	−0.06	0.87	0.19	0.961

表 14-6　MDCR 算法对比提升幅度

辅助域特征	对比算法	MDCR 算法准确度提升幅度/%
无稀疏辅助域	TALMUD	3.500
	MINDTL-Multiple	3.030
有稀疏辅助域	TALMUD	9.435
	MINDTL-Multiple	6.870

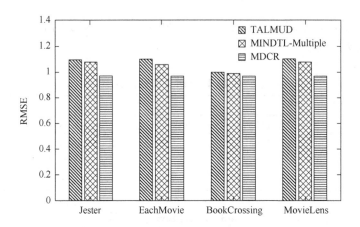

图 14-3　TALMUD、MINDTL-Multiple、MDCR 算法的 RMSE 比较

由表 14-2～表 14-6 和图 14-3 可以得到下列结论。

上述多稀疏辅助域的迁移推荐算法 TALMUD、MINDTL-Multiple、MDCR 对比单稀疏辅助域算法 CBT、SDCR、MINDTL-Single 提升都较大。这是因为多个辅助域包含更丰富的知识，并且 TALMUD、MINDTL-Multiple 和 MDCR 算法在一定程度上削弱了负迁移对迁移推荐的影响。对比来看，多稀疏辅助域的迁移可以提升迁移推荐算法的性能和准确度。

稀疏辅助域可以向目标域正向迁移知识信息。对比 MDCR 算法在无稀疏辅助域和有稀疏辅助域的准确度提升幅度可以发现：在有稀疏辅助域时算法准确度较大。TALMUD 算法和 MINDTL-Multiple 算法在面对稀疏程度为 0.31%的 BookCrossing 辅助域时无法完成聚类。进一步可以得出，稀疏辅助域中包含可以向目标域迁移的相关知识，迁移稀疏辅助域会对目标域的推荐准确度带来提升。在无稀疏辅助域时，三个算法的表现都较为优秀，MINDTL-Multiple 算法对比 TALMUD 算法，给权重加了限制，提高了可解释性，总体比 TALMUD 算法更好。

MDCR 算法在 MINDTL-Multiple 算法的基础上，增加了最大相关辅助域的迁移，提高了相关性大的辅助域的权重比例，并且单独使用一个与目标域相关性最小的辅助域遏制负迁移。在无稀疏辅助域时，MDCR 算法表现较 TALMUD 和 MINDTL-Multiple 算法有 3.03%～3.5%的提高。TALMUD 算法是基于 CBT 算法的，所以当加入稀疏辅助域时，TALMUD 算法获取稀疏辅助域的类簇级评级模式矩阵的效果较差，导致整体表现较差。MINDTL-Multiple 算法优化了 CBT 算法中的聚类方法，采用 IONMTF 算法进行聚类，在辅助域稀疏程度不高时，整体表现提升较大，但是在遇到极端稀疏的辅助域时，MINDTL-Multiple 算法并不能很好地获取稀疏辅助域的类簇级评级模式矩阵，效果较差。MDCR 算法是 SDCR 算法基于多稀疏辅助域的改进，很好地继承了 SDCR 算法在应对稀疏辅助域时表现较好的优点。通过大量的实验表明，在有稀疏辅助域加入的情况下，MDCR 算法较 TALMUD 算法有 9%左右的提升，较 MINDTL-Multiple 算法有 7%左右的提升，总体性能较好。

MDCR 算法总体优于 TALMUD 算法和 MINDTL-Multiple 算法。MDCR 算法基于 SDCR 算法，拓展了其在多稀疏辅助域上的应用，所以在面对稀疏辅助域时性能较好。MDCR 算法相比于目前的多稀疏辅助域迁移推荐算法，普适性较高，稳定性较好。MDCR 算法在针对多稀疏辅助域迁移时，利用了最大相关辅助域和目标域的相似性，并单独使用了相关性小的辅助域削减负迁移的比例，总体效果较好。

综上所述，MDCR 算法在该实验环境下具有一定的优势，相比其他的多稀疏辅助域迁移推荐算法效果都较好，实验也验证了 MDCR 算法的有效性。

14.4　本 章 小 结

考虑到不同辅助域和目标域之间的相关性差异，本书提出了一种基于多稀疏辅助域的自适应跨域推荐算法。该算法首先确定每个单稀疏辅助域的迁移类簇级评级模式矩阵，再根据单个辅助域的迁移推荐准确度判断其与目标域的相关性，然后选取其中相关性大的作为主要的辅助域，再将相关性最小的辅助域单独作为遏制负迁移的辅助域，最后再为其他的每个辅助域分配对应的权重。本章在 4 个真实数据集上验证了 MDCR 算法的优越性。

参 考 文 献

[1] Resnick P, Iacovou N, Suchak M, et al. GroupLens: An open architecture for collaborative filtering of netnews[C]//Proceedings of the 1994 ACM Conference on Computer Supported Cooperative Work, Chapel Hill, 1994: 175-186.

[2] Adomavicius D, Tuzhilin A. Personalization technologies: A process-oriented perspective[J]. Communications of the ACM, 2005, 48 (10): 83-90.

[3] Perugini S, Goncalves M A. Recommendation and personalization: A survey[Z]. 2002: arXiv: cs/0205059.

[4] Sakagami H, Kamba T, Sugiura A, et al. Effective personalization of push-type systems— Visualizing information freshness[J]. Computer Networks and ISDN Systems, 1998, 30(1-7): 53-63.

[5] Hill W, Stead L, Rosenstein M, et al. Recommending and evaluating choices in a virtual community of use[C]//Proceedings of the SIGCHI Conference on Human Factors in Computing Systems, Denver, 1995: 194-201.

[6] Goldberg D, Nichols D, Oki B M, et al. Using collaborative filtering to weave an information tapestry[J]. Communications of the ACM, 1992, 35 (12): 61-70.

[7] Sarwar B, Karypis G, Konstan J, et al. Item-based collaborative filtering recommendation algorithms[C]//Proceedings of the 10th International Conference on World Wide Web, Hong Kong, 2001: 285-295.

[8] Linden G, Smith B, York J. Amazon.com recommendations: Item-to-item collaborative filtering[J]. IEEE Internet Computing, 2003, 7 (1): 76-80.

[9] Balabanović M, Shoham Y. Fab: Content-based, collaborative recommendation[J]. Communications of the ACM, 1997, 40 (3): 66-72.

[10] Cantador I, Bellogín A, Vallet D. Content-based recommendation in social tagging systems[C]//Proceedings of the Fourth ACM Conference on Recommender Systems, Barcelona, 2010: 237-240.

[11] Pazzani M J, Billsus D. Content-based recommendation systems[M]//Brusilovsky P, Kobsa A, Nejdl W. The Adaptive Web. Berlin, Heidelberg: Springer, 2007: 325-341.

[12] Lops P, de Gemmis M, Semeraro G. Content-based recommender systems: State of the art and trends[M]//Ricci F, Rokach L, Shapira B, et al. Recommender Systems Handbook. Boston: Springer, 2010: 73-105.

[13] Debnath S, Ganguly N, Mitra P. Feature weighting in content based recommendation system using social network analysis[C]//Proceedings of the 17th International Conference on World Wide Web, Beijing, 2008: 1041-1042.

[14]　Spärck Jones K. IDF term weighting and IR research lessons[J]. Journal of Documentation，2004，60（5）：521-523.

[15]　Phelan O，McCarthy K，Bennett M，et al. Terms of a feather：Content-based news recommendation and discovery using twitter[M]//Clough P，et al. Advances in Information Retrieval. Berlin，Heidelberg：Springer，2011：448-459.

[16]　Mooney R J，Roy L. Content-based book recommending using learning for text categorization[C]//Proceedings of the Fifth ACM Conference on Digital libraries，San Antonio，2000：195-204.

[17]　Adomavicius G，Tuzhilin A. Multidimensional recommender systems：A data warehousing approach[M]//Fiege L，Mühl G，Wilhelm U. Electronic Commerce. Berlin：Springer，2001：180-192.

[18]　Koren Y，Bell R，Volinsky C. Matrix factorization techniques for recommender systems[J]. Computer，2009，42（8）：30-37.

[19]　Paterek A. Improving regularized singular value decomposition for collaborative filtering[C]//Proceedings of KDD Cup & Workshop，San Jose，2007：5-8.

[20]　Xiang Z，Gretzel U. Role of social media in online travel information search[J]. Tourism Management，2010，31（2）：179-188.

[21]　Massa P，Avesani P. Trust-aware recommender systems[C]//Proceedings of the 2007 ACM Conference on Recommender Systems，Minneapolis，2007：17-24.

[22]　Zheng X Y，Luo Y，Xu Z，et al. Tourism destination recommender system for the cold start problem[J]. KSII Transactions on Internet and Information Systems，2016，10（7）：3192-3212.

[23]　Bao Y，Fang H，Zhang J. TopicMF：Simultaneously exploiting ratings and reviews for recommendation[C]//Proceedings of the Twenty-Eighth AAAI Conference on Artificial Intelligence，Québec City，2014：2-8.

[24]　Adomavicius G，Tuzhilin A. Toward the next generation of recommender systems：A survey of the state-of-the-art and possible extensions[J]. IEEE Transactions on Knowledge and Data Engineering，2005，17（6）：734-749.

[25]　Wu H C，Luk R W P，Wong K F，et al. Interpreting TF-IDF term weights as making relevance decisions[J]. ACM Transactions on Information Systems，2008，26（3）：1-37.

[26]　Mooney R J，Bennett P N，Roy L. Book Recommending using text categorization with extracted information[C]//Proceedings of AAAI-98/ICML-98 Workshop on Learning for Text Categorization and the AAAI-98 Workshop on Recommender Systems，Madison，1999：49-54.

[27]　Pazzani M，Billsus D. Learning and revising user profiles：The identification of interesting web sites[J]. Machine Learning，1997，27（3）：313-331.

[28]　Cho Y H，Kim J K，Kim S H. A personalized recommender system based on web usage mining and decision tree induction[J]. Expert Systems with Applications，2002，23（3）：329-342.

[29]　Christakou C，Vrettos S，Stafylopatis A. A hybrid movie recommender system based on neural networks[J]. International Journal on Artificial Intelligence Tools，2007，16（5）：771-792.

[30]　Popescul A，Ungar L H，Pennock D M，et al. Probabilistic models for unified collaborative

and content-based recommendation in sparse-data environments[C]//Proceedings of the 17th Conference on Uncertainty in Artificial Intelligence，San Francisco，2001：437-444.

[31]　Mobasher B，Cooley R，Srivastava J. Creating adaptive Web sites through usage-based clustering of URLs[C]//Proceedings 1999 Workshop on Knowledge and Data Engineering Exchange（KDEX'99），Chicago，1999：19-25.

[32]　Konstas I，Stathopoulos V，Jose J M. On social networks and collaborative recommen-dation[C]//Proceedings of the 32nd International ACM SIGIR Conference on Research and Development in Information Retrieval，Boston，2009：195-202.

[33]　Herlocker J L，Konstan J A，Riedl J. Explaining collaborative filtering recommendations[C]//Proceedings of the 2000 ACM Conference on Computer Supported Cooperative Work，Philadelphia，2000：241-250.

[34]　Ahn H J. A new similarity measure for collaborative filtering to alleviate the new user cold-starting problem[J]. Information Sciences，2008，178（1）：37-51.

[35]　Bobadilla J，Ortega F，Hernando A，et al. A collaborative filtering approach to mitigate the new user cold start problem[J]. Knowledge-Based Systems，2012，26：225-238.

[36]　Bobadilla J，Serradilla F，Bernal J. A new collaborative filtering metric that improves the behavior of recommender systems[J]. Knowledge-Based Systems，2010，23（6）：520-528.

[37]　Choi K，Suh Y. A new similarity function for selecting neighbors for each target item in collaborative filtering[J]. Knowledge-Based Systems，2013，37：146-153.

[38]　Zenebe A，Norcio A F. Representation，similarity measures and aggregation methods using fuzzy sets for content-based recommender systems[J]. Fuzzy Sets and Systems，2009，160（1）：76-94.

[39]　O'Donovan J，Smyth B. Trust in recommender systems[C]//Proceedings of the 10th International Conference on Intelligent User Interfaces，San Diego，2005：167-174.

[40]　Jin J，Chen Q. A trust-based Top-K recommender system using social tagging network[C]//2012 9th International Conference on Fuzzy Systems and Knowledge Discovery（FSKD），Chongqing，2012：1270-1274.

[41]　Zheng X Y，Luo Y L，Sun L P，et al. A new recommender system using context clustering based on matrix factorization techniques[J]. Chinese Journal of Electronics，2016，25（2）：334-340.

[42]　Shepitsen A，Gemmell J，Mobasher B，et al. Personalized recommendation in social tagging systems using hierarchical clustering[C]//Proceedings of the 2008 ACM Conference on Recommender Systems，Lausanne，Switzerland，2008：171-179.

[43]　Koren Y. Factorization meets the neighborhood：A multifaceted collaborative filtering model[C]//Proceedings of the 14th ACM SIGKDD International Conference on Knowledge Discovery and Data Mining，Las Vegas，2008：426-434.

[44]　Jiang M，Cui P，Wang F，et al. Scalable recommendation with social contextual information[J]. IEEE Transactions on Knowledge and Data Engineering，2014，26（11）：2789-2802.

[45]　Mnih A，Salakhutdinov R R. Probabilistic matrix factorization[C]//Proceedings of the 20th International Conference on Neural Information Processing Systems，Vancouver，2007：1257-1264.

[46]　Yang X W，Guo Y，Liu Y. Bayesian-inference-based recommendation in online social networks[J]. IEEE Transactions on Parallel and Distributed Systems，2013，24（4）：642-651.

[47]　Viappiani P，Boutilier C. Optimal Bayesian recommendation sets and myopically optimal choice query sets[C]//Proceedings of the 24th International Conference on Neural Information Processing Systems，Vancouver，2010：2352-2360.

[48]　Pavlov D Y，Pennock D M. A maximum entropy approach to collaborative filtering in dynamic，sparse，high-dimensional domains[C]//Proceedings of the 15th International Conference on Neural Information Processing Systems，Vancouver，2002：1465-1472.

[49]　Jin X，Zhou Y Z，Mobasher B. A maximum entropy web recommendation system：Combining collaborative and content features[C]//Proceedings of the Eleventh ACM SIGKDD International Conference on Knowledge Discovery in Data Mining，Chicago，2005：612-617.

[50]　Jiang M，Cui P，Liu R，et al. Social contextual recommendation[C]//Proceedings of the 21st ACM International Conference on Information and Knowledge Management，Maui，2012：45-54.

[51]　Jamali M，Ester M. A matrix factorization technique with trust propagation for recommendation in social networks[C]//Proceedings of the Fourth ACM Conference on Recommender Systems，Barcelona，2010：1055-1066.

[52]　Liu X，Aberer K. SoCo：A social network aided context-aware recommender system[C]//Proceedings of the 22nd International Conference on World Wide Web，Rio de Janeiro，2013：781-802.

[53]　Qian X M，Feng H，Zhao G S，et al. Personalized recommendation combining user interest and social circle[J]. IEEE Transactions on Knowledge and Data Engineering，2014，26（7）：1763-1777.

[54]　Burke R. Knowledge-based recommender systems[M]//Kent A. Encyclopedia of Library and Information Science：Volume 69-Supplement 32，Boca Raton：CRCPress，2000：180-185.

[55]　Middleton S E，De Roure D C，Shadbolt N R. Capturing knowledge of user preferences：Ontologies in recommender systems[C]//Proceedings of the 1st International Conference on Knowledge Capture，Victoria，2001：100-107.

[56]　Middleton S E，Shadbolt N R，De Roure D C. Ontological user profiling in recommender systems[J]. ACM Transactions on Information Systems，2004，22（1）：54-88.

[57]　Blanco-Fernández Y，Pazos-Arias J J，Gil-Solla A，et al. A flexible semantic inference methodology to reason about user preferences in knowledge-based recommender systems[J]. Knowledge-Based Systems，2008，21（4）：305-320.

[58]　Carrer-Neto W，Hernández-Alcaraz M L，Valencia-García R，et al. Social knowledge-based recommender system. Application to the movies domain[J]. Expert Systems with Applications，2012，39（12）：10990-11000.

[59]　刘建国，周涛，汪秉宏. 个性化推荐系统的研究进展[J]. 自然科学进展，2009，19（1）：1-15.

[60]　Albadvi A，Shahbazi M. A hybrid recommendation technique based on product category attributes[J]. Expert Systems with Applications，2009，36（9）：11480-11488.

[61]　de Campos L M，Fernández-Luna J M，Huete J F，et al. Combining content-based and collaborative recommendations：A hybrid approach based on Bayesian networks[J]. International Journal of Approximate Reasoning，2010，51（7）：785-799.

[62]　Parra D，Brusilovsky P，Trattner C. See what you want to see：Visual user-driven approach for hybrid recommendation[C]//Proceedings of the 19th International Conference on Intelligent User Interfaces，Haifa，2014：235-240.

[63]　Bernardes D，Diaby M，Fournier R，et al. A social formalism and survey for recommender systems[J]. ACM SIGKDD Explorations Newsletter，2014，16（2）：20-37.

[64]　Erdt M，Fernández A，Rensing C. Evaluating recommender systems for technology enhanced learning：A quantitative survey[J]. IEEE Transactions on Learning Technologies，2015，8（4）：326-344.

[65]　Herlocker J L，Konstan J A，Terveen L G，et al. Evaluating collaborative filtering recommender systems[J]. ACM Transactions on Information Systems，2004，22（1）：5-53.

[66]　Billsus D，Pazzani M J. Learning collaborative information filters[C]//Proceedings of the Fifteenth International Conference on Machine Learning，San Francisco，1998：46-54.

[67]　Yin H Z，Cui B，Li J，et al. Challenging the long tail recommendation[J]. Proceedings of the VLDB Endowment，2012，5（9）：896-907.

[68]　Zhou T，Jiang L L，Su R Q，et al. Effect of initial configuration on network-based recommendation[J]. EPL（Europhysics Letters），2008，81（5）：58004.

[69]　McNee S M，Riedl J，Konstan J A. Being accurate is not enough：How accuracy metrics have hurt recommender systems[C]//CHI '06 Extended Abstracts on Human Factors in Computing Systems，Montréal，2006：1097-1101.

[70]　Beel J，Langer S，Genzmehr M，et al. Research paper recommender system evaluation：A quantitative literature survey[C]//Proceedings of the International Workshop on Reproducibility and Replication in Recommender Systems Evaluation，HongKong，2013：15-22.

[71]　Zhang Z K，Liu C，Zhang Y C，et al. Solving the cold-start problem in recommender systems with social tags[J]. EPL（Europhysics Letters），2010，92（2）：28002.

[72]　Murakami T，Mori K，Orihara R. Metrics for evaluating the serendipity of recommendation lists[C]//Proceedings of the 2007 Conference on New Frontiers in Artificial Intelligence，Miyazaki，2007：40-46.

[73]　朱郁筱，吕琳媛. 推荐系统评价指标综述[J]. 电子科技大学学报，2012，41（2）：163-175.

[74]　Sarkar P，Moore A W. Dynamic social network analysis using latent space models[J]. ACM SIGKDD Explorations Newsletter，2005，7（2）：31-40.

[75]　吴信东，李毅，李磊. 在线社交网络影响力分析[J]. 计算机学报，2014，37（4）：735-752.

[76]　Cambria E，Wang H X，White B. Guest editorial：Big social data analysis[J]. Knowledge-Based Systems，2014，69（9）：1-2.

[77]　Guy I，Geyer W. Social recommender system tutorial[C]//Proceedings of the 8th ACM Conference on Recommender Systems，Foster City，2014：195-196.

[78]　Shen Y L，Jin R M. Learning personal + social latent factor model for social recommendation[C]//Proceedings of the 18th ACM SIGKDD International Conference on Knowledge

Discovery and Data Mining，Beijing，2012：1303-1311.

[79] Walter F E，Battiston S，Schweitzer F. A model of a trust-based recommendation system on a social network[J]. Autonomous Agents and Multi-Agent Systems，2008，16（1）：57-74.

[80] Bao J，Zheng Y，Mokbel M F. Location-based and preference-aware recommendation using sparse geo-social networking data[C]//Proceedings of the 20th International Conference on Advances in Geographic Information Systems，Redondo，2012：199-208.

[81] Pietiläinen A K，Oliver E，LeBrun J，et al. MobiClique：Middleware for mobile social networking[C]//Proceedings of the 2nd ACM Workshop on Online Social Networks，Barcelona，2009：49-54.

[82] Yuan T，Cheng J，Zhang X，et al. Recommendation by mining multiple user behaviors with group sparsity[C]//Proceedings of the AAAI Conference on Artificial Intelligence，Quebec，2014：222-228.

[83] Nikolakopoulos A N，Kouneli M A，Garofalakis J D. Hierarchical itemspace rank：Exploiting hierarchy to alleviate sparsity in ranking-based recommendation[J]. Neurocomputing，2015，163：126-136.

[84] Chen K L，Chen T Q，Zheng G Q，et al. Collaborative personalized tweet recommen-dation[C]//Proceedings of the 35th International ACM SIGIR Conference on Research and Development in Information Retrieval，Portland Oregon，2012：661-670.

[85] Chen C C，Wan Y H，Chung M C，et al. An effective recommendation method for cold start new users using trust and distrust networks[J]. Information Sciences，2013，224（2）：19-36.

[86] Lin J，Sugiyama K，Kan M Y，et al. Addressing cold-start in app recommendation：Latent user models constructed from twitter followers[C]//Proceedings of the 36th International ACM SIGIR Conference on Research and Development in Information Retrieval，Dublin Ireland，2013：283-292.

[87] Szpektor I，Gionis A，Maarek Y. Improving recommendation for long-tail queries via templates[C]//Proceedings of the 20th International Conference on World Wide Web，Hyderabad，2011：47-56.

[88] Karypis G. Evaluation of item-based top-N recommendation algorithms[C]//Proceedings of the Tenth International Conference on Information and Knowledge Management，Atlanta，2001：247-254.

[89] Agarwal D，Chen B C，Long B. Localized factor models for multi-context recommen-dation[C]//Proceedings of the ACM 17th SIGKDD International Conference on Knowledge Discovery and Data Mining，San Diego，2011：609-617.

[90] Karatzoglou A，Amatriain X，Baltrunas L，et al. Multiverse recommendation：N-dimensional tensor factorization for context-aware collaborative filtering[C]//Proceedings of the Fourth ACM Conference on Recommender Systems，Barcelona，2010：79-86.

[91] He Q，Pei J，Kifer D，et al. Context-aware citation recommendation[C]//Proceedings of the 19th International Conference on World Wide Web，Raleigh North Carolina，2010：421-430.

[92] Zhan J，Hsieh C L，Wang I C，et al. Privacy-preserving collaborative recommender systems[J]. IEEE Transactions on Systems，Man and Cybernetics，Part C：Applications and Reviews，

2010，40（4）：472-476.

[93]　Ramakrishnan N，Keller B J，Mirza B J，et al. Privacy risks in recommender systems[J]. IEEE Internet Computing，2001，5（6）：54-63.

[94]　Li Q R，Li J，Wang H，et al. Semantics-enhanced privacy recommendation for social networking sites[C]//2011 IEEE 10th International Conference on Trust，Security and Privacy in Computing and Communications（TrustCom），Changsha，2011：226-233.

[95]　Zhang M H，Chen Y X. Inductive matrix completion based on graph neural networks[C]// International Conference on Learning Representations，Addis Ababa，2020.

[96]　Strub F，Gaudel R，Mary J. Hybrid recommender system based on autoencoders[C]// Proceedings of the 1st Workshop on Deep Learning for Recommender Systems，Boston，2016：11-16.

[97]　Guo Z W，Wang H. A deep graph neural network-based mechanism for social recommendations[J]. IEEE Transactions on Industrial Informatics，2021，17（4）：2776-2783.

[98]　Polatidis N，Georgiadis C K，Pimenidis E，et al. Privacy-preserving collaborative recommendations based on random perturbations[J]. Expert Systems with Applications，2017，71：18-25.

[99]　Bost R，Popa R A，Tu S，et al. Machine learning classification over encrypted data[C]//Proceedings 2015 Network and Distributed System Security Symposium，San Diego，2015：4324-4325.

[100]　Erkin Z，Veugen T，Toft T，et al. Generating private recommendations efficiently using homomorphic encryption and data packing[J]. IEEE Transactions on Information Forensics and Security，2012，7（3）：1053-1066.

[101]　Liu A，Wang W Q，Li Z X，et al. A privacy-preserving framework for trust-oriented point-of-interest recommendation[J]. IEEE Access，2018，6：393-404.

[102]　Du Y J，Zhou D Y，Xie Y，et al. Federated matrix factorization for privacy-preserving recommender systems[J]. Applied Soft Computing，2021，111：107700.

[103]　Petroni F，Querzoni L. GASGD: Stochastic gradient descent for distributed asynchronous matrix completion via graph partitioning[C]//Proceedings of the 8th ACM Conference on Recommender Systems，Foster City，2014：241-248.

[104]　Chin W S，Yuan B W，Yang M Y，et al. LIBMF: A library for parallel matrix factorization in shared-memory systems[J]. Journal of Machine Learning Research，2016，17（86）：1-5.

[105]　Niu F，Recht B，Ré C，et al. Hogwild!: A lock-free approach to parallelizing stochastic gradient descent[C]//Proceedings of the 25th International Conference on Neural Information Processing Systems，Granada，2011：693-701.

[106]　Rodriguez A，Laio A. Clustering by fast search and find of density peaks[J]. Science，2014，344（6191）：1492-1496.